普通高等教育**机械类**教材

互换性与测量技术基础

第四版

薛 岩 等 编著

化学工业出版社

·北京·

内容简介

本书以高等院校"互换性与测量技术基础"课程教学基本要求为依据编写。绪论部分详细介绍了互换性与标准化等基本概念,强调了标准化在机械制造业中的重要性和必要性;第1、3、4章从国家标准基础知识和精度设计出发,详细介绍了线性尺寸公差、几何公差、表面粗糙度等内容,帮助学生掌握设计精度的核心概念,培养工匠精神;第2章详细介绍了测量技术基础及光滑工件尺寸检验的基础知识和方法,突出理论与实际的紧密结合,锻炼学生的实际操作能力;第5~7章从知识应用的角度出发,详细讲解了典型零、部件的精度设计及检测,旨在培养学生解决实际工程问题的能力,增强其创新精神和实践能力。

本书内容基于编者多年的教学经验,既突出了基本概念的阐述,又通过丰富的案例分析和具体问题的解答,使学生在深入理解所学内容的基础上能够学以致用。各章还配有思考题与习题,激发学生主动思考和创新,培养其独立解决问题的能力。

本书可以作为高等院校机械类和近机械类专业师生的教材或参考用书,也可供从事机械设计、制造工艺、标准化与计量等工作的工程技术人员参考使用。

图书在版编目(CIP)数据

互换性与测量技术基础 / 薛岩等编著. -- 4版. --北京:化学工业出版社,2024.11. --(普通高等教育机械类教材). -- ISBN 978-7-122-39395-1

I. TG801

中国国家版本馆CIP数据核字第2024CX2898号

责任编辑:张海丽　张兴辉　　　装帧设计:王晓宇

责任校对:刘　一

出版发行:化学工业出版社
　　　　　(北京市东城区青年湖南街13号　邮政编码100011)
印　　装:河北鑫兆源印刷有限公司
787mm×1092mm　1/16　印张15¼　字数404千字
2025年1月北京第4版第1次印刷

购书咨询:010-64518888　　　　　售后服务:010-64518899
网　　址:http://www.cip.com.cn
凡购买本书,如有缺损质量问题,本社销售中心负责调换。

定　价:58.00元　　　　　　　　　　　　版权所有　违者必究

第四版前言

我国是制造大国,在现代化智能制造快速发展的过程中,我国的工业企业迫切需要一大批掌握高新技术并具备工程实践经验的应用型人才。高等教育肩负着服务国家发展和培养未来建设者的使命,因此面临着新的机遇与挑战。本书基于高等院校"互换性与测量技术基础"课程的教学基本要求编写,坚持"教育发展、科技自强、人才引领"的方向,立足国家战略需求,以"加强基础学科建设、增强科技基础能力、培养青年科技人才"为宗旨,服务国家建设和产业发展。

"互换性与测量技术基础"是机械类专业和相关专业的重要技术基础课程,教学学时数一般为24~32。本书共分7章,内容涵盖孔轴结合的线性尺寸公差,测量技术基础及光滑工件尺寸检验,几何公差,表面粗糙度,常用标准件的互换性,渐开线圆柱齿轮的互换性以及实验指导。通过这些内容,学生不仅能够掌握相关的技术和方法,还能深刻理解制造业标准化、质量控制的重要性,为未来投身现代化制造业打下扎实基础。

本书在第三版的基础上修订更新了部分标准,精简了部分技术内容,增加了一些拓展阅读材料,丰富了配套电子资源,更加符合目前教学的需要,体现了理论联系实际的教育理念。其主要特点如下:

(1) 取材和编写突出实用性

本书根据应用型人才的培养需求,内容选取突出应用性和实践性,组织上注重理论与实践的创新结合。全书采用图、表、例、题等形式,深入浅出地将机械零件的精度设计和测量技术讲解透彻,强调知识的实际应用。各章配有大量的思考题与习题,加强学生精度设计的能力训练,体现工匠精神的培养。

(2) 注重系统性与逻辑性

在各章节的编写中,以"基本知识—选用—标注—检测"为主线,力求由浅入深,由易到难,符合初学者的认知规律,可帮助学生建立系统的知识结构,为深入学习和专业实践奠定基础。

(3) 采用最新的国家标准

本书内容依据最新的国家标准编写,重点介绍相关规定及其应用,使学生所学知识与国家标准相一致,培养其对质量标准的重视,增强国家标准意识和职业素养。

(4) 便于自学和实践

作为新形态教材,本书配套资源丰富,包括课件、随堂测试题、拓展阅读材料等,可扫描书中二维码获取。叙述上力求通俗易懂,方便读者自学,帮助他们在知识的掌握与创新应用中相得益彰。本书还配有各章思考题与习题的答案,供高校教师参考,可通过"化工教育"网站下载。

本书由山东建筑大学薛岩、杨璐慧、王晓、姚晓彤,第四储备资产管理局济南锅检所于明、济南市特种设备检验研究院刘强及德国慕尼黑工业大学于风翼编写;由山东大学刘春贵教授主审。编写过程中,全体编写人员付出了大量心血和时间,得到了参编单位的领导和教师的大力支持,在此深表感谢。

由于编者水平有限,书中难免存在疏漏和不妥之处,恳请广大读者批评指正。

编著者
2024 年 9 月

本书配套资源

目 录

绪论 ·· 1
    思考题与习题 ··· 5

第 1 章 孔轴结合的线性尺寸公差 ·· 6

1.1 术语和定义 ··· 6
    1.1.1 基本术语（GB/T 1800.1—2020）··· 6
    1.1.2 偏差和公差相关术语（GB/T 1800.1—2020）·· 8
    1.1.3 配合相关术语（GB/T 1800.1—2020）·· 9
    1.1.4 ISO 配合制相关术语（GB/T 1800.1—2020）·· 12
1.2 线性尺寸公差国家标准 ··· 14
    1.2.1 标准公差系列 ·· 14
    1.2.2 基本偏差系列 ·· 15
    1.2.3 公差带与配合的国家标准 ··· 20
1.3 线性尺寸公差的选择 ·· 21
    1.3.1 ISO 配合制的选择 ·· 21
    1.3.2 公差等级的选择 ··· 23
    1.3.3 配合的选用 ··· 26
1.4 线性尺寸的一般公差 ·· 29
思考题与习题 ··· 30

第 2 章 测量技术基础及光滑工件尺寸的检验 ·· 33

2.1 测量技术的基础知识 ·· 33
    2.1.1 测量的定义 ··· 33
    2.1.2 量值传递 ·· 33
    2.1.3 量块的基本知识 ··· 35
2.2 测量器具的分类及主要技术指标 ··· 36
    2.2.1 测量器具的分类 ··· 36
    2.2.2 测量器具的主要技术指标（JJF 1001—2011）·· 37
2.3 测量方法及测量技术的应用原则 ··· 39
    2.3.1 测量方法的分类 ··· 39
    2.3.2 测量技术的基本原则 ··· 40
2.4 测量误差及数据处理 ·· 41
    2.4.1 测量误差的概述 ··· 41
    2.4.2 随机误差 ·· 43
    2.4.3 系统误差 ·· 46
    2.4.4 粗大误差的处理 ··· 47
2.5 光滑工件尺寸的检验 ·· 47
    2.5.1 用通用测量器具检验工件（GB/T 3177—2009）·· 47
    2.5.2 用光滑极限量规检验工件 ··· 50
思考题与习题 ··· 56

第 3 章 几何公差 ··· 58

3.1 概述 ··· 58
    3.1.1 几何误差产生的原因及对零件使用性能的影响 ·· 58
    3.1.2 几何公差的有关术语（GB/T 24637.1—2020）·· 59
    3.1.3 几何公差的几何特征及符号 ·· 60

3.1.4 几何公差代号 …………………… 61
 3.2 几何公差的标注 …………………………… 62
  3.2.1 被测要素的标注 …………………… 62
  3.2.2 基准要素的标注 …………………… 65
  3.2.3 几何公差标注示例 ………………… 67
 3.3 几何公差的公差带 ………………………… 67
  3.3.1 形状公差及公差带 ………………… 67
  3.3.2 方向公差及公差带 ………………… 71
  3.3.3 位置公差及公差带 ………………… 78
  3.3.4 跳动公差及公差带 ………………… 78
 3.4 尺寸公差与几何公差的关系 ……………… 88
  3.4.1 有关术语及定义 …………………… 88
  3.4.2 独立原则 …………………………… 91
  3.4.3 公差原则 …………………………… 91
 3.5 几何公差的选择 …………………………… 100
  3.5.1 几何特征项目的选择 ……………… 100
  3.5.2 基准的选择 ………………………… 100
  3.5.3 尺寸公差和几何公差关系的
      选择 ………………………………… 101
  3.5.4 公差等级的选择 …………………… 101
  3.5.5 几何公差的选择方法与举例 ……… 106
 思考题与习题 …………………………………… 107

第4章 表面粗糙度 …………………………………………………………………………… 112

 4.1 概述 ………………………………………… 112
  4.1.1 表面粗糙度的概念 ………………… 112
  4.1.2 表面粗糙度对机械零件使用性能的
      影响 ………………………………… 113
 4.2 表面粗糙度的评定 ………………………… 114
  4.2.1 有关基本术语（GB/T 3505—
      2009） ……………………………… 114
  4.2.2 表面粗糙度的评定参数 …………… 115
  4.2.3 表面粗糙度的数值规定 …………… 116
 4.3 表面粗糙度的选择和标注 ………………… 117
  4.3.1 表面粗糙度评定参数及数值的
      选择 ………………………………… 117
  4.3.2 表面结构要求在图样上的标注 …… 120
 4.4 表面粗糙度的测量简介 …………………… 126
  4.4.1 比较法 ……………………………… 126
  4.4.2 光切法 ……………………………… 127
  4.4.3 干涉法 ……………………………… 127
  4.4.4 针描法 ……………………………… 127
 思考题与习题 …………………………………… 128

第5章 常用标准件的互换性 ………………………………………………………………… 130

 5.1 滚动轴承与孔轴结合的互换性 …………… 130
  5.1.1 滚动轴承的组成和形式 …………… 130
  5.1.2 滚动轴承的精度等级及应用 ……… 130
  5.1.3 滚动轴承与轴颈、轴承座孔的配合
      特点及选择 ………………………… 131
 5.2 螺纹连接的互换性 ………………………… 138
  5.2.1 概述 ………………………………… 138
  5.2.2 影响螺纹互换性的因素及中径合格
      条件 ………………………………… 140
  5.2.3 普通螺纹的公差与配合 …………… 141
  5.2.4 普通螺纹的检测 …………………… 147
 5.3 平键和花键连接的互换性 ………………… 148
  5.3.1 概述 ………………………………… 148
  5.3.2 平键连接的互换性 ………………… 150
  5.3.3 花键连接的互换性 ………………… 152
 思考题与习题 …………………………………… 157

第6章 渐开线圆柱齿轮的互换性 …………………………………………………………… 160

 6.1 概述 ………………………………………… 160
  6.1.1 齿轮传动的使用要求 ……………… 160
  6.1.2 齿轮加工误差的来源 ……………… 161
 6.2 齿轮精度的评定参数 ……………………… 162

  6.2.1 齿面偏差 ………………… 162
  6.2.2 径向综合偏差 …………… 164
 6.3 渐开线圆柱齿轮的精度标准及选用 … 165
  6.3.1 齿轮精度标准 …………… 165
  6.3.2 齿轮精度等级的选用 …… 171
  6.3.3 齿轮检验项目的确定 …… 172
 6.4 齿轮坯精度及齿轮副误差的检验
   项目 ……………………………… 173
  6.4.1 齿轮坯精度 ……………… 173
  6.4.2 齿轮副误差的检验项目 … 175
 6.5 齿轮的精度设计 ………………… 179
  6.5.1 齿轮精度设计方法及步骤 … 179
  6.5.2 齿轮精度设计举例 ……… 179
 思考题与习题 …………………………… 182

第7章 实验指导 …………………………………………………………………… 184

 7.1 光滑工件尺寸测量 ……………… 184
  7.1.1 用比较仪测量光滑极限量规 … 184
  7.1.2 用内径百分表测量内径 … 186
  7.1.3 用卧式测长仪测量内径 … 188
 7.2 几何误差测量 …………………… 191
  7.2.1 用平面度检查仪测量直线度
    误差 ………………………… 191
  7.2.2 箱体方向、位置和跳动误差
    测量 ………………………… 193
  7.2.3 圆跳动误差测量 ………… 197
  7.2.4 平面度误差测量 ………… 197
  7.2.5 圆度误差测量 …………… 200
 7.3 表面粗糙度测量 ………………… 203
  7.3.1 用光切显微镜测量表面粗糙度 … 203
  7.3.2 用电动轮廓仪测量表面粗糙度 … 206
  7.3.3 用干涉显微镜测量表面粗糙度 … 209
 7.4 圆柱螺纹测量 …………………… 211
  7.4.1 用影像法测量外螺纹 …… 211
  7.4.2 用三针法测量外螺纹中径 … 215
 7.5 圆柱齿轮测量 …………………… 217
  7.5.1 齿轮单个齿距偏差和齿距累积
    总偏差测量 ………………… 217
  7.5.2 齿轮径向跳动测量 ……… 220
  7.5.3 齿轮齿廓偏差测量 ……… 221
  7.5.4 齿轮径向综合偏差测量 … 222
  7.5.5 齿轮齿厚偏差测量 ……… 223
  7.5.6 齿轮公法线平均长度偏差测量 … 224
 7.6 常用的测量器具 ………………… 226
  7.6.1 游标卡尺 ………………… 226
  7.6.2 外径千分尺 ……………… 228
  7.6.3 百分表 …………………… 230
  7.6.4 万能角度尺 ……………… 231

参考文献 …………………………………………………………………………………… 234

绪 论

(1) 互换性的概述

① 互换性的定义 互换性在日常生活中随处可见。例如，自行车、家用电器、计算机等的零件坏了，换上一个相同规格的，就能跟原来一样继续使用。零件具有的这种可以互相替换的特性，给人们的生活和生产都带来了极大的方便。

互换性就是指，同一规格的零部件，任取其一，不需要任何挑选和附加修配，就能安装在机器上，达到规定的功能要求。这样的一批零部件就称为具有互换性的零部件。例如，从一批规格为 $\phi 10 \mathrm{mm}$ 的油杯中，如图 0-1 所示，任取一个装入尾架端盖的油杯孔中，都能使油杯顺利装入，并能使它们紧密结合，就两者的顺利结合而言，油杯和端盖都具有互换性。

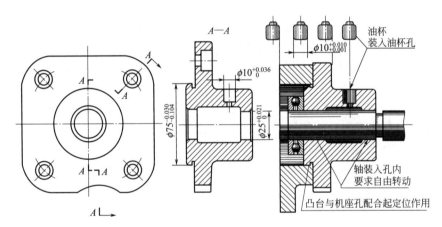

图 0-1 互换性基本概念图例

② 互换性的分类 互换性可按不同方法来分类。

a. 按互换参数的不同，互换性可分为几何参数互换性和功能互换性。

几何参数互换性，是指通过规定几何参数的公差所达到的互换性，也是本书所讨论的互换性。这种互换性为狭义互换性，因为有时仅限于保证零（部）件尺寸配合的要求。

怎样实现几何参数的互换性？使同一批零件所有几何参数完全一样？——不可能；可否将重要的一个或几个几何参数保持完全一致？——也不可能。因为在客观世界，误差无处不在，只是大小和种类不同，实现互换性只能通过合理控制误差的手段进行。

功能互换性，是指通过规定功能参数所达到的互换性。功能参数除了包括几何参数之外，还包括其他一些参数，如力学、化学、电学等参数。这种互换性为广义互换性，往往侧重于保证除几何参数要求以外的其他功能要求。

b. 按互换程度的不同，互换性可分为完全互换和不完全互换。

完全互换，是以零（部）件在装配或更换时，不需要挑选和附加修配为条件。例如，螺纹紧固件和连接件都具有完全互换性。完全互换的主要优点是：能做到零（部）件的完全互换和通用，为专业化生产和相互协作创造了条件，提高了经济效益。它的主要缺点是：当组成产品的零件较多、整机精度要求较高时，分配到每一个零件上的尺寸允许变动量（即尺寸公差）必然较小，造成加工困难、成本提高。当装配精度要求很高时，会使加工难度和成本大大提高，甚至无法加工。为此，可采用不完全互换或修配的方法达到装配精度要求。

不完全互换也称有限互换，在零（部）件装配时允许有附加条件的选择或调整。即在零（部）件加工完毕之后，再用测量器具将零（部）件按实际尺寸的大小分为若干组，使不完全互换可以采用概率法、分组装配法、调整法等工艺措施来实现。不完全互换的主要优点是：在保证装配功能的前提下，能适当放宽尺寸公差，使得加工容易，降低制造成本。它的主要缺点是：降低了互换程度，不利于部件、机器的装配和维修。

在装配时，若零件需要进行附加修配，则不具有互换性。

c. 按相配合件的不同，互换性可分为内互换和外互换。

内互换是指部件或机器内部组成零件间的互换。外互换是指部件或机器与其相配合件间的互换。例如，滚动轴承内、外圈滚道直径与滚动体（滚珠或滚柱）直径间的配合为内互换；滚动轴承内圈与传动轴的配合以及滚动轴承外圈与壳体孔的配合为外互换。内互换可以是完全互换，也可以是不完全互换；但外互换应为完全互换。

③ 互换性的作用

a. 在设计方面：若零（部）件具有互换性，就能最大限度地使用标准件，可以简化绘图和计算等工作。通过标准化设计，企业能够更快地响应市场需求，提高产品竞争力，这也体现了设计在推动企业创新和国家产业升级中的重要作用。

b. 在制造方面：互换性有利于使用先进、高效的工艺装备组织大规模专业化生产，并将计算机辅助制造技术应用于生产中，实现加工和装配过程中的机械化、自动化，极大地提高了产品质量、生产效率，降低了劳动强度和生产成本。这种技术进步推动了我国制造业从"制造大国"向"制造强国"的转型，是实现"工业强国"目标的重要基础，体现了科技进步对国家经济发展的重要推动力。

c. 在使用和维修方面：可以及时更换那些已经磨损或损坏的零部件，对于某些易损件可以提供备用件，以此提高机器的使用价值。通过维护和更新设备，企业不仅提升了自身的生产力，也减少了资源浪费和环境影响，符合可持续发展的理念。这种对资源的高效利用和环境保护的重视，体现了企业在社会责任方面的担当。

总之，互换性是进行社会化大生产的重要基础，是企业提高经济效益的重要途径，已成为现代制造业中普遍遵守的生产原则。通过互换性技术的广泛应用，企业能够在提高自身竞争力的同时，助力国家经济的高质量发展，这也是企业践行社会主义核心价值观的重要体现。

（2）标准和标准化

① 标准　现代生产的特点是品种多、规模大、分工细，制造过程涉及许多行业和企业，甚至跨国合作。为了技术上的协调要求，必须有一个共同遵守的技术规范，即标准。

标准是对重复性事物和概念所作的统一规定，确保在各种生产和管理活动中有据可循。重复性事物和概念是指人类实践过程中重复发生的事物。标准的制定是以科学、技术和实践经验的综合成果为基础，经有关方面协商一致，由主管机构批准，以特定形式发布，作为共同遵守的准则和依据。

按《中华人民共和国标准化法》规定，我国标准分为四级，即国家标准、行业标准、地方标准和企业标准。

a. 国家标准，是指对我国经济技术发展有重大意义，需要在全国范围内统一的技术要求所制定的标准。我国国家标准由国务院标准化行政主管部门编制计划和组织草拟，并统一审批、编号和发布。国家标准在全国范围内适用,其他各级标准不得与国家标准相抵触,是四级标准体系中的主体。

b. 行业标准,是指对没有国家标准而又需要在全国某个行业范围内统一的技术要求所制定的标准。行业标准是对国家标准的补充,在相应国家标准实施后,应自行废止。目前,国务院标准化行政主管部门已批准发布了61个行业的标准代号。例如,JB、QB、FZ、TB分别是机械、轻工、纺织、铁路运输行业的标准代号。

c. 地方标准,是指在国家的某个地区通过并公开发布的标准。对没有国家标准和行业标准而又需要在省、自治区、直辖市范围内统一的工业产品的安全和卫生要求,可以制定地方标准。地方标准由省、自治区、直辖市人民政府标准化行政主管部门编制计划,组织草拟,统一审批、编号、发布,并报国务院标准化行政主管部门和国务院有关行政主管部门备案。地方标准在本行政区域内适用。在相应的国家标准或行业标准实施后,地方标准应自行废止。地方标准代号为"DB"加上省、自治区、直辖市的行政区划代码,如山东省的地方标准为DB 37。

d. 企业标准,是指企业所制定的产品标准和对在企业内需要协调、统一的技术要求、管理及工作要求所制定的标准。企业生产的产品没有国家标准、行业标准和地方标准的,应当制定企业标准,作为组织生产的依据。对已有国家标准、行业标准和地方标准的,国家鼓励企业制定严于上述标准的企业标准,在企业内部适用,并按省、自治区、直辖市人民政府的规定备案。

四级标准之间的关系是:上级标准是下级标准的依据;下级标准是上级标准的补充;互不重复,互不抵触。

e. 指导性技术文件,国家标准化行政主管部门于1998年通过《国家标准化指导性技术文件管理规定》,出台了标准化体制改革的一项新举措,即在四级标准之外,又增设了一种"国家标准化指导性技术文件",作为对四级标准的补充。注意:国家标准化指导性技术文件不是第五级标准。

国家标准化指导性技术文件,是指为仍处于技术发展过程中(如变化快的技术领域)的标准化工作提供指南或信息,供科研、设计、生产、使用和管理等有关人员参考使用而制定的标准文件。国家标准化指导性技术文件的代号:GB/Z。

拓展阅读
标准的分类

② 标准化　是指制定标准、颁布标准、组织实施标准和对标准的实施进行监督的全部活动过程。

标准化是实现互换性的前提和基础,更是推动工业进步、促进经济发展的重要手段。通过建立并正确贯彻标准,可以保证产品质量,缩短生产周期,促进产品开发和产业协作,提高企业管理水平。标准化作为组织社会化生产的重要工具,是科学化管理的核心依据。

拓展阅读
标准化的
发展历程

标准化是现代化生产的重要支撑,是国家工业实力的象征。随着中国现代化程度的不断提高,对标准化的要求也越来越高。在这一过程中,中国不仅需要制定符合自身发展的标准,还要积极参与国际标准的制定与推广,增强在全球产业链中的话语权。

(3) 优先数和优先数系(GB/T 321—2005)

优先数和优先数系是对各种技术参数的数值进行协调、简化和统一的一种科学的数值制度,是标准化的重要内容。

在生产中,当选定一个数值作为某种产品的参数指标时,这个数值就会按照一定的规律进行参数传递。如加工螺栓,其直径尺寸的确定必然会影响到与之相配合的螺母,以及丝锥、板牙、钻头、螺纹量规等工具的一系列直径尺寸。繁多的规格数值,必然给生产的组织和管理带来困难,并增加成本。因此,对各种技术参数,必须从全局出发,加以简化和统一。

① 优先数系及其公比　优先数系是一种十进制几何级数,公比为10的n次方根,即$\sqrt[5]{10}$、$\sqrt[10]{10}$、$\sqrt[20]{10}$、$\sqrt[40]{10}$、$\sqrt[80]{10}$,分别用R5、R10、R20、R40、R80表示,共5个优先数系列。其中,前面4个为基本系列,最后1个为补充系列。

其数值传递规律为:每经n项,数值扩大10倍。例如,R5系列,第1项是1.00,经过5项,第6项是10.00,以此类推。

各系列的公比分别如下:

R5系列:$q_5=\sqrt[5]{10}\approx 1.60$

R10系列:$q_{10}=\sqrt[10]{10}\approx 1.25$

R20系列:$q_{20}=\sqrt[20]{10}\approx 1.12$

R40系列:$q_{40}=\sqrt[40]{10}\approx 1.06$

基本系列R5、R10、R20、R40的1~10的常用值,如表0-1所示。

表0-1　优先数系基本系列的常用值(摘自GB/T 321—2005)

R5	R10	R20	R40	R5	R10	R20	R40	R5	R10	R20	R40
1.00	1.00	1.00	1.00				2.24		5.00	5.00	5.00
			1.06				2.36				5.30
		1.12	1.12	2.50	2.50	2.50	2.50			5.60	5.60
			1.18				2.65				6.00
	1.25	1.25	1.25				2.80	6.30	6.30	6.30	6.30
			1.32				3.00				6.70
		1.40	1.40			3.15	3.15			7.10	7.10
			1.50				3.35				7.50
1.60	1.60	1.60	1.60				3.55		8.00	8.00	8.00
			1.70				3.75				8.50
		1.80	1.80	4.00	4.00	4.00	4.00			9.00	9.00
			1.90				4.25				9.50
	2.00	2.00	2.00				4.50	10.00	10.00	10.00	10.00
			2.12				4.75				

② 优先数　符合R5、R10、R20、R40和R80系列的圆整值即为优先数。

优先数的理论值一般为无理数,不便于实际应用。在做参数系列的精确计算时可采用计算值,即对理论值取5位有效数字。计算值对理论值的相对误差小于1/20000。

R5、R10、R20和R40基本系列中的优先数常用值,对计算值的相对误差在+1.26%~-1.01%范围内。

③ 优先数系的派生系列　当基本系列不能满足分级要求时,可以按一定规律取值组成派生系列。如常用的R10/3系列,就是从基本系列R10中隔双项取值组成的派生系列。其传递规律是:每经3项,数值增倍。

④ 优先数系的选用规则　优先数系的应用很广泛,它适用于各种尺寸、参数的系列化和质量指标的分级,对保证各种工业产品的品种、规格、系列的合理化分档和协调配套具有十分重要的意义。选用基本系列时,应

拓展阅读
优先数的优点

拓展阅读
优先数系的
派生系列

遵守先疏后密的规则。即按 R5、R10、R20、R40 的顺序选用；当基本系列不能满足要求时，可选用派生系列。注意应优先采用公比较大和延伸项含有项值 1 的派生系列；根据经济性和需要量等不同条件，还可分段选用最合适的系列，以复合系列的形式来组成最佳系列。

思考题与习题

本书配套资源

0-1 判断题
(1) 为了使零件具有完全互换性，必须使各零件的几何尺寸完全一致。
(2) 不经挑选和修配就能相互替换的零件，就是具有互换性的零件。
(3) 标准化是标准的制定过程。
(4) 国家标准规定，我国以"十进制的等差数列"作为优先数系。
(5) R10/3 系列，就是从基本系列 R10 中，自 1 以后，每逢 3 项取一个优先数组成的派生系列。

0-2 选择题
(1) 保证互换性生产的基础是（　　）。
　　A. 标准化　　　　　B. 生产现代化　　　　C. 大批量生产　　　　D. 协作化生产
(2) 某种零件在装配时需要进行修配，则此种零件（　　）。
　　A. 具有完全互换性　　　　　　　　　　B. 具有不完全互换性
　　C. 不具有互换性　　　　　　　　　　　D. 无法确定是否具有互换性
(3) 下列关于标准说法正确的是（　　）。
　　A. 国家标准由国务院标准化行政主管部门负责
　　B. 线性尺寸公差标准属于基础标准
　　C. 以 GB/T 为代号的标准是推荐性标准
　　D. ISO 是世界上最大的标准化组织
(4) 优先数系 R5 系列的公比近似为（　　）。
　　A. 1.60　　　　　　B. 1.25　　　　　　C. 1.12　　　　　　D. 1.06
(5) R20 系列中，每隔（　　）项，数值增至 10 倍。
　　A. 5　　　　　　　B. 10　　　　　　　C. 20　　　　　　　D. 40

0-3 什么是互换性？说明互换性有什么作用？互换性的分类？各用于什么场合？试举例说明。
0-4 什么是标准和标准化？标准化与互换性生产有何联系？
0-5 优先数系是一种什么数列？它有何特点？
0-6 有哪些优先数的基本系列？什么是优先数的派生系列？
0-7 试写出下列基本系列和派生系列中自 1 以后共 5 个优先数的常用值：R10，R10/2，R20/3，R5/3。
0-8 在尺寸公差表格中，自 6 级开始各等级尺寸公差的计算公式为 10i，16i，25i，40i，64i，100i，160i，……；在螺纹公差表中，自 3 级开始的等级系数为 0.50，0.63，0.80，1.00，1.25，1.60，2.00。试判断它们各属于何种优先数的系列。

第 1 章　孔轴结合的线性尺寸公差

孔轴结合是在机械制造中应用最广泛的一种结合，这种结合的线性尺寸公差是机械工程中重要的基础标准，它不仅应用于圆柱体内、外表面的结合，也应用于其他结合中由单一尺寸确定的表面和结构，例如键结合中键与键槽、花键结合中的花键孔与花键轴等。

线性尺寸公差标准化有利于机器的设计、制造、使用和维修，它不仅是机械工业各部门进行产品设计、工艺设计和制定其他标准的基础，而且也是广泛组织协作和专业化生产的重要依据。线性尺寸公差标准几乎涉及国民经济的各个部门，因此它是特别重要的基础标准之一。

随着科学技术的飞跃发展，产品精度的不断提高，国际技术交流的日益扩大，我国的基础标准也在不断地与国际标准接轨，并参照 ISO 国际标准制定。其中"线性尺寸公差 ISO 代号体系"国家标准包括以下两部分：

GB/T 1800.1—2020《产品几何技术规范（GPS）线性尺寸公差 ISO 代号体系　第 1 部分：公差、偏差和配合的基础》；

GB/T 1800.2—2020《产品几何技术规范（GPS）线性尺寸公差 ISO 代号体系　第 2 部分：标准公差带代号和孔、轴的极限偏差表》。

1.1　术语和定义

1.1.1　基本术语（GB/T 1800.1—2020）

（1）有关要素的术语和定义

① 几何要素　是指点、线、面、体或者它们的集合。

几何要素可以是理想要素或者非理想要素，可将其视为一个单一要素或者组合要素。理想要素是由参数化方程定义的要素。非理想要素是完全依赖于非理想表面模型或工件实际表面的不完美的几何要素。

② 实际要素　是指对应于工件实际表面部分的几何要素。

③ 公称要素　是指由设计者在产品技术文件中定义的理想要素。

④ 尺寸要素　是指线性尺寸要素或者角度尺寸要素。

尺寸要素可以是一个球体、一个圆、两条直线、两相对平行面、一个圆柱体、一个圆环等几何形状或几何体。

a. 线性尺寸要素，是指具有线性尺寸的尺寸要素。例如，一个圆柱孔或轴是线性尺寸要素，由两个平行平面（或凹槽或键）组成的组合要素是一个线性尺寸要素，其线性尺寸分别是其直径和宽度。

b. 角度尺寸要素，是指属于回转类别的几何要素，其母线名义上倾斜一个不等于 0°或 90°的角度；或属于棱柱面类别，两个方位要素之间的角度由具有相同形状的两个表面组成。例如，一个圆锥和一个楔块都是角度尺寸要素。

（2）有关孔和轴的定义

① 孔：通常是指工件的圆柱形或非圆柱形（如键槽等）的内尺寸要素，其公称尺寸代号用 D 来表示。

② 轴：通常是指工件的圆柱形或非圆柱形（如键等）的外尺寸要素，其公称尺寸代号用 d 来表示。

孔和轴的区分：从装配关系来看，孔是包容面，轴是被包容面；从工件的加工过程来看，随着加工余量的切除，孔的尺寸是由小变大，而轴的尺寸是由大变小。

（3）有关尺寸的术语和定义

尺寸是指以特定单位表示线性尺寸值的数值。尺寸由数字和单位组成，用于表示零件几何形状的大小。线性尺寸包括直径、半径、长度、高度、宽度、深度、厚度和中心距等。机械制图国家标准规定：在图样中（包括技术要求和其他说明）的尺寸以 mm 为单位时，不需要标注其计量单位的代号或名称，若采用其他单位时必须注明相应的单位符号。

① 公称尺寸　公称尺寸是由图样规范确定的理想形状要素的尺寸。它是根据零件的强度计算、结构和工艺上的需要设计给定的尺寸，需选用标准尺寸按表 1-1 所示定出。选用标准尺寸可以压缩尺寸的规格数，从而减少标准刀具、量具、夹具的规格数量，以获得最佳经济效益。通过它应用极限偏差可算出极限尺寸，孔与轴配合的公称尺寸是相同的。

表 1-1　标准尺寸（摘自 GB/T 2822—2005）（部分）

R			Ra			R			Ra		
R10	R20	R40	Ra10	Ra20	Ra40	R10	R20	R40	Ra10	Ra20	Ra40
10.0	10.0		10	10			35.5	35.5		**36**	**36**
	11.2			**11**				37.5			**38**
12.5	12.5	12.5	**12**	12	**12**	40.0	40.0	40.0	40	40	40
		13.2			**13**			42.5			**42**
	14.0	14.0		14	14		45.0	45.0		45	45
		15.0			15			47.5			**48**
16.0	16.0	16.0	16	16	16	50.0	50.0	50.0	50	50	50
		17.0			17			53.0			53
	18.0	18.0		18	18		56.0	56.0		56	56
		19.0			19			60.0			60
20.0	20.0	20.0	20	20	20	63.0	63.0	63.0	63	63	63
		21.2			**21**			67.0			67
	22.4	22.4		22	**22**		71.0	71.0		71	71
		23.6			**24**			75.0			75
25.0	25.0	25.0	25	25	25	80.0	80.0	80.0	80	80	80
		26.5			26			85.0			85
	28.0	28.0		28	28		90.0	90.0		90	90
		30.0			30			95.0			95
31.5	31.5	31.5	**32**	**32**	**32**	100.0	100.0	100.0	100	100	100
		33.5			**34**						

注：Ra 系列中的加粗数字为 R 系列相应各项优先数的化整值。

② 实际尺寸　实际尺寸是指实际要素的尺寸，是通过测量得到的。由于在测量过程中，不可避免地存在测量误差（测量误差的产生受测量仪器的精度、环境条件及操作水平等因素的影响），同一零件的相同部位用同一量具重复测量多次，其测量的实际尺寸也不完全相同。因此实际尺寸并非尺寸的真值，如图 1-1 所示。另外，由于零件形状误差的影响，同一截面内不同部位的实际尺寸也不一定相同，在同一截面不同方向上的实际尺寸也可能不相同，如图 1-2 所示。

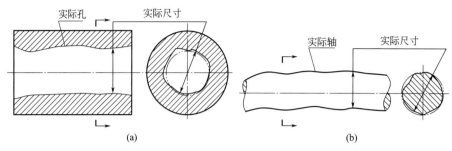

图 1-1 实际尺寸

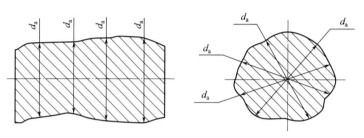

图 1-2 不同部位及不同方向的实际尺寸

③ 极限尺寸　极限尺寸是指尺寸要素的尺寸所允许的极限值。也即，尺寸要素允许的最大尺寸，称为上极限尺寸，孔、轴分别用 D_{max} 和 d_{max} 来表示；而尺寸要素允许的最小尺寸，称为下极限尺寸，孔、轴分别用 D_{min} 和 d_{min} 来表示。极限尺寸是以公称尺寸为基数来确定的。实际尺寸必须位于其中，也可达到极限尺寸。若完工的零件测量时，任一位置的实际尺寸都在此范围内，即实际尺寸小于或等于上极限尺寸，且大于或等于下极限尺寸的零件为尺寸精度合格。

1.1.2 偏差和公差相关术语（GB/T 1800.1—2020）

（1）尺寸偏差（简称偏差）

尺寸偏差是指某一尺寸（极限尺寸、实际尺寸等）减其公称尺寸所得的代数差，它包括极限偏差（上极限偏差、下极限偏差）和实际偏差。由于极限尺寸和实际尺寸可能大于、小于或等于公称尺寸，故尺寸偏差是一个带符号的值，可以是负值、零值或正值。

① 极限偏差　上极限偏差为上极限尺寸减其公称尺寸所得的代数差（孔用 ES 表示，轴用 es 表示）。即：

$$ES = D_{max} - D \tag{1-1}$$
$$es = d_{max} - d \tag{1-2}$$

下极限偏差为下极限尺寸减其公称尺寸所得的代数差（孔用 EI 表示，轴用 ei 表示）。即：

$$EI = D_{min} - D \tag{1-3}$$
$$ei = d_{min} - d \tag{1-4}$$

② 实际偏差　实际偏差是指实际尺寸减去公称尺寸所得的代数差。若完工的零件测量时，任一位置的实际偏差都在极限偏差的范围内，即实际偏差小于或等于上极限偏差，且大于或等于下极限偏差的零件为尺寸精度合格。

③ 基本偏差　基本偏差是指确定公差带相对公称尺寸位置的那个极限偏差，即最接近公称尺寸的那个极限偏差。它可以是上极限偏差或下极限偏差，如图 1-3 所示的公差带图中孔基本偏差为下极限偏差，轴基本偏差为上极限偏差。

(2) 尺寸公差（简称公差）

尺寸公差是允许尺寸的变动量。它等于上极限尺寸减下极限尺寸之差，或上极限偏差减下极限偏差之差。它是一个没有符号的绝对值（孔用 T_h 表示，轴用 T_s 表示），即：

$$T_h = |D_{max} - D_{min}| = |ES - EI| \quad (1\text{-}5)$$
$$T_s = |d_{max} - d_{min}| = |es - ei| \quad (1\text{-}6)$$

必须指出，公差大小是确定了允许尺寸变动范围的大小。在同一尺寸段内的公称尺寸，若公差值大则允许尺寸变动的范围大，因而要求加工精度低；反之，公差值小则允许尺寸变动的范围小，因而要求加工精度高。

以上所述公称尺寸、极限尺寸、极限偏差和公差之间的关系，如图1-4所示。

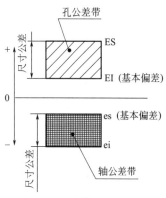

图1-3 基本偏差及公差带

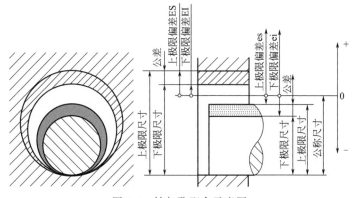

图1-4 轴与孔配合示意图

(3) 公差带

公差带是指公差极限之间的尺寸变动量，其中公差极限是指确定允许值上界限和/或下界限的特定值。用图所表示的公差带，称为公差带图，见图1-3。在公差带图解中，公差带是由代表上极限偏差和下极限偏差或上极限尺寸和下极限尺寸的两条直线所限定的一个区域。

孔、轴公差带代号是基本偏差标示符与标准公差等级数的组合，即尺寸公差带代号包含公差带位置和公差大小两个要素。其中，公差带位置由基本偏差标示符确定，公差大小由标准公差等级确定。

(4) 公差与偏差的区别

通过以上讨论分析可见公差与偏差有三点区别：

① 从数值上讲，公差是绝对值，没有正、负号，也不可能为零；偏差是一个带符号的代数值，可以是负值、零值或正值。

② 从工艺上讲，公差的大小表示对一批零件尺寸允许变动的最大范围，反映尺寸制造精度的高低，即零件加工的难易程度；极限偏差的大小表示每个零件实际偏差允许变动的范围，是判断零件尺寸精度是否合格的依据。

③ 从作用上讲，公差影响零件配合的精度；极限偏差用于控制实际偏差，影响零件配合的松紧。

1.1.3 配合相关术语（GB/T 1800.1—2020）

配合是指类型相同且待装配的外尺寸要素（轴）和内尺寸要素（孔）之间的尺寸关系。

形成配合的前提条件是孔和轴的公称尺寸相同。

(1) 间隙或过盈

孔的尺寸减去相配合轴的尺寸所得的代数差。此差值为正时是间隙,用大写字母 X 表示;为负时是过盈,用大写字母 Y 表示。

(2) 配合的种类

国家标准根据零件配合的松紧程度的不同要求,即孔和轴极限尺寸之间的大小关系不同,将配合分为三大类:间隙配合、过盈配合和过渡配合。

在机器中,由于零件的作用和工作情况不同,故相结合两零件的配合性质(即装配后相互配合零件之间配合的松紧程度)也不一样,如图 1-5 所示三个滑动轴承,图 1-5(a) 所示为轴直接装入座孔中,要求自由转动且不打晃;图 1-5(c) 所示要求衬套装在座孔中要紧固,不得松动;图 1-5(b) 所示衬套装在座孔中,虽也要紧固,但要求容易装入,且要求比图 1-5(c) 的配合要松一些。

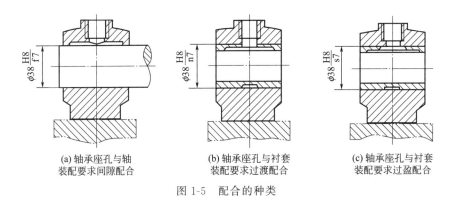

(a) 轴承座孔与轴
装配要求间隙配合

(b) 轴承座孔与衬套
装配要求过渡配合

(c) 轴承座孔与衬套
装配要求过盈配合

图 1-5 配合的种类

通过对这些实例的分析,不仅可以理解不同配合类型的实际应用,还能够培养辩证思维,认识到理论与实践之间的相互转化关系。

① 间隙配合 间隙配合是指孔和轴装配时总是存在间隙的配合。此时,孔的下极限尺寸大于或等于轴的上极限尺寸,即孔公差带完全在轴的公差带之上,如图 1-6 所示。由于孔和轴在各自的公差带内变动,因此装配后每对孔、轴间的间隙也是变动的。当孔制成上极限尺寸、轴制成下极限尺寸时,装配后得到最大间隙,用 X_{max} 表示;当孔制成下极限尺寸、轴制成上极限尺寸时,装配后得到最小间隙,用 X_{min} 表示。即:

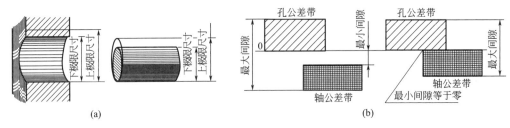

图 1-6 孔与轴的间隙配合

$$X_{max} = D_{max} - d_{min} = ES - ei \tag{1-7}$$

$$X_{min} = D_{min} - d_{max} = EI - es \tag{1-8}$$

② 过盈配合 过盈配合是指孔和轴装配时总是存在过盈的配合。此时,孔的上极限尺寸小于或等于轴的下极限尺寸,即孔公差带完全在轴的公差带之下,如图 1-7 所示。同样孔和轴装配后每对孔、轴间的过盈也是变化的。当孔上极限尺寸减去轴下极限尺寸时,装配后

得到最小过盈,其值为负,用 Y_{min} 表示;当孔制成下极限尺寸、轴制成上极限尺寸时,装配后得到最大过盈,其值为负,用 Y_{max} 表示。即:

$$Y_{min} = D_{max} - d_{min} = ES - ei \tag{1-9}$$

$$Y_{max} = D_{min} - d_{max} = EI - es \tag{1-10}$$

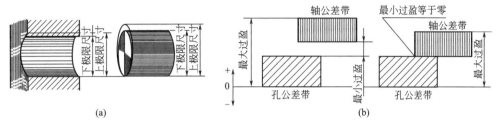

图 1-7 孔与轴的过盈配合

③ 过渡配合　过渡配合是指可能具有间隙或过盈的配合。此时,孔的公差带与轴的公差带完全重叠或部分重叠,如图 1-8 所示。在过渡配合中,孔和轴装配后每对孔、轴间的间隙或过盈也是变化的。当孔上极限尺寸减去轴下极限尺寸时,装配后得到最大间隙,按公式(1-7)计算;当孔制成下极限尺寸、轴制成上极限尺寸时,装配后得到最大过盈,按公式(1-10)计算。

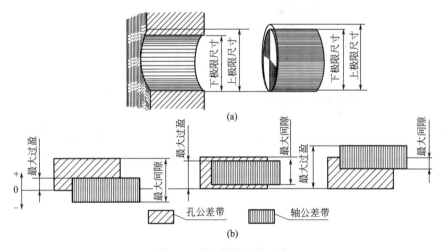

图 1-8 孔与轴的过渡配合

必须指出:"间隙、过盈、过渡"是对一批孔、轴而言,具体到一对孔和轴装配后,只能是间隙或过盈,包括间隙或过盈为零,而不会出现"过渡"。

(3) 配合公差

配合公差是指组成配合的孔与轴的公差之和,用 T_f 表示。它是允许间隙或过盈的变动量,是一个没有符号的绝对值。它表明了配合松紧程度的变化范围。在间隙配合中,最大间隙与最小间隙之差的绝对值为配合公差;在过盈配合中,最小过盈与最大过盈之差的绝对值为配合公差;在过渡配合中,配合公差等于最大间隙与最大过盈之差的绝对值,即:

$$T_f = |X_{max} - X_{min}| \tag{1-11}$$

$$T_f = |Y_{min} - Y_{max}| \tag{1-12}$$

$$T_f = |X_{max} - Y_{max}| \tag{1-13}$$

上述三种配合的配合公差亦为孔公差与轴公差之和,即:

$$T_f = T_h + T_s \tag{1-14}$$

从公式(1-14)可以看出，配合零件的装配精度与各自零件的加工精度密切相关。若要提高零件的装配精度，使得装配后间隙或过盈的变化范围减少，就需要减少零件的公差，也就是说，需要提高零件的加工精度。在提升零件加工精度的过程中，设计者和工程技术人员不仅仅是在解决技术问题，更是在践行可持续发展理念。提高零件的加工精度虽然可能会增加一定的制造成本，但其带来的高质量、高可靠性的产品性能，可以减少后期维护、降低资源浪费，体现了"绿色制造"的价值追求。这种追求体现了我们对节能减排、绿色环保的重视和责任。

三种配合类型中轴孔公差带关系的具体实例如图 1-9 所示。

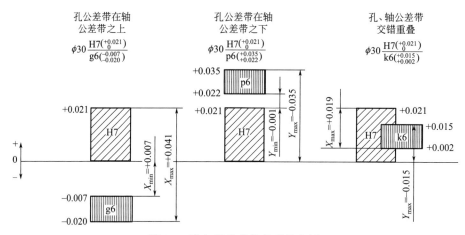

图 1-9　孔与轴公差带关系的实例

用直角坐标表示出相配合的孔与轴其间隙或过盈的变化范围的图形称为配合公差带图。图 1-10 所示为图 1-9 三种配合的孔与轴的配合公差带图，零线上方表示间隙，下方表示过盈。图中上左侧为 $\phi 30 H7/g6$ 间隙配合的配合公差带，右侧为 $\phi 30 H7/k6$ 过渡配合的配合公差带，中间下方为 $\phi 30 H7/p6$ 过盈配合的配合公差带。

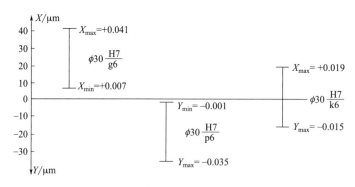

图 1-10　孔与轴的配合公差带图

1.1.4　ISO 配合制相关术语（GB/T 1800.1—2020）

ISO 配合制是由线性尺寸公差 ISO 代号体系确定公差的孔和轴组成的一种配合制度。从前述三种配合可知，公称尺寸相同而极限尺寸不同的孔和轴，可以组成不同性质的配合，但为了简化起见，无需将孔、轴极限尺寸同时变动，只要固定一个，变更另一个即可满足不同使用性能要求的配合。因此，线性尺寸公差 ISO 代号体系规定了两种配合制度：基孔制配合和基轴制配合。在一般情况下，优先选用基孔制配合。在孔、轴配合时，究竟属于哪一种配合取决于孔、轴极限尺寸的相互关系。在基孔制和基轴制配合中,基本偏差为 A～H(a～h) 用于间隙配合;基本偏差为 J～ZC(j～zc) 用于过渡配合和过盈配合。

(1) 基孔制配合

基孔制是指孔的下极限尺寸与公称尺寸相同的配合制。在基孔制配合中选作基准的孔为基准孔,代号为 H,基准孔的下极限偏差为基本偏差,且数值为零,上极限偏差为正值,如图 1-11 所示。基孔制配合所要求的间隙或过盈由不同公差带代号的轴与基准孔相配合得到。图 1-12 为基孔制的几种配合示意图。

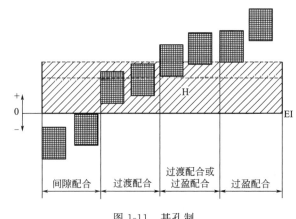

图 1-11 基孔制

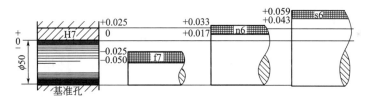

图 1-12 基孔制的几种配合示意图

(2) 基轴制配合

基轴制是指轴的上极限尺寸与公称尺寸相同的配合制。在基轴制配合中选作基准的轴为基准轴,代号为 h,基准轴的上极限偏差为基本偏差,且数值为零,下极限偏差为负值,如图 1-13 所示。基轴制配合所要求的间隙或过盈由不同公差带代号的孔与基准轴相配合得到。图 1-14 表示基轴制的几种配合示意图。

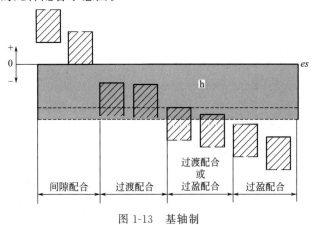

图 1-13 基轴制

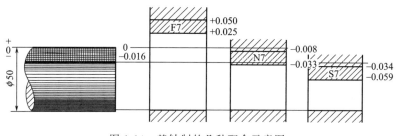

图 1-14 基轴制的几种配合示意图

1.2 线性尺寸公差国家标准

线性尺寸公差国家标准是按标准公差系列标准化和基本偏差系列标准化的原则制定的。

1.2.1 标准公差系列

标准公差（用符号 IT 表示，IT 代表"国际公差"）是指线性尺寸公差 ISO 代号体系中的任一公差。标准公差等级是指用常用标示符表征的线性尺寸公差组，其标示符由 IT 及其之后的数字组成（如 IT7）。

由于不同零件和零件上不同部位的尺寸，对其精确程度的要求往往也不同。为了满足生产使用要求，国家标准对公称尺寸至 3150mm 内规定了 20 个标准公差等级。其代号分别为 IT01、IT0、IT1～IT18，其中 IT01 级精度最高，其余依次降低，IT18 级精度最低。IT1～IT16 标准公差等级的公差数值见表 1-2。由表 1-2 可见，在同一个尺寸段中，公差等级数越大，尺寸的公差数值也越大，即尺寸的精度越低。在线性尺寸公差 ISO 代号体系中，同一公差等级（例如 IT7）对所有公称尺寸的一组公差被认为具有同等精确程度。

拓展阅读
标准公差值的由来

表 1-2 标准公差数值（摘自 GB/T 1800.1—2020）（部分）

公称尺寸		公差等级														
		IT1	IT2	IT3	IT4	IT5	IT6	IT7	IT8	IT9	IT10	IT11	IT12	IT13	IT14	IT15	IT16
>	至	μm											mm			
—	3	0.8	1.2	2	3	4	6	10	14	25	40	60	0.1	0.14	0.25	0.4	0.6
3	6	1	1.5	2.5	4	5	8	12	18	30	48	75	0.12	0.18	0.3	0.48	0.75
6	10	1	1.5	2.5	4	6	9	15	22	36	58	90	0.15	0.22	0.36	0.58	0.9
10	18	1.2	2	3	5	8	11	18	27	43	70	110	0.18	0.27	0.43	0.7	1.1
18	30	1.5	2.5	4	6	9	13	21	33	52	84	130	0.21	0.33	0.52	0.84	1.3
30	50	1.5	2.5	4	7	11	16	25	39	62	100	160	0.25	0.39	0.62	1	1.6
50	80	2	3	5	8	13	19	30	46	74	120	190	0.3	0.46	0.74	1.2	1.9
80	120	2.5	4	6	10	15	22	35	54	87	140	220	0.35	0.54	0.87	1.4	2.2

续表

公称尺寸		公差等级															
		IT1	IT2	IT3	IT4	IT5	IT6	IT7	IT8	IT9	IT10	IT11	IT12	IT13	IT14	IT15	IT16
>	至	μm											mm				
120	180	3.5	5	8	12	18	25	40	63	100	160	250	0.4	0.63	1	1.6	2.5
180	250	4.5	7	10	14	20	29	46	72	115	185	290	0.46	0.72	1.15	1.85	2.9
250	315	6	8	12	16	23	32	52	81	130	210	320	0.52	0.81	1.3	2.1	3.2
315	400	7	9	10	18	25	36	57	89	140	230	360	0.57	0.86	1.4	2.3	3.6
400	500	8	10	15	20	27	40	63	97	155	250	400	0.63	0.7	1.55	2.5	4
500	630	9	11	16	22	32	44	70	110	175	280	440	0.7	1.1	1.75	2.8	4.4
630	800	10	10	18	25	36	50	80	125	200	320	500	0.8	1.25	2	3.2	5
800	1000	11	15	21	28	40	56	90	140	230	360	560	0.9	1.4	2.3	3.6	5.6

生产实践中，在规定零件尺寸的公差时，应尽量按表 1-2 来选用标准公差。

1.2.2 基本偏差系列

如前所述，基本偏差是确定公差带的位置参数。为了满足各种不同配合的需要，必须将孔和轴的公差带位置标准化。为此，标准对孔和轴各规定了 28 个公差带位置，分别由 28 个基本偏差标示符来确定，基本偏差值是标示符（字母）和被测要素的公称尺寸的函数。

（1）基本偏差标示符

基本偏差标示符用拉丁字母表示，对孔用大写 A，……，ZC 表示；对轴用小写 a，……，zc 表示。轴和孔的基本偏差标示符各 28 个。

必须指出：以轴为例，字母中除去与其它标示符易混淆的 5 个字母 i、l、o、q、w，增加了七个双字母标示符 cd、ef、fg、js、za、zb、zc，其排列顺序，如图 1-15 所示。孔的基本偏差标示符与轴类同，这里不再重述。

（2）基本偏差示意图

在图 1-15 中，表示了公称尺寸相同的 28 种孔和轴基本偏差相对于公称尺寸的位置。图中每一个公差带的水平粗实线表示基本偏差，公差带的开口端代表另一个极限偏差，需要由选择的标准公差等级确定。

由图 1-15 可以看出，孔和轴的各基本偏差图形是基本对称的，它们的性质和关系可归纳如下：

① 孔的基本偏差中，A～G 的基本偏差为下极限偏差 EI，其值为正值（公差极限位于公称尺寸之上时，用＋号）；J～ZC 的基本偏差为上极限偏差 ES，其值为负值（公差极限位于公称尺寸之下时，用-号），J、K 除外。轴的基本偏差中，a～g 的基本偏差为上极限偏差 es，其值为负值；j～zc 的基本偏差为下极限偏差 ei，其值为正值，j 除外。

② H 和 h 分别为基准孔和基准轴的基本偏差标示符，它们的基本偏差分别是 EI=0、es=0。

③ 基本偏差代号 JS 和 js 的公差极限是相对于公称尺寸对称分布的，因此，基本偏差的概念不适用于 JS 和 js。

（3）基本偏差数值

① 在表 1-3 和表 1-4 中，每一列给出了一种基本偏差标示符的基本偏差值。每一行表示

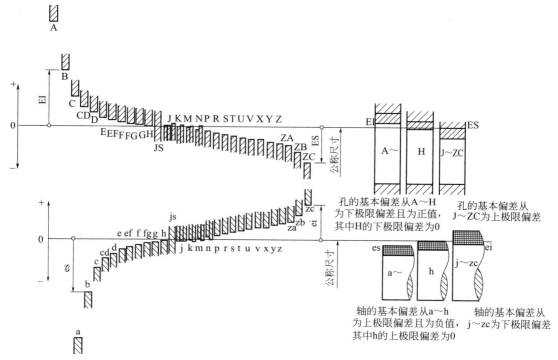

图 1-15 孔和轴公差带（基本偏差）相对于公称尺寸位置的示意图

尺寸的一个范围，尺寸范围由表中的第一列限定。另一个极限偏差（上或下）由基本偏差和标准公差确定。

② 表 1-4 的右边六列给出了单独的 Δ 值。Δ 值是指为得到内尺寸要素的基本偏差，给一定值增加的变动量。Δ 是被测要素的公差等级和公称尺寸的函数，该值仅与公差等级为 IT3～IT8 的偏差 K～ZC 有关。当表中出现 $+\Delta$ 时，Δ 值将增加到主表给出的固定值上，以得到基本偏差的正确值。

③ 轴和孔基本偏差值的查表。

【例 1-1】 查表确定尺寸 $\phi 35j6$、$\phi 72K8$、$\phi 90R7$ 的极限偏差。

解：a. $\phi 35j6$，查表 1-2 得：IT6＝0.016mm；查表 1-3 得：基本偏差 ei＝－0.005mm，则 es＝ei+IT6＝－0.005+0.016＝＋0.011（mm）。由此可得：$\phi 35j6 \left(^{+0.011}_{-0.005}\right)$ mm。

b. $\phi 72K8$，查表 1-2 得：IT8＝0.046mm；查表 1-4 得：基本偏差 ES＝－0.002+Δ＝－0.002+0.016＝＋0.014（mm），则 EI＝ES－IT8＝＋0.014－0.046＝－0.032（mm）。由此可得：$\phi 72K8 \left(^{+0.014}_{-0.032}\right)$ mm。

c. $\phi 90R7$，查表 1-2 得：IT7＝0.035mm；查表 1-4 得：基本偏差 ES＝－0.051+Δ＝－0.051+0.013＝－0.038（mm），则 EI＝ES－IT7＝－0.038－0.035＝－0.073（mm）。由此可得：$\phi 90R7 \left(^{-0.038}_{-0.073}\right)$ mm。

(4) 线性尺寸公差在图样上的标注

在机械图样中，线性尺寸公差的标注应遵守国家标准（GB/T 4458.5—2003）规定，现摘要叙述。

① 在零件图中的标注 在零件图中标注孔、轴的尺寸公差有下列三种形式：

a. 在孔或轴的公称尺寸的右边注出公差带代号，如图 1-16 所示。孔、轴公差带代号由基本偏差标示符与公差等级数组成，如图 1-17 所示。

拓展阅读
线性尺寸在
图中的标注

表 1-3 公称尺寸至 1000mm 轴的基本偏差数值（摘自 GB/T 1800.1—2020）（部分）

单位：μm

公称尺寸/mm		基本偏差数值																									
		上极限偏差 es													下极限偏差 ei												
		所有标准公差等级													IT5和IT6	IT7	IT8	IT4至IT7	≤IT3 >IT7	所有标准公差等级							
大于	至	a	b	c	cd	d	e	ef	f	fg	g	h	js	j	j	j	k	k	m	n	p	r	s	t	u
—	3	−270	−140	−60	−34	−20	−14	−10	−6	−4	−2	0	偏差=$\pm\frac{IT_n}{2}$，式中IT_n是IT值数	−2	−4	−6	0	0	+2	+4	+6	+10	+14		+18
3	6	−270	−140	−70	−46	−30	−20	−14	−10	−6	−4	0		−2	−4		+1	0	+4	+8	+12	+15	+19		+23
6	10	−280	−150	−80	−56	−40	−25	−18	−13	−8	−5	0		−2	−5		+1	0	+6	+10	+15	+19	+23		+28
10	14	−290	−150	−95	−70	−50	−32	−23	−16	−10	−6	0		−3	−6		+1	0	+7	+12	+18	+23	+28		+33
14	18	−290	−150	−95	−70	−50	−32	−23	−16	−10	−6	0		−3	−6		+1	0	+7	+12	+18	+23	+28		+33
18	24	−300	−160	−110	−85	−65	−40	−28	−20	−12	−7	0		−4	−8		+2	0	+8	+15	+22	+28	+35		+41
24	30	−300	−160	−110	−85	−65	−40	−28	−20	−12	−7	0		−4	−8		+2	0	+8	+15	+22	+28	+35	+41	+48
30	40	−310	−170	−120	−100	−80	−50	−35	−25	−15	−9	0		−5	−10		+2	0	+9	+17	+26	+34	+43	+48	+60
40	50	−320	−180	−130	−100	−80	−50	−35	−25	−15	−9	0		−5	−10		+2	0	+9	+17	+26	+34	+43	+54	+70
50	65	−340	−190	−140		−100	−60		−30		−10	0		−7	−12		+2	0	+11	+20	+32	+41	+53	+66	+87
65	80	−360	−200	−150		−100	−60		−30		−10	0		−7	−12		+2	0	+11	+20	+32	+43	+59	+75	+102
80	100	−380	−220	−170		−120	−72		−36		−12	0		−9	−15		+3	0	+13	+23	+37	+51	+71	+91	+124
100	120	−410	−240	−180		−120	−72		−36		−12	0		−9	−15		+3	0	+13	+23	+37	+54	+79	+104	+144
120	140	−460	−260	−200		−145	−85		−43		−14	0		−11	−18		+3	0	+15	+27	+43	+63	+92	+122	+170
140	160	−520	−280	−210		−145	−85		−43		−14	0		−11	−18		+3	0	+15	+27	+43	+65	+100	+134	+190
160	180	−580	−310	−230		−145	−85		−43		−14	0		−11	−18		+3	0	+15	+27	+43	+68	+108	+146	+210
180	200	−660	−340	−240		−170	−100		−50		−15	0		−13	−21		+4	0	+17	+31	+50	+77	+122	+166	+236
200	225	−740	−380	−260		−170	−100		−50		−15	0		−13	−21		+4	0	+17	+31	+50	+80	+130	+180	+258
225	250	−820	−420	−280		−170	−100		−50		−15	0		−13	−21		+4	0	+17	+31	+50	+84	+140	+196	+284
250	280	−920	−480	−300		−190	−110		−56		−17	0		−16	−26		+4	0	+20	+34	+56	+94	+158	+218	+315
280	315	−1050	−540	−330		−190	−110		−56		−17	0		−16	−26		+4	0	+20	+34	+56	+98	+170	+240	+350
315	355	−1200	−600	−360		−210	−125		−62		−18	0		−18	−28		+4	0	+21	+37	+62	+108	+190	+268	+390
355	400	−1350	−680	−400		−210	−125		−62		−18	0		−18	−28		+4	0	+21	+37	+62	+114	+208	+294	+435
400	450	−1500	−760	−440		−230	−135		−68		−20	0		−20	−32		+5	0	+23	+40	+68	+126	+232	+330	+490
450	500	−1650	−840	−480		−230	−135		−68		−20	0		−20	−32		+5	0	+23	+40	+68	+132	+252	+360	+540
500	560					−260	−145		−76		−22	0					0	0	+26	+44	+78	+150	+280	+400	+600
560	630					−260	−145		−76		−22	0					0	0	+26	+44	+78	+155	+310	+450	+660
630	710					−290	−160		−80		−24	0					0	0	+30	+50	+88	+175	+340	+500	+740
710	800					−290	−160		−80		−24	0					0	0	+30	+50	+88	+185	+380	+560	+840
800	900					−320	−170		−86		−26	0					0	0	+34	+56	+100	+210	+430	+620	+940
900	1000					−320	−170		−86		−26	0					0	0	+34	+56	+100	+220	+470	+680	+1050

注：1. 公称尺寸小于或等于 1mm 时，基本偏差 a 和 b 均不采用。

2. 公差带 js7 至 js11，若 IT_n 值数为奇数，则取偏差=$\pm\frac{IT_n-1}{2}$。

表 1-4 公称尺寸至 1000mm 孔的基本偏差数值(摘自 GB/T 1800.1—2020)(部分) μm

公称尺寸/mm		基本偏差数值																													
		下极限偏差 EI													上极限偏差 ES													Δ 值			
		所有标准公差等级													IT6	IT7	IT8	≤IT8	>IT8	≤IT8	>IT8	≤IT8	>IT8	≤IT7	标准公差等级大于 IT7				标准公差等级			
大于	至	A	B	C	CD	D	E	EF	F	FG	G	H	JS	J	J	J	K	K	M	M	N	N	P 至 ZC	P	R	S	T	U	IT3	IT4	IT5	IT6	IT7	IT8
—	3	+270	+140	+60	+34	+20	+14	+10	+6	+4	+2	0	偏差 $=\pm\frac{IT_n}{2}$, 式中 IT_n 是 IT 值数	+2	+4	+6	0	0	−2	−2	−4	−4	在大于 IT7 的相应数值上增加一个 Δ 值	−6	−10	−14		−18	0	0	0	0	0	0
3	6	+270	+150	+70	+46	+30	+20	+14	+10	+6	+4	0		+5	+6	+10	−1+Δ		−4+Δ	−4	−8+Δ	0		−12	−15	−19		−23	1	1.5	1	3	4	6
6	10	+280	+150	+80	+56	+40	+25	+18	+13	+8	+5	0		+5	+8	+12	−1+Δ		−6+Δ	−6	−10+Δ	0		−15	−19	−23		−28	1	1.5	2	3	6	7
10	14	+290	+150	+95	+70	+50	+32	+23	+16	+10	+6	0		+6	+10	+15	−1+Δ		−7+Δ	−7	−12+Δ	0		−18	−23	−28		−33	1	2	3	3	7	9
14	18																																
18	24	+300	+160	+110	+85	+65	+40	+28	+20	+12	+7	0		+8	+12	+20	−2+Δ		−8+Δ	−8	−15+Δ	0		−22	−28	−35	−41	−41 −48	1.5	2	3	4	8	12
24	30																																
30	40	+310	+170	+120	+100	+80	+50	+35	+25	+15	+9	0		+10	+14	+24	−2+Δ		−9+Δ	−9	−17+Δ	0		−26	−34	−43	−48 −54	−60 −70	1.5	3	4	5	9	14
40	50	+320	+180	+130																													
50	65	+340	+190	+140		+100	+60		+30		+10	0		+13	+18	+28	−2+Δ		−11+Δ	−11	−20+Δ	0		−32	−41 −43	−53 −59	−66 −75	−87 −102	2	3	5	6	11	16
65	80	+360	+200	+150																													
80	100	+380	+220	+170		+120	+72		+36		+12	0		+16	+22	+34	−3+Δ		−13+Δ	−13	−23+Δ	0		−37	−51 −54	−71 −79	−91 −104	−124 −144	2	4	5	7	13	19
100	120	+410	+240	+180																													
120	140	+460	+260	+200		+145	+85		+43		+14	0		+18	+26	+41	−3+Δ		−15+Δ	−15	−27+Δ	0		−43	−63 −65	−92 −100	−122 −134	−170 −190	3	4	6	7	15	23
140	160	+520	+280	+210																						−68	−108	−146	−210						
160	180	+580	+310	+230																														
180	200	+660	+340	+240		+170	+100		+50		+15	0		+22	+30	+47	−4+Δ		−17+Δ	−17	−31+Δ	0		−50	−77 −80	−122 −130	−166 −180	−236 −258	3	4	6	9	17	26
200	225	+740	+380	+260																						−84	−140	−196	−284						
225	250	+820	+420	+280																														
250	280	+920	+480	+300		+190	+110		+56		+17	0		+25	+36	+55	−4+Δ		−20+Δ	−20	−34+Δ	0		−56	−94 −98	−158 −170	−218 −240	−315 −350	4	4	7	9	20	29
280	315	+1050	+540	+330																														
315	355	+1200	+600	+360		+210	+125		+62		+18	0		+29	+39	+60	−4+Δ		−21+Δ	−21	−37+Δ	0		−62	−108 −114	−190 −208	−268 −294	−390 −435	4	5	7	11	21	32
355	400	+1350	+680	+400																														
400	450	+1500	+760	+440		+230	+135		+68		+20	0		+33	+43	+66	−5+Δ		−23+Δ	−23	−40+Δ	0		−68	−126 −132	−208 −255	−330 −360	−490 −540	5	5	7	13	23	34
450	500	+1650	+840	+480																														
500	560					+260	+145		+76		+22	0					0		−26		−44			−78	−150	−280	−400	−600						
560	630																								−155	−310	−450	−660						
630	710					+290	+160		+80		+24	0					0		−30		−50			−88	−175 −185	−340 −380	−500 −560	−740 −840						
710	800																																	
800	900					+320	+170		+86		+26	0					0		−34		−56			−100	−210 −220	−430 −470	−620 −680	−940 −1050						
900	1000																																	

注: 1. 公称尺寸小于或等于 1mm 时, 基本偏差 A 和 B 及大于 IT8 的 N 均不采用。公差带 JS7 至 JS11, 若 IT_n 值数是奇数, 则取偏差 $=\pm\frac{IT_n-1}{2}$。

2. 对小于或等于 IT8 的 K、M、N 和小于或等于 IT7 的 P 至 ZC, 所需 Δ 值从表内右侧选取。例如: 18~30mm 段的 K7: Δ=8μm, 所以 ES=(−2+8)μm=+6μm; 18~30mm 段的 S6: Δ=4μm, 所以 ES=(−35+4)μm=−31μm。特殊情况: 250~315mm 段的 M6, ES=−9μm(代替 −11μm)。

图1-16　标注公差带代号　　　　　　图1-17　公差带代号的形式

b. 在孔或轴的公称尺寸的右边注出该公差带的极限偏差数值,如图1-18所示。上极限偏差应注在公称尺寸的右上角;下极限偏差应与公称尺寸在同一底线上,且上、下极限偏差数字的字号应比公称尺寸数字的字号小一号。

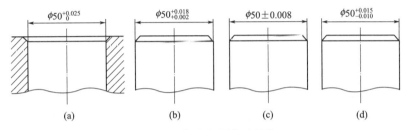

图1-18　标注极限偏差数值

在零件图中标注极限偏差时,有以下几个关键点需要注意:
ⅰ. 当上极限偏差或下极限偏差为零时,必须标出偏差数值"0",并与另一个偏差值的个位数对齐,如图1-18(a)所示。
ⅱ. 上、下极限偏差的小数点必须对齐,小数点后的位数也必须相同,如图1-18(b)所示。
ⅲ. 当上、下极限偏差数值相等且符号相反时,可以简化标注。偏差数值只注写一次,并在偏差值与公称尺寸之间注写符号"±",且两者数字高度相同,如图1-18(c)所示。
ⅳ. 小数点后右端的"0"不必标出,但为了使上、下极限偏差值的小数点后的位数相同,可以用"0"补齐,如图1-18(d)所示。

通过遵循这些规则,可以确保尺寸公差的标注清晰准确,有助于避免制造过程中的误解和错误。

c. 在孔或轴的公称尺寸的右边同时注出公差带代号和相应的极限偏差数值,此时后者应加上圆括号,如图1-19所示。

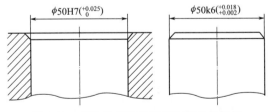

图1-19　标注公差带代号和极限偏差数值

② 装配图中的标注　装配图中一般标注配合代号,配合代号由两个相互结合的孔或轴的公差带代号组成,写成分数形式,分子为孔的公差带代号,分母为轴的公差带代号,如图1-20所示。

在图1-20(a)中 $\phi50$H7/k6 的含义为:公称尺寸 $\phi50$mm,基孔制配合,基准孔的基本偏差标示符为H,公差等级为7级;与其配合的轴基本偏差标示符为k,公差等级为6级。

图 1-20(b) 中 $\phi50F8/h7$ 是基轴制配合。

在装配图中，当零件与常用标准件有配合要求的尺寸时，仅标注相配合的非标准件（零件）的公差带代号，如图 1-21 所示。

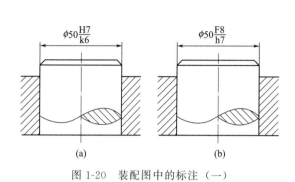

图 1-20　装配图中的标注（一）　　　　图 1-21　装配图中的标注（二）

1.2.3　公差带与配合的国家标准

国家标准中提供了 28 个基本偏差标识符和 20 个标准公差等级，将任一基本偏差与任一标准公差等级组合，可以得到大量的公差带。孔可有 543 种不同位置和大小的公差带，而轴可有 544 种。孔和轴各 500 多种的公差带，又可组成大量的配合，其可选性非常宽，但这很显然是不科学不经济的。

因此，为了简化公差带和配合的数量，对公差带代号的选取进行限制，从而减少定值刀具、量具和工艺装备的品种和规格。国家标准 GB/T 1800.1—2020 指出，公差带代号尽可能从图 1-22 和图 1-23 分别给出的孔和轴相应的公差带代号中选取，框中所示的公差带代号应优先选取。其中，优先选取的孔、轴公差带代号各有 17 种。但是，需要注意，图中的公差带代号仅应用于不需要对公差带代号进行特定选取的一般性用途（例如，键槽需特定选取）。在特定应用中若有必要，偏差 js 和 JS 可被相应的偏差 j 和 J 替代。

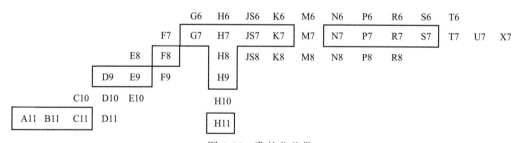

图 1-22　孔的公差带

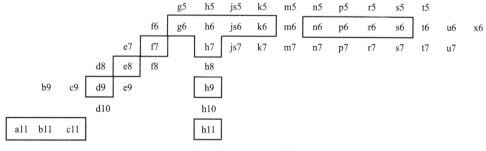

图 1-23　轴的公差带

在选用公差带时,如果图中所示公差带不能满足使用要求,允许按国家标准规定的基本偏差和标准公差等级组成所需的公差带。

对于通常的工程目的,基于经济因素,配合应选择表 1-5 和表 1-6 框中所示的公差带代号。可由基孔制获得符合要求的配合,或在特定应用中由基轴制获得。

表 1-5　基孔制配合的优先配合（摘自 GB/T 1800.1—2020）

基准孔	轴公差带代号														
	间隙配合						过渡配合			过盈配合					
H6					g5	h5	js5	k5	m5	n5	p5				
H7				f6	g6	h6	js6	k6	m6	n6	p6	r6	s6	t6	u6	x6
H8			e7	f7		h7	js7	k7	m7				s7		u7	
		d8	e8	f8		h8										
H9	b9	c9	d9	e9		h9										
H10			d10			h10										
H11	b11	c11				h11										

表 1-6　基轴制配合的优先配合（摘自 GB/T 1800.1—2020）

基准轴	孔公差带代号														
	间隙配合						过渡配合			过盈配合					
h5					G6	H6	JS6	K6	M6	N6	P6				
h6				F7	G7	H7	JS7	K7	M7	N7	P7	R7	S7	T7	U7	X7
h7			E8	F8		H8										
h8			E8	F8		H8										
h9			D9	E9	F9	H9										
h10		C10	D10			H10										
h11	B11	C11				H11										

1.3　线性尺寸公差的选择

拓展阅读
线性尺寸公差
的选择示例

线性尺寸公差的选择内容包括:配合制、公差等级和配合种类三个方面。选择的原则是在满足使用要求的前提下,获得最佳的经济效益。

1.3.1　ISO 配合制的选择

配合制(即基准制)包括基孔制和基轴制,通常基孔制和基轴制同名配合(用同一字母表示孔和轴的基本偏差所组成的公差带,按照基孔制形成的配合和按照基轴制形成的配合)的配合性质相同,如 $\phi 30H7/g6$ 与 $\phi 30G7/h6$,具有同样的最大、最小间隙,对于零件的功能没有技术性的差别。所以配合制的选择与使用要求无关,应主要基于经济因素考虑。同时,应综合考虑相关零件的结构特点,加工与装配工艺等因素,并应遵循以下原则。

(1) 优先选用基孔制

采用基孔制可以减少定值刀具和量具的规格数量,有利于刀具、量具的标准化和系列化,从而在经济上更为合理,使用也更为方便。这是因为对于中、小尺寸的孔多采用定值刀具(如钻头、铰刀、拉刀等)进行加工,并使用定值量具(如光滑极限量规等)进行检验。这些刀具形状复杂、材料昂贵、制造难度大,而每种规格的定值刀具和量具只能加工和检验一种尺寸的孔。例如,对于 $\phi 30H7/f6$、$\phi 30H7/n6$、$\phi 30H7/k6$ 这些公称尺寸相同的基孔制配合,虽然它们的配合性质各不相同,但孔的公差带是相同的,因此可以使用同一规格的定值刀具、量具来加工和检验。这些配合中轴的公差带虽然各不相同,但由于车刀、砂轮等工具对不同极限尺寸的轴都适用,因此不会增加刀具的费用。由此可见,采用基孔制配合不仅可以减少孔的公差带数量,还可以大幅减少孔定值刀具、量具的数量,从而获得较高的经济效益。

(2) 有明显经济效益时选用基轴制

① 当冷拉钢材做轴时,由于钢材本身的精度(可达 IT8)已能满足设计要求,轴不再需要额外加工,这时选择基轴制更为经济合理。

② 当在同一公称尺寸的轴上需要装配几个具有不同配合要求的零件时,基轴制的应用尤为重要。否则,轴的加工难度会显著增加,甚至可能导致无法加工。如图 1-24 所示为活塞、活塞销和连杆的连接,活塞销与连杆头内衬套孔的配合要求为间隙配合,而活塞销与活塞的配合要求为过渡配合。这两种配合的公称尺寸相同,如果采用基孔制配合,尽管三个孔的公差带一致,但活塞销必须设计成两头粗中间细的阶梯形状(直径相差比较小),如图 1-25(a) 所示。在这种设计中,活塞销的两端直径必大于连杆头衬套孔的直径。这样在装配时,活塞销需要挤过衬套孔壁,不仅操作困难,而且容易刮伤孔的表面。另外,这种阶梯形状的活塞销比无阶梯结构的加工难度大得多。相比之下,如图 1-25(b) 所示,如果采用基轴制,活塞销采用无阶梯的结构,衬套孔和活塞孔分别采用不同的公差带,这样不仅满足了使用要求,还减少了加工的工作量,降低了加工成本,同时也使装配过程更加方便。

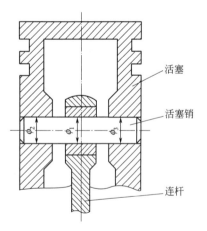

图 1-24 活塞、活塞销、连杆头衬套孔的配合
ϕ_1—间隙配合;ϕ_2,ϕ_3—过渡配合

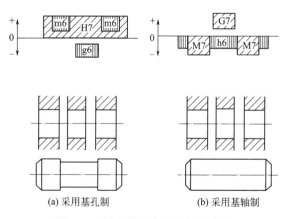

(a) 采用基孔制   (b) 采用基轴制

图 1-25 活塞销配合基准制的选用

(3) 由常用标准件选用基准制

在实际设计中,零件若与标准件配合,应以标准件为基准件,来确定采用基孔制还是基轴制。这种做法不仅简化了设计和制造流程,还促进了零部件的通用化和标准化。例如,滚动轴承内圈与轴的配合应采用基孔制,滚动轴承外圈与箱体孔配合应采用基轴制。

（4）特殊情况下可采用非基准制配合

在一些特殊应用场合，使用传统的基孔制或基轴制可能难以满足特定的技术要求。在这种情况下，可以选择非基准制配合，即相配合的两个零件既无基准孔 H 又无基准轴 h。例如，图 1-26 所示为机床主轴箱的一部分，由于齿轮轴筒与两个轴承孔相配合，根据轴承的使用要求，轴承内圈被选定为 $\phi 60\text{js6}$。然而，两个隔套的主要作用是轴向定位，且为了装拆方便，隔套在齿轮轴筒上的配合间隙较大，其定心精度要求也不高，因而选用 $\phi 60\text{D}10$ 与齿轮轴筒配合。同样地，主轴箱壳孔需要同时与轴承外圈和隔套外圈配合。根据轴承的使用要求，轴承外圈被选定为 $\phi 95\text{K}7$，而隔套的外圈则选用了 $\phi 95\text{d}11$，以满足使用要求。在这种情况下，无论采用基孔制还是基轴制都难以满足所有部件的技术要求，因此选择了非基准制配合。

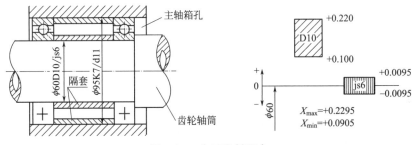

图 1-26 非基准制配合

在制造业中，科学合理地选择配合制，不仅体现了对技术细节的把握，更体现了对资源的节约和高效利用，这是践行"创新、协调、绿色、开放、共享"的新发展理念的重要实践。通过优先选用基孔制或在特定条件下选用基轴制，我们展现了对工艺优化、生产效率提升的追求，这不仅体现了工匠精神的内涵，更为我国制造业的可持续发展注入了活力。同时，采用混合配合的灵活策略，确保了复杂工况下的精度与装配要求，展示了在复杂工况下对创新与实际需求的平衡能力。

1.3.2 公差等级的选择

在工程设计中，公差等级的选择直接关系到零件的制造难度和成本控制。通过合理选择公差等级，可以在满足设计要求的同时，实现最佳的经济效益。

（1）选择原则

合理选择公差等级是机械设计中平衡零件使用要求与制造工艺、成本之间矛盾的关键。如果选择的公差等级过低，尽管零部件的制造工艺简单、成本较低，但可能导致产品精度不足、质量得不到有效保证；相反，选择过高的公差等级，虽然能够提高产品精度，但会使零部件的制造工艺复杂化，导致加工成本增加。因此，选择过高或过低的公差等级都不利于提升综合经济效益。

为了在保证零件功能和质量的前提下实现经济效益最大化，选择公差等级的原则是：在满足使用要求的前提下，尽量选择较低的公差等级。

（2）选择方法

选择公差等级通常采用类比法，即参考生产实践中积累的经验资料，通过比较来做出选择。在使用类比法时，设计者应掌握各个公差等级的应用范围，以及各种加工方法所能达到的公差等级。这样，选择公差等级时就有了可靠的依据，可以更加科学合理地进行决策。

表 1-7 是各种加工方法可能达到的公差等级，表 1-8 是公差等级的应用范围，表 1-9 是各种公差等级的主要应用范围。

表 1-7 各种加工方法可能达到的公差等级

加工方法	01	0	1	2	3	4	5	6	7	8	9	10	11	12	13	14	15	16	17	18
研磨	—	—	—	—	—	—														
珩磨						—	—	—	—											
圆磨							—	—	—	—										
平磨							—	—	—	—										
金刚石车							—	—	—											
金刚石镗							—	—	—											
拉削							—	—	—	—										
铰孔								—	—	—	—	—								
车									—	—	—	—	—	—						
镗										—	—	—	—	—						
铣										—	—	—	—	—						
刨、插												—	—	—						
钻												—	—	—						
滚压、挤压												—	—							
冲压												—	—	—	—					
压铸													—	—	—	—				
粉末冶金成形								—	—	—										
粉末冶金烧结									—	—	—	—								
砂型铸造、气割																		—	—	
锻造																	—	—		

表 1-8 公差等级的应用范围

应用	01	0	1	2	3	4	5	6	7	8	9	10	11	12	13	14	15	16	17	18
块规	—	—	—																	
量规			—	—	—	—	—	—	—											
配合尺寸							—	—	—	—	—	—	—							
特别精密零件				—	—	—	—													
非配合尺寸														—	—	—	—	—		
原材料公差										—	—	—	—	—						

表 1-9 公差等级的主要应用范围

公差等级	主要应用范围
IT01、IT0、IT1	一般用于高精密量块和其他精密尺寸标准块的公差。IT1 也用于检验 IT6、IT7 级轴用量规的校对量规
IT2～IT4	用于特别精密零件的配合及精密量规
IT5(孔 IT6)	用于高精密和重要的配合处。例如，机床主轴的轴颈、主轴箱体孔与精密滚动轴承的配合；车床尾座孔与顶针套筒的配合；发动机活塞销与连杆衬套孔和活塞孔的配合 配合公差很小，配合性质稳定。对加工要求很高，应用较少

续表

公差等级	主要应用范围
IT6(孔IT7)	用于机床、发动机、仪表中的重要配合。如机床传动机构中齿轮与轴的配合;轴与轴承的配合;发动机中活塞与汽缸、曲轴与轴套、气门杆与导套的配合等 配合公差较小,配合性质能达到较高的均匀性。一般精密加工能够实现,在精密机床中广泛应用
IT7、IT8	用于机床、发动机中的次要配合;也用于重型机械、农业机械、纺织机械、机车车辆等的重要配合上。如机床上操纵杆的支承配合;发动机活塞环与活塞环槽的配合;农业机械中齿轮与轴的配合等 配合公差中等,加工易实现,在一般机械中广泛应用
IT9、IT10	用于一般要求,或精度要求较高的槽宽的配合
IT11、IT12	用于不重要的配合处。多用于各种没有严格要求,只要求便于连接的配合。如螺栓和螺孔、铆钉和孔等的配合
IT13~IT18	用于未注公差的尺寸和粗加工的工序尺寸上,包括冲压件、铸锻件的公差等。如手柄的直径、壳体的外形、壁厚尺寸、端面之间的距离等

(3) 相配合的孔和轴公差等级的关系

在采用类比法选择公差等级时,除了参考相关标准和表格,还应特别注意以下两点:

① 考虑基准制配合的孔和轴的工艺等价性 孔和轴的工艺等价性,是指采用基准制配合下孔和轴的加工难易程度应相当。在常用尺寸范围内(公称尺寸≤500mm),对于较高精度的配合,孔的加工难度通常大于同级别的轴,且加工成本较高。为了确保孔和轴的工艺等价性,可以采取以下策略:

a. 当精度等级<IT8时,选择孔的公差等级比轴低一级。
b. 当精度等级=IT8时,孔的公差等级可以比轴低一级或保持同级。
c. 当精度等级>IT8或公称尺寸大于500mm时,选择孔和轴的公差等级相同。

这一选择策略可以确保在提高加工精度的同时,控制加工难度和成本,进而实现经济效益的最大化。如表1-5和表1-6中优先配合所示的代号,即是这种策略的具体应用。

② 考虑非基准制配合的成本 在某些特殊情况下,使用非基准制配合可以有效降低成本。对于非基准制配合的相配件,其公差等级可以相差2~4级,以减少加工难度和降低成本。如图1-26,隔套与轴筒和箱体孔的配合分别选取 $\phi 60D10/js6$ 和 $\phi 95K7/d11$。

通过这种灵活的公差等级选择,既满足了使用要求,又有效控制了生产成本。

【例1-2】 某配合的公称尺寸为 $\phi 30mm$,根据使用要求,配合间隙应在 $+21\sim+56\mu m$ 范围内,试确定孔和轴的公差等级。

解:按已知条件配合允许的最大间隙 $[X_{max}]=+56\mu m$,最小间隙 $[X_{min}]=+21\mu m$。

① 求允许的配合公差 T_f

根据公式(1-11)可知 $[T_f]=|[X_{max}]-[X_{min}]|=|+56-(+21)|=35(\mu m)$

② 查表确定孔和轴的公差等级

根据公式(1-14)可知孔和轴的配合公差 $T_f=T_h+T_s$,从满足使用要求考虑,所选的孔和轴应是 $T_h+T_s \leqslant [T_f]$,为降低成本应选用公差等级最低的组合。

查表1-2可得,IT6=13μm,IT7=21μm。考虑到工艺等价性,按孔的公差等级比轴低一级的原则,选取孔为IT7,轴为IT6。由此可得配合公差

$T_f=T_h+T_s=IT7+IT6=21+13=34\mu m<35\mu m$,可满足使用要求。

1.3.3 配合的选用

在机械设计中,配合的选用是确保零件装配精度和功能实现的关键步骤。当基准制和公差等级选定后,基准孔或基准轴的公差带就已经确定。因此,配合的选择实际上是要确定非基准轴或非基准孔的公差带位置,即选择其基本偏差代号。

选择配合的方法有多种,常用的有计算法、试验法和类比法。其中,类比法由于其简单实用,在生产实际中被广泛采用。因此,设计人员必须首先掌握各种基本偏差的特点,并了解其应用实例,然后根据具体要求进行选择。

(1) 配合选择的大致方向

在选择配合时,首先应根据配合的具体使用要求,来进行宏观判断。这些要求包括:工作时配合件的运动速度、运动方向、运动精度、间歇时间,承受的负荷情况,润滑条件,温度变化,装卸条件,材料的物理机械性能等。通过参考这些因素,可以大致确定应选择的配合类别,从而从宏观角度初步决定配合种类,如表1-10所示。

表1-10 孔、轴配合类别选择的大致方向

孔和轴之间	有相对运动(转动或移动)		间隙配合
	无相对运动	传递较大扭矩,不可拆卸	过盈配合
		定心精度要求高,加键传递扭矩,需要拆卸	过渡配合
		加键传递扭矩,经常拆卸	间隙配合

(2) 基本偏差的特点及应用

在明确配合类别后,可以参考相关标准和资料,如表1-11中各种基本偏差的特点及应用实例,来正确地选择具体的配合。例如,表1-12中列出的优先配合的特征及应用,为设计人员提供了有价值的参考。在选择过程中,综合考虑各因素,确保所选配合既能满足设计要求,又能保证制造的经济性和可行性。

在配合选用过程中,设计者不仅要关注技术参数的合理性,更应重视资源的高效利用与可持续发展理念的贯彻。这种选择过程,实际上是对社会资源的优化配置,是"绿色设计"理念的生动体现。通过合理选择配合,设计人员不仅可以提高产品质量和可靠性,还能有效降低生产成本,减少资源浪费。

表1-11 各种基本偏差的特点及应用

配合	轴、孔基本偏差	特点及应用
间隙配合	a(A) b(B)	可得到特别大的间隙,应用很少。主要应用于工作温度高、热变形大的零件的配合,如发动机中活塞与汽缸套的配合为H9/a9,起重机吊钩的铰链、带榫槽的法兰盘推荐配合为H11/b11
	c(C)	可得到很大间隙,适用于缓慢、松弛的动配合。一般用于工作条件较差(如农业机械,矿山机械)、工作时受力变形大及装配工艺性不好的零件的配合,推荐配合为H11/c11;也适用于高温工作的间隙配合,如内燃机排气阀杆与导管的配合为H8/c7
	d(D)	与IT7~IT11级对应,适用于较松的间隙配合,如密封盖、滑轮、空转带轮轴孔等与轴的配合,以及大尺寸的滑动轴承孔与轴颈的配合,如涡轮机、球磨机、轧滚成形和重型弯曲机等的滑动轴承。活塞环与活塞环槽的配合可选用H9/d9
	e(E)	与IT6~IT9对应,适用于具有明显间隙、易于转动的轴与轴承的配合,以及高速、重载支承的大尺寸轴和轴承的配合。如涡轮发电机、大型电机、内燃机主要轴承处的配合为H8/e7

续表

配合	轴、孔基本偏差	特点及应用
间隙配合	f(F)	多与IT6～IT8对应,用于一般转动的配合。当受温度影响不大时,被广泛应用于普通润滑油润滑的轴和轴承孔的配合。如齿轮箱、小电动机、泵等的转轴与滑动轴承孔的配合为H7/f6
	g(G)	多与IT5～IT7对应,形成配合的间隙较小,制造成本高,仅用于轻载精密装置中的转动配合。最适合不回转的精密滑动配合,也用于插销的定位配合,滑阀、连杆销等处的配合
	h(H)	多与IT4～IT11对应,广泛应用于无相对转动零件的配合,一般的定位配合。若没有温度、变形的影响,也用于精密滑动轴承的配合。如车床尾座孔与滑动套筒的配合为H6/h5
过渡配合	js(JS)	多用于IT4～IT7具有平均间隙的过渡配合,用于略有过盈的定位配合,如联轴器、齿圈与钢制轮毂的配合,滚动轴承外圈与外壳孔的配合多采用JS7。一般用手或木锤装配
	k(K)	多用于IT4～IT7平均间隙接近零的配合,用于稍有过盈的定位配合,如滚动轴承内、外圈分别与轴颈、外壳孔的配合。一般用木锤装配
	m(M)	多用于IT4～IT7平均过盈较小的配合,用于精密定位的配合,如蜗轮的青铜轮缘与轮毂的配合为H7/m6。一般用木锤装配,但在最大过盈时,需要相当的压入力
	n(N)	多用于IT4～IT9平均过盈较大的配合,很少形成间隙。用于加键传递较大扭矩的配合,如冲床上齿轮与轴的配合,推荐采用H6/n5;键与键槽的配合采用N9/h9。一般用木锤或压力机装配
过盈配合	p(P)	用于小过盈的配合,与H6或H7的孔形成过盈配合,而与H8的孔形成过渡配合。对于合金钢制件的配合,为易于拆卸需要较轻的压入配合;而对于碳钢和铸铁制件形成的配合则为标准压入配合
	r(R)	用于传递大扭矩或受冲击负荷而需要加键的配合,如蜗轮与轴的配合为H7/r6。与H8孔的配合,公称尺寸在100mm以上时为过盈配合,公称尺寸小于100mm时,为过渡配合
	s(S)	用于钢和铸铁制件的永久性和半永久性装配,可产生相当大的结合力。如套环压在轴、阀座上用H7/s6的配合。当尺寸较大时,为了避免损伤配合的表面,需用热胀或冷缩法装配
	t(T)	用于钢和铸铁制件的永久性结合,不用键可传递扭矩。如联轴器与轴的配合用H7/t6,需用热套法或冷轴法装配
	u(U)	用于大过盈配合,传递大的扭矩或承受大的冲击负荷,或不宜承受大压入力的冷缩配合,或不加紧固件就能得到牢固结合的场合。一般应验算在最大过盈时,零件材料是否损坏。如火车轮毂轴孔与轴的配合为H6/u5,需用热胀或冷缩法装配
	v(V) x(X) y(Y) z(Z)	用于特大的过盈配合,目前使用的经验和资料很少,须经试验后才能应用。一般不推荐

表 1-12 优先配合的特征及应用

优先配合		特征及应用说明
基孔制	基轴制	
H11/b11	B11/h11	间隙特别大,用于工作温度高,要求间隙很大的配合
H11/c11	C11/h11	间隙非常大,摩擦情况差。用于要求大公差和大间隙的外露组件,要求装配方便,很松的配合,高温工作和松的转动配合
H9/d9	D9/h9	间隙比较大,摩擦情况较好,用于精度要求低、温度变化大、高转速或径向压力较大的自由转动的配合

续表

优先配合		特征及应用说明
基孔制	基轴制	
H8/e8	E9/h9	间隙明显,用于易于转动的支承配合、大跨距支承、多支点支承配合
H8/f7	F8/h7	摩擦情况良好,配合间隙适中的转动配合。用于中等转速和中等轴颈压力的一般精度的转动,也可用于长轴或多支承的中等精度的定位配合
H7/g6	G7/h6	间隙很小,用于不回转的精密滑动配合,或用于不希望自由转动,但可自由移动和滑动,并精密定位的配合,也可用于要求明确的定位配合
H7/h6 H8/h7 H9/h9 H11/h11	H7/h6 H8/h7 H9/h9 H11/h11	均为间隙配合,其最小间隙为零,最大间隙为孔和轴的公差之和,用于具有缓慢的轴向移动或摆动的配合
H7/js6	JS7/h6	过渡配合,偏差完全对称,用于平均间隙较小,并允许略有过盈的定位配合
H7/k6	K7/h6	过渡配合,装拆方便,用木锤打入或取出。用于要求稍有过盈、精密定位的配合
H7/n6	N7/h6	过渡配合,装拆困难,需要用木锤费力打入。用于允许有较大过盈的更精密的配合,也用于装配后不需拆卸或大修时才拆卸的配合
H7/p6	P7/h6	小过盈的配合,用于定位精度特别重要时,能以最好的定位精度达到部件的刚性及对中性要求,而对内孔承受压力无特殊要求,不依靠配合的紧固性传递摩擦负荷的配合
H7/r6	R7/h6	小过盈的配合,对铁类零件为中等打入配合,对非铁类零件,为轻打入的配合,需要时可以拆卸
H7/s6	S7/h6	过盈量属于中等的压入配合,用于一般钢和铸铁制件,或薄壁件的冷缩配合,铸铁件可得到最紧的配合

(3) 公差与配合选择实例

【例 1-3】 某基孔制配合,公称尺寸为 $\phi 40\text{mm}$,允许配合间隙为 $+0.075 \sim +0.210\text{mm}$,试用计算法确定配合代号。

解: ① 采用基孔制配合。

② 求允许的配合公差及确定孔和轴的公差等级 由已知条件可知 $[X_{max}] = +0.210\text{mm}$,$[X_{min}] = +0.075\text{mm}$,则根据公式(1-11) 可知允许的配合公差为:

$$[T_f] = |[X_{max}] - [X_{min}]| = |+0.210 - (+0.075)| = 0.135 \text{ (mm)}$$

查表 1-2 得:孔和轴公差之和小于并接近 0.135mm 的标准公差等级为 IT9=0.062mm,故孔和轴的公差等级均选 9 级。

③ 确定配合代号 因为基孔制配合,所以孔的公差带代号为 $H9\binom{+0.062}{0}$。

在基孔制间隙配合中,轴的基本偏差为上极限偏差,由公式(1-8) 可知 $es = -[X_{min}] = -0.075\text{mm}$。

查表 1-3 可知,基本偏差值接近 -0.075mm 的基本偏差标示符为 d,其基本偏差值 $es = -0.080\text{mm}$,故轴的公差带代号选作 $d9\binom{-0.080}{-0.142}$。

因此,所选的配合代号为 H9/d9。

④ 验算 所选配合极限间隙为:

$$X_{max} = ES - ei = +0.062 - (-0.142) = +0.204 \text{ (mm)}$$
$$X_{min} = EI - es = 0 - (-0.080) = +0.080 \text{ (mm)}$$

由此可见,X_{max} 小于已知条件中的最大配合间隙,X_{min} 大于已知条件中的最小配合间隙，所以该配合满足使用要求。

【例 1-4】 某基轴制配合，公称尺寸为 $\phi 16\text{mm}$，允许配合的最大间隙为 $+0.012\text{mm}$，最大过盈为 -0.020mm，试用计算法确定配合代号。

解： ① 采用基轴制配合。

② 求允许的配合公差及确定孔和轴的公差等级　由已知条件可知 $[X_{\max}]=+0.012\text{mm}$，$[Y_{\max}]=-0.020\text{mm}$，则根据公式(1-14) 可知允许的配合公差为

$$[T_f]=|[X_{\max}]-[Y_{\max}]|=|+0.012-(-0.020)|=0.032\text{mm}$$

查表 1-2 得：IT6＝0.011mm，IT7＝0.018mm，由工艺等价性，取孔的标准公差等级为 IT7，轴为 IT6，则有 T_f＝IT7+IT6＝0.018+0.0117＝0.029mm，可见配合公差值小于 0.032mm。

③ 确定配合代号　因为基轴制配合，故轴的公差带代号为 h6（$_{-0.011}^{\ \ \ 0}$）。

在基轴制过渡配合中，孔的基本偏差为上极限偏差，由公式(1-7) 可知

$$\text{ES}=\text{ei}+\lfloor X_{\max}\rfloor=(-0.011)+(+0.012)=+0.001\text{mm}$$

查表 1-4 可知，基本偏差标示符 M 的基本偏差 ES＝0，故孔的公差带代号选作 M7（$_{-0.018}^{\ \ \ 0}$）。因此，所选的配合代号为 M7/h6

④ 验算　所选配合的最大间隙和最大过盈为

$$X_{\max}=\text{ES}-\text{ei}=0-(-0.011)=+0.011\text{mm}$$
$$Y_{\max}=\text{EI}-\text{es}=(-0.018)-0=-0.018\text{mm}$$

由此可见，$X_{\max}$ 和 $Y_{\max}$ 都分别小于已知条件中的最大间隙和最大过盈，所以该配合满足使用要求。

1.4　线性尺寸的一般公差

构成零件的所有要素总是具有一定的尺寸和几何形状。由于尺寸偏差和几何（形状、方向、位置）误差的存在，为保证零件的使用功能就必须对它们加以限制。因此，零件在图样上表达的所有要素都有一定的公差要求。对功能上无特殊要求的要素可给出一般公差，也称为未注公差。

(1) 线性尺寸的一般公差

线性尺寸的一般公差是指在车间通常加工条件下可保证的公差。一般公差主要用于低精度的非配合尺寸、功能上无特殊要求的尺寸以及由工艺方法可保证的尺寸。在车间普通工艺条件下，由机床设备一般加工能力即可保证的公差，在正常维护和操作情况下，它代表车间通常的加工精度。

(2) 一般公差的作用

零件图上应用一般公差后具有以下优点：

① 简化制图，使图样清晰易读。

② 设计者只要熟悉一般公差的规定和应用，不需要逐一考虑几何要素的公差值，节省了图样设计的时间。

③ 只要明确哪些几何要素可由一般工艺水平保证，可简化对这些要素的检验要求，从而有利于质量管理。

④ 突出了图样上注出公差的要素的重要性，以便在加工和检验时引起重视。

⑤ 明确了图样上几何要素的一般公差要求，对供需双方在加工、销售、交货等各个方面都是非常有利的。

(3) 线性尺寸一般公差的标准

GB/T 1804—2000《一般公差 未注公差的线性和角度尺寸的公差》中对一般公差规定了四个公差等级：精密级 f、中等级 m、粗糙级 c、最粗级 v，按未注公差的线性尺寸和倒圆半径及倒角高度尺寸分别给出了各公差等级的极限偏差数值，如表 1-13 和表 1-14 所示。

表 1-13　线性尺寸的极限偏差数值（摘自 GB/T 1804—2000）

公差等级	尺寸分段							
	0.5~3	>3~6	>6~30	>30~120	>120~400	>400~1000	>1000~2000	>2000~4000
精密级 f	±0.05	±0.05	±0.1	±0.15	±0.2	±0.3	±0.5	—
中等级 m	±0.1	±0.1	±0.2	±0.3	±0.5	±0.8	±1.2	±2
粗糙级 c	±0.2	±0.3	±0.5	±0.8	±1.2	±2	±3	±4
最粗级 v	—	±0.5	±1	±1.5	±2.5	±4	±6	±8

表 1-14　倒圆半径与倒角高度尺寸的极限偏差数值（摘自 GB/T 1804—2000）

公差等级	尺寸分段			
	0.5~3	>3~6	>6~30	>30
精密级 f	±0.2	±0.5	±1	±2
中等级 m				
粗糙级 c	±0.4	±1	±2	±4
最粗级 v				

由表 1-13 和表 1-14 可见，一般公差的极限偏差，无论孔、轴或长度尺寸一律呈对称分布。这样的规定，可以避免由于对孔、轴尺寸理解的不一致而带来不必要的纠纷。

(4) 线性尺寸一般公差的表示法

当零件上的要素采用一般公差时，在图样上只标注公称尺寸，不需标注极限偏差或公差带代号，而是在图样上、技术要求或技术文件（如企业标准）中做出总的说明。采用一般公差的尺寸在正常车间精度保证的条件下，一般可不检验。

例如，在零件图样上标题栏上方标明：GB/T 1804—m，则表示该零件的一般公差选用中等级，按国家标准 GB/T 1804 中的规定执行。

思考题与习题

1-1　判断题
(1) 公称尺寸是设计时给定的尺寸，因此零件的实际尺寸越接近公称尺寸，则其精度越高。
(2) 公差是零件尺寸允许的最大偏差。
(3) 孔的基本偏差即下极限偏差，而轴的基本偏差为上极限偏差。
(4) 过渡配合可能具有间隙或过盈，因此过渡配合可能是间隙配合或过盈配合。
(5) 某孔的实际尺寸小于其配合的轴的实际尺寸，则形成的配合为过盈配合。
(6) 有相对运动的配合应选用间隙配合，无相对运动的配合均选用过盈配合。
(7) $\phi 45js8$ 的轴，公差为 0.039mm，它的极限偏差为 ±0.0195mm。
(8) 基轴制过渡配合的孔，其下极限偏差必小于零。
(9) 未注公差尺寸，即对该尺寸没有公差要求。
(10) 实际尺寸就是真实的尺寸，简称真值。

1-2 选择题
(1) 下列四组配合中，配合性质与 ϕ40H7/k6 相同的一组是（　　）。
    A. ϕ40H7/k7   B. ϕ40K7/h6   C. ϕ40H7/m6   D. ϕ40M7/h6
(2) 零件尺寸的极限偏差是（　　）。
    A. 测量得到的   B. 设计给定的   C. 加工后形成的   D. 以上答案均不对
(3) 下列关于孔、轴线性尺寸公差在图样上的标注说法有误的有（　　）。
    A. 零件图上标注上、下极限偏差时，零偏差可以省略
    B. 零件图上可以同时标注公差带代号及上、下极限偏差
    C. 零件图上孔、轴公差的标注方法往往与其生产类型有关
    D. 装配图上标注的配合代号用分数形式表示，分子为轴公差带代号
(4) 选择配合制时应优选基孔制的理由是（　　）。
    A. 孔比轴难加工   B. 减少定值刀具、量具规格数量
    C. 保证使用要求   D. 减少孔公差带数量
(5) 下列情况下，一般应选用基轴制配合的有（　　）。
    A. 同一公称尺寸轴上有多孔与之配合，且配合性质不同
    B. 齿轮定位孔与工作轴的配合
    C. 减速器上滚动轴承外圈与壳体孔的配合
    D. 使用冷拉钢材直接作轴
(6) 孔、轴之间有相对运动，它们的配合应选（　　）。
    A. M/h   B. H/t   C. H/f   D. S/h

1-3 简答题
(1) 公称尺寸、极限尺寸和实际尺寸有何区别与联系？
(2) 尺寸公差、极限偏差和实际偏差有何区别与联系？
(3) 标准公差、基本偏差和公差带有何区别与联系？
(4) 什么是配合？配合分几大类？各类配合中孔和轴极限尺寸之间的大小关系？
(5) 什么是配合制（即基准制）？为什么规定配合制？为什么优先采用基孔制？在什么情况下采用基轴制？
(6) 线性尺寸公差在图样上有哪些标注形式？标注时应注意哪些问题？举例说明。
(7) 阐述配合制、配合种类和公差等级的选择原则。

1-4 按下面表中给出的数据，计算表中空格的数值，并将计算结果填入相应的空格内，要求数值的单位为 mm。

公称尺寸	上极限尺寸	下极限尺寸	上极限偏差	下极限偏差	公　差
孔 ϕ8	8.040	8.025			
轴 ϕ60				-0.060	0.046
孔 ϕ30		30.020			0.100
轴 ϕ50			-0.050	-0.112	

1-5 根据表中的数据，计算并填写该表空格中的数值，要求单位为 mm。

公称尺寸	孔			轴			最大间隙或最小过盈	最小间隙或最大过盈	平均间隙或过盈	配合公差	配合种类
	上极限偏差	下极限偏差	公差	上极限偏差	下极限偏差	公差					
ϕ25		0				0.013	$+0.074$		$+0.057$		
ϕ14		0				0.011		-0.012	$+0.0025$		
ϕ45			0.025	0				-0.050	-0.0295		

1-6 已知某配合的公称尺寸为 $\phi 60$mm，孔的下极限偏差为零、公差为 0.046mm，轴的上极限偏差为 -0.010mm、公差为 0.030mm，试计算孔和轴的极限尺寸，并写出在图样上的标注形式，画出孔和轴的尺寸公差带图。

1-7 说明下列配合所表示的配合制、公差等级和配合种类（间隙配合、过渡配合或过盈配合），并查表计算其极限间隙量或过盈量及配合公差，画出孔、轴的公差带图。
(1) $\phi 25$H8/e8　　(2) $\phi 40$K7/h6　　(3) $\phi 80$S7/h6　　(4) $\phi 100$D10/js6

1-8 已知孔和轴的公称尺寸 $D(d)$，以及使用要求如下：
(1) $D(d)=40$mm, $X_{max}=+0.068$mm, $X_{min}=+0.025$mm；
(2) $D(d)=30$mm, $Y_{max}=-0.052$mm, $Y_{min}=-0.013$mm。
试按基轴制确定孔和轴的公差等级和基本偏差代号，以及它们的极限偏差。

1-9 有一公称尺寸为 $\phi 60$mm 的配合，经计算确定其间隙应为 $+0.025\sim +0.110$mm，若采用基孔制配合，试确定此配合的孔与轴的公差带代号，并画出其尺寸的公差带图。

1-10 知某配合中孔和轴的公称尺寸为 $\phi 20$mm，孔的上、下极限尺寸分别为 $\phi 20.021$mm 和 $\phi 20$mm，而轴的上、下极限尺寸分别为 $\phi 19.980$mm 和 $\phi 19.967$mm，试计算出孔和轴的极限偏差、基本偏差和公差，以及它们的配合公差，并画出孔和轴的尺寸公差带图和配合公差带图。

1-11 在基轴制配合中，孔和轴的公称尺寸为 $\phi 60$mm，要求其极限盈（隙）量为 $+0.028\sim -0.050$mm。试用计算法确定此配合的孔与轴的公差带代号，并画出其尺寸的公差带图。

1-12 已知下列三类配合的孔和轴的公称尺寸为 $\phi 30$mm，按照设计要求其极限间隙或极限过盈分别为：
(1) 配合间隙在 $+0.019\sim +0.056$mm 范围内；
(2) 配合的最大间隙为 $+0.033$mm，最大过盈为 -0.033mm；
(3) 配合的过盈应在 $-0.007\sim -0.063$mm 范围内；
试分别确定孔和轴的公差等级，并按基孔制选择适当的配合，写出配合代号。

第 2 章　测量技术基础及光滑工件尺寸的检验

测量是认识和分析各种量的基本方法，是进行科学实验的基本手段。测量技术是进行质量管理的技术保证，在生产、生活等各方面都占有重要地位。

2.1　测量技术的基础知识

2.1.1　测量的定义

测量是以确定量值为目的的一组操作，将被测量与作为测量单位的标准量进行比较，从而确定被测量量值的实验过程。

由测量的定义可知，任何一个测量过程都必须有明确的测量对象和确定的测量单位，还要有与被测对象相适应的测量方法，而且测量结果还要达到所要求的测量精度。因此，一个完整的测量过程应包括以下四个要素。

① 测量对象　我们研究的测量对象是几何量，即长度、角度、形状、位置、表面粗糙度，以及螺纹和齿轮等零件的几何参数。

② 测量单位　我国采用国际单位制的法定计量单位，长度的基本计量单位为米（m），在机械零件制造中，常用的长度单位有毫米（mm）、微米（μm）；常用的角度单位为弧度（rad）和度（°）、分（′）、秒（″）。

③ 测量方法　测量方法是指测量时所采用的测量原理、测量器具和测量条件的总和。测量时，应根据测量对象的特点，如精度、大小、材料、数量等来确定所用的测量器具，根据被测参数的特点及其与其他参数的关系，确定合适的测量方法。

④ 测量精度（即准确度）　测量精度是指测量结果与被测量真值之间的一致程度。任何测量过程，总会不可避免地出现测量误差。测量误差大，说明测量结果离真值远，测量精度低。为此，除了合理地选择测量器具和测量方法，还应正确估计测量误差的性质和大小，以便保证测量结果具有较高的置信度。

拓展阅读
测量的常用术语

2.1.2　量值传递

任何测量过程，都需要遵循一定的标准规范，以测量基准作为标准，可以确保测量的准确性。在几何量的测量中，有长度基准和角度基准两种。

（1）长度基准

国际上统一使用的公制长度基准是以米作为长度的标准。1983 年，第 17 届国际计量大会对米的定义进行了重新规定：米是光在真空中 1/299792458 秒的时间间隔内所经路径的长度。由于激光稳频技术的发展，用激光波长作为长度基准具有很好的稳定性和复现性。然而，在实际测量应用中，无法直接使用光波作为长度基准，而是需要通过各种计量器具进行测量。为了保证量值的统一性，需要将长度基准的量值准确地传递到生产中使用的计量器具和被测工件上，这就需要建立准确的量值传递系统。

我国长度量值通过两个平行的系统向下传递,如图 2-1 所示。一个是刻线量具(线纹尺)系统,另一个是端面量具(量块)系统,其中量块传递系统应用最广。

(2) 角度基准

角度是机械制造中另一个重要的几何量,一个圆周角的角度定义为 360°。角度基准不同于长度基准,不需要像长度一样建立自然基准。然而,为了方便计量和实际应用,计量部门通常采用多面棱体作为角度量值的基准。机械制造中的角度标准一般是角度量块、测角仪或分度头等。

目前,多面棱体的制造采用特殊合金钢或石英玻璃精细加工而成,常见的有 4 面、6 面、8 面、12 面、24 面、36 面及 72 面等多种形式。例如,图 2-2 所示为八面棱体,在该棱体的同一横切面上,其相邻两面法线间的夹角为 45°,因此可以它为基准测量 $n \times 45°$ 的角度(n 为正整数)。

在机械制造和计量过程中,精确的量值传递不仅是技术要求,更反映了对科学精神和工匠精神的追求。国际统一标准的建立和量值传递系统的不断优化,体现了全球合作的精神与共同进步的决心。尤其是米的精确定义,以及我国长度量值传递系统的完善,展示了科技进步对社会发展的巨大推动力。

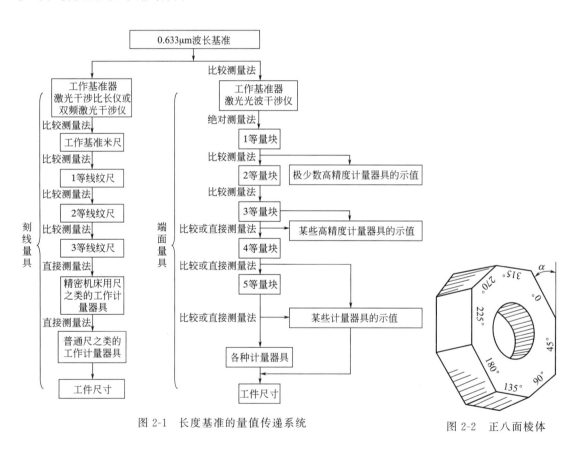

图 2-1 长度基准的量值传递系统　　图 2-2 正八面棱体

以多面棱体作角度基准的量值传递系统如图 2-3 所示。

图 2-3 角度基准的量值传递系统

2.1.3 量块的基本知识

(1) 量块的构成

量块是没有刻度,横截面为矩形,并具有一对相互平行测量面的实物量具。量块应由优质钢或能被精加工成容易研合表面的其他类似的耐磨材料制造。如图 2-4 所示,量块的长度 L_i,是指从量块一个测量面上的任意点到与其相对的另一测量面相研合的辅助体(如平晶)表面之间的垂直距离。任意点不包括距测量面边缘为 0.8mm 区域的点,辅助体的材料和表面质量应与量块相同。量块的中心长度 L_0,是指对应于量块未研合测量面中心点的量块长度。量块的标称长度,是指标记在量块上,用以表明其与主单位(m)之间关系的量值,也称为量块长度的示值。量块长度的偏差,是指任意点的量块长度与标称长度的代数差。

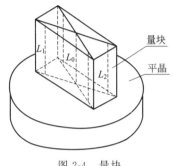

图 2-4 量块

(2) 量块的应用

量块在机械制造厂和各级计量部门中应用广泛,除作为尺寸传递的长度基准外,还可以用来检定或校准测量工具和仪器、调整量具或量仪的零位,用于机床夹具的调整,或直接用于精密划线和精密测量。

(3) 量块的精度

量块的精度可以按"级别"和按"等别"划分。

① 级别 国家标准 GB/T 6093—2001《几何量技术规范(GPS)长度标准 量块》中规定,按量块长度的偏差划分级别,分为 K、0、1、2、3 五级。其中 0 级精度最高,3 级精度最低,K 级为校准级。

按"级别"使用量块时,用其标称长度作为工作尺寸,该尺寸包含了量块的制造误差,因此影响测量精度。但使用时不需要加修正值,直接得出测量结果,故使用方便,通常用于一般测量。

② 等别 在国家计量检定规程 JJG 146—2011《量块》中,根据量块长度的测量不确定度,规定分为 1、2、3、4、5 五等,其中 1 等精度最高,5 等精度最低。

按"等别"使用量块时,用其中心长度的实测值作为工作尺寸,该尺寸排除了量块的制造误差,只包含检定时较小的测量误差。因此,量块按"等别"使用比按"级别"使用测量精度高,而且由于消除了量块尺寸的制造误差,可实现用较低精度量块进行较精密测量的应用,降低了测量成本。但按"等别"使用时需要加修正值,相对麻烦些,一般用于高精度测量或量值传递。

拓展阅读
级别、等别的
测量结果比较

(4) 量块的尺寸组合

量块是单值量具,一个量块只代表一个尺寸。在使用时,利用量块的研合性(量块的一个测量面与另一量块的测量面或与另一经精加工的类似量块测量面的表面,通过分子力的作用而相互粘合的性能),根据实际需要,用多个尺寸不同的量块研合组成所需要的长度标准量。为减小量块的组合误差保证精度,应尽量减少组合块数,一般不超过 4 块。

量块是成套制成的,每套包括一定数量、不同尺寸的量块。国家标准共规定了 17 种套别的量块,其每套数目分别为 91、83、46、38 等。

量块的尺寸组合一般采用去尾法,即选一块量块应去除一位尾数。如尺寸 46.725 使用 83 块套的量块,组合为 46.725=1.005+1.22+4.5+40,如表 2-1 所示。

表 2-1 成套量块的尺寸及尺寸组合

套别	总块数	级别	成套量块的尺寸(摘自 GB/T 6093—2001)			量块组合方法
			尺寸系列/mm	间隔/mm	块数	
2	83	0,1,2	0.5	—	1	46.725　…量块组合尺寸
			1	—	1	− 1.005
			1.005	—	1	45.72　…第一块量块尺寸
			1.01,1.02,…,1.49	0.01	49	− 1.22
			1.5,1.6,…,1.9	0.1	5	44.5　…第二块量块尺寸
			2.0,2.5,…,9.5	0.5	16	− 4.5
			10,20,…,100	10	10	40　…第三块量块尺寸 …第四块量块尺寸

2.2 测量器具的分类及主要技术指标

2.2.1 测量器具的分类

测量器具是精确获取几何量的基础工具,其种类多样,可以根据测量原理、结构特点及用途等进行分类。合理选择和使用测量器具,不仅能提高生产效率和产品质量,还体现了精益求精、追求卓越的工匠精神和科学精神。以下是测量器具的主要分类:

(1) 标准测量器具

标准测量器具是指以固定的形式复现量值的测量器具,也被称为计量器具。它们通常用来校对和调整其他测量器具,或作为标准量与被测工件进行比较。常见的标准测量器具有量块、线纹尺、直角尺和标准量规等。这类测量器具的准确性和稳定性直接关系到其他测量器具的测量精度,是整个测量体系的基石。标准测量器具的使用体现了制造过程中对精确性的严谨态度,反映了对科学规范和质量管理的高度重视。

(2) 通用测量器具

通用测量器具具有较强的适应性,可以用于测量某一范围内的任一尺寸(或其他几何量),并能直接获得具体的读数值。根据结构特点,通用测量器具可以进一步分为以下几类:

① 固定标尺量具　这类量具具有固定的标尺标记,在一定范围内能直接读出被测量的数值,如卷尺和钢直尺等。其使用简便、读数直观,广泛应用于各种测量场合。

② 游标量具　游标量具通过直接移动测头来实现几何量的测量,如游标卡尺、游标高度卡尺、游标量角器等。其精度较高,常用于精细测量。

③ 微动螺旋副式量仪　这类量仪通过螺旋方式移动测头来进行测量,如内径千分尺、外径千分尺、深度千分尺等,适用于较小范围内高精度的测量。

④ 机械式量仪　机械式量仪利用机械方法实现被测量的传递和放大,如百分表、杠杆齿轮比较仪、扭簧比较仪等。它们结构简单、性能稳定、使用方便,广泛应用于工业生产中。

⑤ 光学式量仪　光学式量仪利用光学原理进行测量和放大,如光学比较仪、工具显微镜、干涉仪等。这类量仪精度高,适用于对测量精度要求很高的场合。

⑥ 电动式量仪　电动式量仪通过传感器将被测量转换为电量,并通过电量测量实现几何量测量,如电感式量仪、电容式量仪、电动轮廓仪等。它们精度高,易于与计算机接口,实现测量和数据处理的自动化。

⑦ 气动式量仪　气动式量仪利用压缩空气为介质,通过气动系统流量或压力的变化实现几何量测量,如水柱式气动量仪、浮标式气动量仪等。这类量仪结构简单,测量精度和效

率高,但测量范围较小。

⑧ 光电式量仪　光电式量仪利用光学方法放大或瞄准,通过光电元件再转换为电量进行检测,如光电显微镜、光纤传感器、激光干涉仪等。它们将光学和电子技术相结合,适用于高精度测量。

(3) 专用测量器具

专用测量器具是专门用来测量某种特定参数的测量器具,如圆度仪、渐开线检查仪、极限量规等。这些器具设计精密,能够有效满足特定测量需求,反映了工业生产对精度和专业化的追求。

(4) 检验夹具

检验夹具是由量具、量仪和定位元件等器具组合起来的一种专用的检验工具。它们可与各种比较仪配合使用,用于检验更多、更复杂的参数。检验夹具的使用提高了测量的灵活性和效率,是复杂测量任务中不可或缺的工具。

(5) 新型的 3D 测量技术

新型的 3D 测量技术是现代制造和检测领域的重要发展方向。通过运用先进的测量设备和方法,对实物样件进行精确测量,获取样件表面的详细信息,生成三维坐标数据。这项技术在推动工业生产数字化、智能化的过程中起到了关键作用,体现了科技进步对工业生产的深远影响,也反映了我国在高新技术领域的追求与创新精神。

根据测量原理或媒介的不同,3D 测量技术可以分为以下两大类:

① 接触式 3D 测量技术　通过物理接触获取被测物的三维坐标信息,其典型代表为三坐标测量机(CMM)和测量臂。这些设备通常具有高精度和高稳定性,能够对工件的复杂几何形状进行精确测量。三坐标测量机广泛应用于航空航天产品生产、汽车制造、模具加工等高精度要求的领域。在实际应用中,接触式测量不仅能够保证精度,还可以通过与自动化系统结合,提高生产效率,增强企业的竞争力。

② 非接触式 3D 测量技术　不需要与被测物直接接触,它采用光学、激光、影像等手段进行测量,如三维激光扫描仪和三维影像测量仪。这类技术特别适合于柔软、易变形或难以接触的复杂表面测量,具有速度快、灵活性强的特点。随着激光扫描技术和图像处理技术的快速发展,非接触式测量设备已成为智能制造、逆向工程、文物保护等多个领域的重要工具。

这种新型的 3D 测量技术,不仅在传统工业制造中占据重要地位,还在新兴产业(如医疗器械、虚拟现实、影视制作等)领域展现出广泛的应用前景。这反映了现代科技和先进制造技术的深度融合,也推动了产业的转型升级。

2.2.2　测量器具的主要技术指标 (JJF 1001—2011)

测量器具的主要技术指标是表征测量器具的性能和功能的指标,是合理选择和使用测量器具、研究和判断测量方法正确性的重要依据。技术指标主要有以下几项。

① 标尺间距　标尺间距是指沿着标尺长度的同一条线测得的两相邻标尺之间的距离。标尺间距用长度单位表示,与被测量的单位和标在标尺上的单位无关。考虑到人眼观察的方便,一般应取标尺标记间距为 0.75~2.5mm。

② 分度值(又称标尺间隔)　分度值是指测量器具上对应两相邻标尺标记的两个值之差,用标在标尺上的单位表示。通常长度量仪的分度值有 0.1mm、0.05mm、0.02mm、0.01mm、0.005mm、0.002mm、0.001mm 等几种。一般来说,分度值越小,测量器具的精度就越高。

③ 分辨力　分辨力是指引起相应示值产生可观察到变化的被测量的最小变化。分辨力可能与噪声、摩擦或被测量的值有关。

显示装置的分辨力是指能有效辨别的显示示值间的最小差值。由于在一些量仪（如数字式量仪）中，其读数采用非标尺或非分度盘显示，因此就不能使用分度值这一概念，而将其称作分辨力。

④ 示值范围（又称示值区间）　示值范围是指测量器具极限示值界限内的一组值。例如图 2-5 所示，测量器具的示值范围为 ±0.1mm。

⑤ 测量范围（即工作范围）　测量范围是指测量器具的误差处在规定极限内的一组被测量的值。一般测量范围上限值与下限值之差称为量程。例如图 2-5 所示，测量器具的测量范围为 0～180mm，也说它的量程为 180mm。

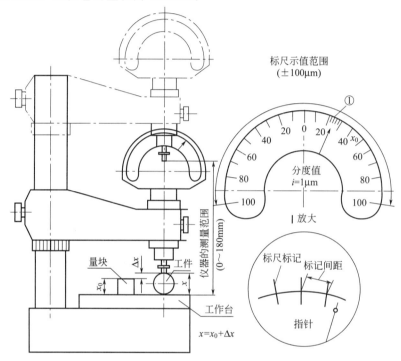

图 2-5　测量器具的示值范围与测量范围

⑥ 灵敏度 S　测量系统的灵敏度简称灵敏度，是指测量系统的示值变化除以相应的被测量值变化所得的商。测量系统的灵敏度可能与被测量的量值有关，所考虑的被测量值的变化必须大于测量系统的分辨力。若被测几何量的变化为 Δx，该几何量引起测量器具的响应变化能力为 ΔL，则灵敏度 $S=\Delta L/\Delta x$。当上式中分子和分母为同种量时，灵敏度也称为放大比或放大倍数。对于具有等分标记的标尺或分度盘的量仪，放大倍数 K 等于标尺刻度间距 a 与分度值 i 之比，即 $K=a/i$。一般来说，分度值越小，则测量器具的灵敏度就越高。

⑦ 示值误差　示值误差是指测量仪器上的示值与对应输入量的参考量值之差。它主要由仪器误差和仪器调整误差引起的，一般来说，示值误差越小，则测量器具的精度就越高。

⑧ 修正　修正是指对估计的系统误差的补偿。补偿可取不同形式，诸如加一个修正值或乘一个修正因子，或从修正表或修正曲线上得到。修正值是指用代数方法与未修正测量结果相加，以补偿其系统误差的值，修正值等于负的系统误差估计值。修正因子是为补偿系统误差而与未修正测量结果相乘的数字因子。由于系统误差不能完全知道，因此这种补偿并不完全。

⑨ 测量结果的重复性　测量重复性简称重复性，是指在一组重复性测量条件下的测量精密度。

重复性测量条件是指相同测量程序、相同操作者、相同测量系统、相同测量条件和相同地点,并在短时间内对同一或相类似被测对象重复测量的一组测量条件。

⑩ 测量复现性　测量复现性简称复现性,是指在一组复现性测量条件下的测量精密度。复现性测量条件是指不同地点、不同操作者、不同测量系统,对同一或相类似被测对象重复测量的一组测量条件。

⑪ 测量不确定度　测量不确定度是指根据所用到的信息,表征赋予被测量量值的分散性的非负参数。指由于测量误差的存在,而对被测几何量量值不能肯定的程度,直接反映测量结果的置信度。

⑫ 标准不确定度　标准不确定度是指以标准偏差表示的测量不确定度。

⑬ 测量力　测量力是指测量器具的测头与被测工件表面之间的机械接触力。在接触式测量过程中,要求测量力是恒定的。测量力太小,影响接触的可靠性;测量力太大,则会引起弹性变形,从而影响测量精度。

2.3　测量方法及测量技术的应用原则

2.3.1　测量方法的分类

广义的测量方法,是指测量时采用的测量原理、测量器具和测量条件的总和。而在实际测量工作中,测量方法通常是指获得测量结果的具体方式,它可以按下面几种情况进行分类。

(1) 按被测几何量获得的方法分类

① 直接测量　直接测量是指被测几何量的量值直接由测量器具读出。例如,用游标卡尺、千分尺测量轴径的大小。

② 间接测量　间接测量是指欲测量的几何量的量值由实测几何量的量值按一定的函数关系式运算后获得。例如,测量较大圆柱形零件的直径 D 时,可以先测出其周长 L,然后通过公式 $D=L/\pi$,求得零件的直径。

直接测量过程简单,其测量精度只与这一测量过程有关,而间接测量的精度不仅取决于实测几何量的测量精度,还与所依据的计算公式和计算的精度有关。一般来说,直接测量的精度比间接测量的精度高。因此,应尽量采用直接测量,对于受条件所限无法进行直接测量的场合采用间接测量。

(2) 按示值是否为被测几何量的全部量值分类

① 绝对测量　绝对测量是指测量时测量器具的示值就是被测几何量的全部量值。例如,用游标卡尺、千分尺测量轴径的大小。

② 相对测量　相对测量又称比较测量,这时测量器具的示值只是被测几何量相对于标准量(已知)的偏差,被测几何量的量值等于已知标准量与该偏差值(示值)的代数和。例如,用立式光学比较仪测量轴径,测量时先用量块调整示值零位,该比较仪指示出的示值为被测轴径相对于量块尺寸的偏差。

(3) 按测量时被测表面与测量器具的测头是否接触分类

① 接触测量　接触测量是指在测量过程中,测量器具的测头与被测表面接触,即有测量力存在。例如,用立式光学比较仪测量轴径。

② 非接触测量　非接触测量是指在测量过程中,测量器具的测头不与被测表面接触,即无测量力存在。例如,用光切显微镜测量表面粗糙度,用气动量仪测量孔径。

对于接触测量,测头和被测表面的接触会引起弹性变形,即产生测量误差。而非接触测量则无此影响,故易变形的软质表面或薄壁工件多用非接触测量。

(4) 按工件上同时测量被测几何量的多少分类

① 单项测量　单项测量是指对工件上的各个被测几何量分别进行测量。例如,用公法线千分尺测量齿轮的公法线长度偏差,用跳动检查仪测量齿轮的径向跳动等。

② 综合测量　综合测量是指对工件上几个相关几何量的综合效应同时测量得到综合指标,以判断综合结果是否合格。例如,用齿距仪测量齿轮的齿距累积偏差,实际上反映的是齿轮的公法线长度和径向跳动两种偏差的综合结果。

综合测量的效率比单项测量的效率高。一般来说单项测量便于分析工艺指标;综合测量用于只要求判断合格与否,而不需要得到具体测得值的场合。

(5) 按测头和被测表面之间是否处于相对运动状态分类

① 动态测量　动态测量是指在测量过程中,测头与被测表面处于相对运动状态。动态测量能反映被测量的变化过程,例如用电动轮廓仪测量表面粗糙度。

② 静态测量　静态测量是指在测量过程中,测头与被测表面处于相对静止状态。例如千分尺测量轴的直径。

(6) 按测量在加工过程中所起的作用分类

① 主动测量(又称在线测量)　主动测量是指零件在加工过程中进行的测量。其测量结果可直接用以控制加工过程,及时防止废品的产生。

② 被动测量(又称离线测量)　被动测量是指零件在加工完成后进行的测量,它主要用于发现并剔除废品。

以上测量方法的分类是从不同角度考虑的。一个具体的测量过程,可能有几种测量方法的特征。测量方法的选择,应考虑零件的结构特点、精度要求、生产批量、技术条件和经济效果等。

2.3.2　测量技术的基本原则

在机械制造与工程领域中,测量技术的应用贯穿生产的每一个环节。为确保测量结果的准确性和一致性,在实际测量中,对于同一被测量往往可以采用多种测量方法。为尽可能减小测量不确定度,提高产品质量,我们应遵循以下几个基本测量原则。这些原则不仅体现了精益求精的工匠精神,也展示了科学思维的严谨性和规范性。

(1) 阿贝测长原则

阿贝测长原则要求在测量过程中被测长度与标准长度安置在同一直线上。若被测长度与基准长度并排放置,由于制造和安装误差的存在,可能会造成移动方向的偏移,两长度之间出现夹角,从而产生较大的误差。这一误差的大小除与两长度之间的夹角大小有关外,还与它们之间的距离有关,距离越大,误差也越大。阿贝测长原则体现了严谨、规范的科学态度,启示我们在实际生产和生活中要注重细节,严格按照规范操作,不断追求卓越。

(2) 基准统一原则

基准统一原则是指测量基准要与加工基准和设计基准统一。即工序测量应以工艺基准(加工基准)作为测量基准,最终检测量应以设计基准作为测量基准。各基准遵循统一的原则,可以有效避免出现累积误差。基准的统一不仅是技术上的要求,更是一种科学精神的体现,强调一致性、统一性和协调性。在实际生产中,这一原则提醒我们要加强各环节的沟通与协调,确保各个工序的精确衔接,为打造高质量产品奠定坚实的基础。

(3) 最短测量链原则

最短测量链原则是指在间接测量中,被测量和与其具有函数关系的其他量形成测量链,链中环节越多,测量误差越大,因此应尽量减少测量环节。所以,只有在不可能采用直接测量,或直接测量的精度不能保证时,才采用间接测量。正如前面所讲的,采用不超过 4 个量块来组成所需尺寸的量块组,就是最短链原则的一种实际应用。该原则强调效率和精准的结合,启示我们在工作和学习中要学会简化流程、减少不必要的环节,从而提高工作效率和成果质量。

(4) 最小变形原则

最小变形原则是要求在测量过程中,尽量减少被测零件与测量器具间的变形。测量器具与被测零件都会因实际温度偏离标准温度和受力(重力和测量力)而产生变形,形成测量误差。在测量过程中,控制测量温度及其变动、保证测量器具与被测零件有足够的等温时间、选用与被测零件线胀系数相近的测量器具、选用适当的测量力并保持其稳定、选择适当的支承点等,都是实现最小变形原则的有效措施。这一原则反映了科学方法的严谨性与系统性,也启示我们在实际操作中要关注环境条件的变化对测量精度的影响,并采取有效措施减少误差。

2.4 测量误差及数据处理

2.4.1 测量误差的概述

(1) 测量误差的概念

测量误差简称误差,是指测得的量值减去参考量值。对于任何测量过程,由于测量器具和测量条件方面的限制,不可避免地会出现一定的误差。因此,每一个实际测得值,往往只是在一定程度上接近被测几何量的参考值。设被测几何量的参考值为 L,被测几何量的测得值为 l,则测量误差可以表示为:

$$\delta = l - L \tag{2-1}$$

公式(2-1)所表达的测量误差,反映了测得值偏离参考值的程度,也称为绝对误差。它是一个代数差。因此,对公称尺寸相同的几何量进行测量时,绝对误差的绝对值越小,说明测得值越靠近参考值,测量精度越高;反之,则测量精度越低。对公称尺寸不同的几何量进行测量时,要采用相对误差来判断测量精度的高低。

相对误差是指测量误差与被测量的参考值之比,它是一个无量纲的数值,通常用百分数表示为:

$$\delta_r = [(l-L)/L] \times 100\% = (\delta/L) \times 100\% \approx (\delta/l) \times 100\% \tag{2-2}$$

例如,测得两个孔的直径大小分别为 25.43mm 和 41.94mm,其绝对误差分别为 +0.02mm 和 +0.01mm,则由公式(2-2) 计算得到其相对误差分别为:

$$\delta_{r1} = 0.02/25.43 = 0.0786\%$$
$$\delta_{r2} = 0.01/41.94 = 0.0238\%$$

显然后者的测量精度比前者高。

由于测量误差的存在,测得值只能近似地反映被测几何量的参考值。为减小测量误差,就必须分析产生测量误差的原因,以便提高测量精度。

(2) 测量误差的来源

在实际测量中,产生测量误差的因素很多,归纳起来主要有以下几个方面。

① 测量器具引起的误差 是指测量器具本身的误差,包括测量器具在设计、制造和使用过程中的误差,这些误差的总和反映在示值误差和测量的重复性上。

设计测量器具时,为了简化结构而采用近似设计的方法会产生测量误差。例如,当设计的测量器具不符合阿贝原则时,会产生测量误差。如游标卡尺设计时作为标准量的刻度尺与被测量不在同一条直线上,不符合阿贝测长原则,引起的测量误差较大;而千分尺的设计符合阿贝测长原则,引起的测量误差很小。所以用千分尺比用游标卡尺测量精度高。

测量器具的制造误差也会产生测量误差。例如,标尺的刻线距离不准确、指示表的分度盘与指针的回转轴安装有偏心等均会产生测量误差。

② 测量方法引起的误差 是指测量方法的不完善引起的误差,包括计算公式不准确,测量方法选择不当,工件安装、定位不准确等。例如,在接触测量中,由于测头测量力的影响,使被测零件和测量装置产生变形而引起测量误差。

③ 测量环境引起的误差 是指测量时,环境条件(温度、湿度、气压、照明、振动、电磁场等)不符合标准所引起的误差。例如,环境温度的影响,在测量长度时规定标准温度为 20℃,若不能保证在此温度下测量,当被测零件和测量器具的材料不同时,各自因线胀系数不同对温度的反应不同,就会产生一定的测量误差。

④ 测量人员引起的误差 是指测量人员人为的差错,如测量瞄准不准确、读数或估读错误等,都会产生测量误差。

(3) 测量误差的分类

按测量误差的特点和性质,可分为系统误差、随机误差和粗大误差三类。

① 系统误差 系统误差是指在重复测量中保持不变或按可预见方式变化的测量误差的分量,等于测量误差减去随机误差。系统误差的参考量值可以是真值,或是测量不确定度可忽略不计的测量标准的测得值,或是约定量值。即在重复性条件下,对同一被测量进行无限多次测量,所得结果的平均值与被测量的参考值之差。若误差的大小和符号均保持不变,称为定值系统误差;若误差的大小和符号按某一规律变化,称为变值系统误差。例如,在比较仪上用相对法测量零件尺寸时,调整量仪所用量块的误差,会引起定值系统误差;量仪的分度盘与指针回转轴偏心所产生的示值误差,会引起变值系统误差。

根据系统误差的性质和变化规律,若系统误差及其来源是已知的,可以采用修正补偿。即系统误差可以用计算或实验对比的方法确定,用修正值(校正值)从测量结果中予以消除。但在某些情况下,系统误差由于变化规律比较复杂,不易确定,是未知的,因而难以消除。

② 随机误差 随机误差是指在重复测量中按不可预见方式变化的测量误差的分量,等于测量误差减去系统误差。随机误差的参考量值是对同一被测量由无穷多次重复测量得到的平均值。

随机误差主要是由测量过程中一些偶然性因素或不确定因素引起的,因此在多次测取同一量值时,误差的大小和符号是以不可预定的方式变化的。例如,量仪传动机构的间隙、摩擦、测量力的不稳定以及温度波动等引起的测量误差,都属于随机误差。

就某一次具体测量而言,随机误差的绝对值和符号无法预先知道。但对于连续多次重复测量来说,随机误差符合一定的概率统计规律,因此,可以应用概率论和数理统计的方法来对它进行处理。

系统误差和随机误差的划分并不是绝对的,它们在一定的条件下是可以相互转化的。例如,按一定公称尺寸制造的量块总是存在着制造误差,对某一具体量块来讲,可认为该制造误差是系统误差,但对一批量块而言,制造误差是变化的,可以认为它是随机误差。在使用某一量块时,若没有检定该量块的尺寸偏差,而按量块标称尺寸使用,则制造误差属随机误差;若检定出该量块的尺寸偏差,按量块实际尺寸使用,则制造误差属系统误差。

掌握误差转化的特点,可根据需要将系统误差转化为随机误差,用概率论或数理统计的方法来减小该误差的影响;或将随机误差转化为系统误差,用修正的方法减小该误差的影响。

③ 粗大误差 粗大误差是指超出在一定测量条件下预计的测量误差,就是对测量结果

产生明显歪曲的测量误差。含有粗大误差的测得值称为异常值,它的数值比较大。粗大误差的产生有主观和客观两方面的原因,主观原因如测量人员疏忽造成的读数误差,客观原因如外界突然振动引起的测量误差。由于粗大误差明显歪曲测量结果,因此在处理测量数据时,直接将其剔除。

(4) 测量精度

测量精度是指被测几何量的测得值与其参考值的接近程度。它和测量误差是从两个不同角度说明同一概念的术语。测量误差越大,则测量精度就越低;测量误差越小,则测量精度就越高。为了反映系统误差和随机误差对测量结果的不同影响,测量精度可分为以下几种。

① 正确度 正确度是指无穷多次重复测量所得量值的平均值与一个参考量值间的一致程度,反映测量结果受系统误差的影响程度。系统误差小,则正确度高。

② 精密度 精密度是指在规定条件下,对同一或类似被测对象重复测量所得示值或测得值间的一致程度,反映测量结果受随机误差的影响程度。随机误差小,则精密度高。

③ 准确度(精确度) 准确度是指被测量的测得值与其真值间的一致程度。准确度反映测量结果同时受系统误差和随机误差的综合影响程度。若系统误差和随机误差都小,则准确度高。

一般来说,精密度高,正确度不一定高;反之亦然。但准确度高,精密度和正确度一定高。以射击打靶为例,其中图 2-6(a) 表示随机误差小而系统误差大,即精密度高而正确度低;图 2-6(b) 表示系统误差小而随机误差大,即正确度高而精密度低;图 2-6(c) 表示系统误差和随机误差都小,即准确度高;图 2-6(d) 表示系统误差和随机误差都大,即准确度低。

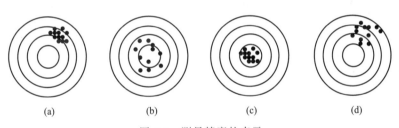

图 2-6 测量精度的表示

2.4.2 随机误差

(1) 随机误差的分布规律及特性

前面已经提到,随机误差就其整体来说是有内在规律的,通常服从正态分布规律,或者服从其他规律的分布,如等概率分布、三角分布、反正弦分布等,其正态分布曲线(俗称高斯曲线)如图 2-7 所示。

根据概率论原理,正态分布曲线的表达式为:

$$y = f(\delta) = \frac{1}{\sigma\sqrt{2\pi}} e^{\frac{\delta^2}{2\sigma^2}} \quad (2-3)$$

式中 y——概率分布密度;

δ——随机误差;

σ——标准偏差;

e——自然对数的底。

从公式(2-3)和图 2-7 看出,随机误差具有以下四个基本特性。

① 单峰性 绝对值越小的随机误差出现的概率

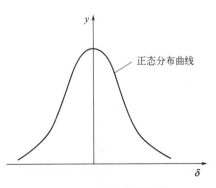

图 2-7 正态分布曲线图

越大，反之则越小。

② 对称性　绝对值相等的正、负随机误差出现的概率相等。

③ 有界性　在一定测量条件下，随机误差的绝对值不超过一定界限。

④ 抵偿性　随着测量的次数增加，随机误差的算术平均值趋于零，即各次随机误差的代数和趋于零。这一特性是对称性的必然反映。

（2）随机误差的评定指标

评定随机误差时，通常以正态分布曲线的两个参数，即算术平均值 $\overline{L}$ 和标准偏差 σ 作为评定指标。

① 算术平均值 $\overline{L}$　对同一尺寸进行 N 次等精度测量，得到的测量结果为 l_1，l_2，…，l_N，则

$$\overline{L} = \frac{l_1 + l_2 + l_3 + \cdots + l_N}{N} = \frac{1}{N}\sum_{i=1}^{N} l_i \tag{2-4}$$

由公式(2-1)可知，各次测量的随机误差为

$$\delta_1 = l_1 - L$$
$$\delta_2 = l_2 - L$$
$$\delta_3 = l_3 - L$$
$$\cdots$$
$$\delta_N = l_N - L$$

将等式两边相加得：

$$\delta_1 + \delta_2 + \delta_3 + \cdots + \delta_N = (l_1 + l_2 + l_3 + \cdots + l_N) - NL$$

即

$$\sum_{i=1}^{N} \delta_i = \sum_{i=1}^{N} l_i - NL$$

将等式两边同除以 N 得：$\frac{1}{N}\sum_{i=1}^{N} \delta_i = \frac{1}{N}\sum_{i=1}^{N} l_i - L = \overline{L} - L$

即

$$\delta_L = \frac{1}{N}\sum_{i=1}^{N} \delta_i \tag{2-5}$$

式中　δ_L——算术平均值 $\overline{L}$ 的随机误差。

由公式(2-5)可知，当 $N \to \infty$ 时，$\frac{1}{N}\sum_{i=1}^{N} \delta_i = 0$，$L = \overline{L}$。即，如果对某一尺寸进行无限次测量，则全部测得值的算术平均值 $\overline{L}$ 就等于其真值 L。实际上，无限次测量是不可能的，也就是说真值是找不到的。但进行测量的次数越多，其算术平均值就会越接近真值。因此，将算术平均值作为最后测量结果是可靠的、合理的。

以算术平均值作为测量的最后结果，则测量中各测得值与算术平均值的代数差称为残余误差 v_i，即 $v_i = l_i - \overline{L}$。残余误差是由随机误差引申而来的，故当测量次数 $N \to \infty$ 时，$\lim_{N \to \infty}\sum_{i=1}^{N} v_i = 0$。

用算术平均值作为测量结果是可靠的，但它不能反映测得值的精度。例如有两组测得值，第一组：12.005，11.996，12.003，11.994，12.002；第二组：11.9，12.1，11.95，12.05，12.00。

可以算出 $\overline{L_1} = \overline{L_2} = 12$，但从两组数据看出，第一组测得值比较集中，第二组测得值比较分散，即说明第一组每一测得值比第二组每一测得值更接近于算术平均值 $\overline{L}$（即真值），

也就是说第一组测得值精密度比第二组高。

由公式(2-3)可知,概率密度 y 与随机误差 δ 及标准偏差 σ 有关。当 $\delta=0$ 时,概率密度最大,$y_{\max}=1/(\sigma\sqrt{2\pi})$,且不同的标准偏差对应不同形状的正态分布曲线。如图 2-8 所示,若三条正态分布曲线,$\sigma_1<\sigma_2<\sigma_3$,则 $y_{1\max}>y_{2\max}>y_{3\max}$。这表明 σ 越小,曲线越陡,随机误差分布就越集中,测量的精密度也就越高;反之,σ 越大,曲线越平缓,随机误差分布就越分散,测量的精密度也就越低。因此,标准偏差 σ 可作为随机误差评定指标来评定测得值的精密度。

② 标准偏差 σ

a. 测量列中任一测得值的标准偏差 σ。根据误差理论,等精度测量列中单次测量(任一测量值)的标准偏差可用下式计算:

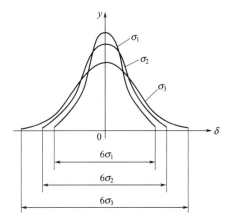

图 2-8 标准偏差对随机误差分布特性的影响

$$\sigma=\sqrt{\frac{(\delta_1^2+\delta_2^2+\cdots+\delta_N^2)}{N}}=\sqrt{\frac{1}{N}\sum_{i=1}^{N}\delta_i^2} \quad (2-6)$$

理论上,随机误差的分布范围应在正、负无穷之间,但这在生产实践中是不切实际的。一般随机误差主要分布在 $\delta=\pm3\sigma$ 范围之内,由概率论可知,δ 落在 $\pm3\sigma$ 范围内出现的概率为 99.73%。所以,可以把 $\delta=\pm3\sigma$ 看作随机误差的极限值,记作 $\delta_{\lim}=\pm3\sigma$。

b. 测量列中任一测得值的实验标准偏差(即标准偏差的估计值)。由公式(2-6)计算 σ 值必须具备三个条件:真值 L 必须已知;测量次数要无限次;无系统误差。但在实际测量中要达到这三个条件是不可能的,所以常采用残余误差 v_i 代替 δ_i 来估算标准偏差。实验标准偏差值 σ' 为:

$$\sigma'=\sqrt{\frac{1}{N-1}\sum_{i=1}^{N}v_i^2} \quad (2-7)$$

c. 测量列算术平均值的标准偏差 $\sigma_{\overline{L}}$。标准偏差 σ 代表一组测量值中任一测得值的精密度。但在系列测量中,是以测得值的算术平均值 $\overline{L}$ 作为测量结果的。因此,更重要的是要确定算术平均值的精密度,即算术平均值的标准偏差。

根据误差理论,算术平均值的标准偏差 $\sigma_{\overline{L}}$ 与测量列中任一测得值的标准偏差 σ 存在如下关系:

$$\sigma_{\overline{L}}=\frac{\sigma}{\sqrt{N}} \quad (2-8)$$

同样,算术平均值的实验标准偏差 $\sigma'_{\overline{L}}$ 与任一测得值的实验标准偏差 σ' 的关系为:

$$\sigma'_{\overline{L}}=\frac{\sigma'}{\sqrt{N}}=\sqrt{\frac{\sum_{i=1}^{N}v_i^2}{N(N-1)}} \quad (2-9)$$

(3) 随机误差的处理

随机误差不可能被消除,但可应用概率与数理统计方法,通过对测量列的数据处理,评定其对测量结果的影响。

在具有随机误差的测量列中,常以算术平均值 $\overline{L}$ 表征最可靠的测量结果,以标准偏差 σ

表征随机误差。其处理方法如下:

① 计算测量列算术平均值 $\overline{L}$。
② 计算测量列中任一测得值的实验标准偏差值 σ'。
③ 计算测量列算术平均值的实验标准偏差值 $\sigma'_{\overline{L}}$。
④ 确定测量结果。

多次测量结果可表示为:

$$L = \overline{L} \pm 3\sigma'_{\overline{L}} \tag{2-10}$$

2.4.3 系统误差

在测量过程中产生系统误差的因素是复杂多样的,对测量结果的影响也是明显的。因此,分析处理系统误差的关键是发现系统误差,进而设法消除或减少系统误差,来有效地提高测量精度。

(1) 发现系统误差的方法

发现系统误差必须根据具体测量过程和测量器具进行全面而仔细的分析,但目前还没有能够找到可以发现各种系统误差的方法,下面只介绍适用于发现某些系统误差常用的两种方法。

① 实验对比法 实验对比法是指通过改变产生系统误差的测量条件,进行不同测量条件下的测量,来发现系统误差。这种方法适用于发现定值系统误差。例如量块按标称尺寸使用时,在测量结果中,就存在着由于量块尺寸偏差而产生的大小和符号均不变的定值系统误差,重复测量也不能发现这一误差,只有用另一块更高等级的量块进行对比测量,才能发现它。

② 残差观察法 残差观察法是指根据测量列的各个残差大小和符号的变化规律,直接由残差数据或残差曲线图形来判断有无系统误差,这种方法主要适用于发现大小和符号按一定规律变化的变值系统误差。根据测量先后顺序,将测量列的残差作图,观察残差的规律。若残差大体正、负相间,又没有显著变化,就可判断不存在变值系统误差,如图 2-9(a) 所示;若残差按近似的线性规律递增或递减,就可判断存在着线性系统误差,如图 2-9(b) 所示;若残差的大小和符号有规律地周期变化,就可判断存在着周期性系统误差,如图 2-9(c) 所示;若残差按某种特定的规律变化,就可判断存在复杂变化的系统误差,如图 2-9(d) 所示。但是残差观察法对于测量次数不是足够多时,也有一定的难度。

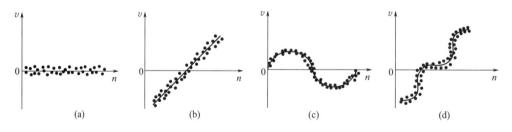

图 2-9 用残差作图判断系统误差

(2) 消除系统误差的方法

① 从产生误差根源上消除系统误差 这要求测量人员对测量过程中可能产生系统误差的各个环节进行分析,并在测量前就将系统误差从产生根源上加以消除。例如,为了防止测量过程中仪器示值零位的变动,测量开始和结束时都需检查示值零位。

② 用修正法消除系统误差 这种方法是预先将测量器具的系统误差检定或计算出来,

做出误差表或误差曲线,然后取与误差数值相同而符号相反的值作为修正值,将测得值加上相应的修正值,即可使测量结果不包含系统误差。

③ 用抵消法消除定值系统误差　这种方法要求在对称位置上分别测量一次,以使这两次测量中测得的数据与出现的系统误差大小相等,符号相反,取这两次测量中数据的平均值作为测得值,即可消除定值系统误差。例如,在工具显微镜上测量螺纹螺距时,为了消除螺纹轴线与量仪工作台移动方向倾斜而引起的系统误差,可分别测取螺纹左、右牙面的螺距,然后取它们的平均值作为螺距测得值。

④ 用半周期法消除周期性系统误差　对周期性系统误差,可以每隔半个周期进行一次测量,以相邻两次测量数据的平均值作为一个测得值,即可有效消除周期性系统误差。

消除和减小系统误差的关键是找出误差产生的根源和规律。实际上,系统误差不可能完全消除。一般来说,系统误差若能减小到使其影响相当于随机误差的程度,则可认为已被消除。

2.4.4　粗大误差的处理

粗大误差的数值比较大,会对测量结果产生明显的歪曲,在测量中应尽可能避免。如果粗大误差已经产生,则应根据判断粗大误差的准则予以剔除,通常用拉依达准则来判断。

拉依达准则又称 3σ 准则。当测量列服从正态分布时,残余误差落在 $\pm 3\sigma$ 外的概率很小,仅有 0.27%。因此,将超出 $\pm 3\sigma$ 的残余误差作为粗大误差,即:

$$|v_i| > 3\sigma \tag{2-11}$$

则认为该残余误差对应的测得值含有粗大误差,在误差处理时应予以剔除。

2.5　光滑工件尺寸的检验

为了使零件符合规定的精度要求,除了要保证加工零件所用的设备和工艺装备具有足够的精度和稳定性外,质量检验也是一个十分重要的问题。

由于被测工件的形状、大小、精度要求和使用场合不同,光滑工件尺寸的检验有两种方法:用通用的测量器具检验和用光滑极限量规检验。对于单件、小批量生产常采用通用的测量器具(如游标卡尺、千分尺等)来测量工件尺寸,并按规定的验收极限判断工件尺寸是否合格,是一种定量检验过程;对于大批量生产,为了提高检验效率,多采用光滑极限量规的通规和止规,来判断工件尺寸是否在极限尺寸范围内,是一种定性检验过程。

在检验过程中,当工件尺寸真值接近极限尺寸时,可能由于测量误差的存在,产生两种错误判断:一是误收,指把尺寸超出规定尺寸极限的工件判为合格;二是误废,指把处在规定尺寸极限之内的工件判为废品。

误收影响产品质量,误废造成经济损失。因此,为了保证产品质量,降低测量成本,需要确定合适的质量验收标准及正确选用测量器具。

拓展阅读
误判现象

2.5.1　用通用测量器具检验工件(GB/T 3177—2009)

(1) 验收极限

加工完的工件其实际尺寸应位于上极限尺寸和下极限尺寸之间,包括正好等于极限尺寸时,都应该认为是合格的。但由于测量误差的存在,实际尺寸并非工件尺寸的真值,特别是当实际尺寸在极限尺寸附近时,加上形状误差的影响,极易造成错误判断。因此,如果只根据测量结果是否超出图样给定的极限尺寸来判断其合格性,有可能会造成误收或误废。为防止受测量误差的影响而使工件的实际尺寸超出两个极限尺寸范围,必须规定验收极限。

① 验收极限方式的确定　验收极限是判断所检验工件尺寸合格与否的尺寸界限。国家标准 GB/T 3177—2009《产品几何技术规范（GPS）　光滑工件尺寸的检验》中规定，验收极限可按下面两种方式之一确定。

a. 内缩方式。验收极限是从规定的最大实体尺寸（MMS）和最小实体尺寸（LMS）分别向工件公差带内移动一个安全裕度 A，如图 2-10(a)、(b) 所示。A 值按工件尺寸公差 T 的 1/10 确定。

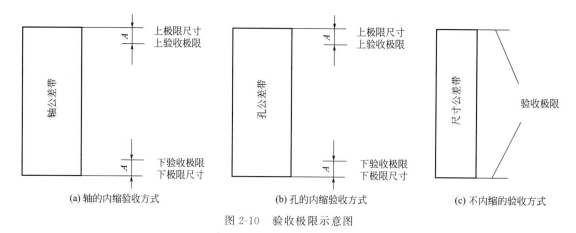

(a) 轴的内缩验收方式　　　(b) 孔的内缩验收方式　　　(c) 不内缩的验收方式

图 2-10　验收极限示意图

轴尺寸的验收极限

上验收极限＝最大实体尺寸(MMS)－安全裕度(A)
下验收极限＝最小实体尺寸(LMS)＋安全裕度(A)

孔尺寸的验收极限

上验收极限＝最小实体尺寸(LMS)－安全裕度(A)
下验收极限＝最大实体尺寸(MMS)＋安全裕度(A)

按内缩方式验收工件，将会没有或很少有误收，并能将误废量控制在所要求的范围内。

b. 不内缩方式。验收极限等于规定的最大实体尺寸和最小实体尺寸，即安全裕度 $A=0$，如图 2-10(c) 所示。此方案使误收和误废都有可能发生。

② 验收极限方式的选择　验收极限方式的选择要结合尺寸功能要求及其重要程度、尺寸公差等级、测量的不确定度和过程能力等因素综合考虑。一般可按下列原则选取：

a. 对采用包容要求的尺寸、公差等级较高的尺寸，应选择内缩方式；

b. 当过程能力指数 $C_p \geqslant 1$ 时（$C_p = T/6\sigma$，T 为工件的尺寸公差，σ 为单次测量的标准偏差），可采用不内缩方式；但对采用包容要求的尺寸，其最大实体尺寸一边，验收极限仍应按内缩方式确定；

c. 对偏态分布的尺寸，其验收极限可以只对尺寸偏向的一边（如生产批量不大，用试切法获得尺寸时，尺寸会偏向 MMS 一边），按内缩方式确定；

d. 对非配合尺寸和一般公差尺寸，其验收极限按不内缩方式确定。

（2）通用测量器具的选择

① 测量器具选择原则　国家标准 GB/T 3177—2009《产品几何技术规范（GPS）　光滑工件尺寸的检验》中规定，按照测量器具所导致的测量不确定度（简称测量器具的测量不确定度）的允许值（u_1）选择测量器具。选择时，应使所选用的测量器具的测量不确定度数值等于或小于选定的 u_1 值。

测量器具的测量不确定度允许值 u_1 按测量不确定度 u 与工件公差的比值分档：对 IT6～IT11 的分为Ⅰ、Ⅱ、Ⅲ三档；对 IT12～IT18 分为Ⅰ、Ⅱ两档。测量不确定度 u 的

Ⅰ、Ⅱ、Ⅲ三档值分别为工件公差的 1/10、1/6、1/4。测量器具的测量不确定度允许值 u_1 约为测量不确定度 u 的 0.9 倍。

② 测量器具的测量不确定度允许值 u_1 的选定　选用测量器具的测量不确定度允许值 u_1 时，一般情况下，优先选用Ⅰ档，其次为Ⅱ档、Ⅲ档。

表 2-2～表 2-4 中列出了几种常用测量器具的测量不确定度。

表 2-2　千分尺和游标卡尺的不确定度　　　　　　　　　mm

尺寸范围	测量器具类型			
	分度值 0.01 外径千分尺	分度值 0.01 内径千分尺	分度值 0.02 游标卡尺	分度值 0.05 游标卡尺
	不　确　定　度			
≤50	0.004			0.050
>50～100	0.005	0.008	0.020	0.050
>100～150	0.006			
>150～200	0.007			
>200～250	0.008	0.013		
>250～300	0.009			
>300～350	0.010			0.100
>350～400	0.011	0.020		
>400～450	0.012			
>450～500	0.013	0.025		
>500～600				
>600～700		0.030		
>700～1000				0.150

注：当采用比较测量时，千分尺的不确定度可小于本表列出的数值，一般约为 60%。

表 2-3　比较仪的不确定度　　　　　　　　　mm

尺寸范围	测量器具类型			
	分度值为 0.0005 的比较仪	分度值为 0.001 的比较仪	分度值为 0.002 的比较仪	分度值为 0.005 的比较仪
≤25	0.0006	0.0010	0.0017	0.0030
>25～40	0.0007			
>40～65	0.0008	0.0011	0.0018	
>65～90	0.0008			
>90～115	0.0009	0.0012	0.0019	
>115～165	0.0010	0.0013		
>165～215	0.0012	0.0014	0.0020	0.0035
>215～265	0.0014	0.0016	0.0021	
>265～315	0.0016	0.0017	0.0022	

注：测量时，使用的标准器由 4 块 1 级（或 4 等）量块组成。

表 2-4 指示表的不确定度　　　　　　　　　　　　　　　　　　　　　mm

尺寸范围	测量器具类型			
	分度值为 0.001 的千分表（0 级在全程范围内，1 级在 0.2mm 内）；分度值为 0.02 的千分表（在 1 转范围内）	分度值为 0.001、0.002、0.005 的千分表（1 级在全程范围内）；分度值为 0.01 的百分表（0 级在任意 1mm 内）	分度值为 0.01 的百分表（0 级在全程范围内，1 级在任意 1mm 内）	分度值为 0.01 的百分表（1 级在全程范围内）
≤25	0.005	0.010	0.018	0.030
>25～40	0.005	0.010	0.018	0.030
>40～65	0.005	0.010	0.018	0.030
>65～90	0.005	0.010	0.018	0.030
>90～115	0.005	0.010	0.018	0.030
>115～165	0.006	0.010	0.018	0.030
>165～215	0.006	0.010	0.018	0.030
>215～265	0.006	0.010	0.018	0.030
>265～315	0.006	0.010	0.018	0.030

注：测量时，使用的标准器由 4 块 1 级（或 4 等）量块组成。

【例 2-1】 被测工件为 $\phi 50f8^{-0.025}_{-0.064}$，试确定验收极限并选择合适的测量器具。

解： ① 确定安全裕度 A 和测量器具的不确定度允许值 u_1。

该工件的安全裕度为：$A = T/10 = 0.039/10 = 0.0039$（mm）

验收极限为：上验收极限 $= d_{MMS} - A$

$$= 49.975 - 0.0039 = 49.9711 \text{（mm）}$$

下验收极限 $= d_{LMS} + A$

$$= 49.936 + 0.0039 = 49.9399 \text{（mm）}$$

由测量不确定度 u 与工件尺寸公差的关系：

$$u = T/10 = 0.0039 \text{mm}$$

所以，测量器具的测量不确定度允许值：

$$u_1 = 0.9u \approx 0.0035 \text{mm}$$

② 选择测量器具。

按工件公称尺寸 50mm，查表 2-3 可知，应选用分度值为 0.005mm 的比较仪，其不确定度为 0.0030mm，小于且最接近于允许值。

2.5.2 用光滑极限量规检验工件

(1) 光滑极限量规的定义和作用

光滑极限量规是指具有以孔或轴的上极限尺寸和下极限尺寸为公称尺寸的标准测量面，能反映控制被检孔或轴边界条件的无标记长度测量器具。

光滑极限量规成对设计和使用，它不能测得工件实际尺寸的大小，只能确定被测工件的尺寸是否在它的极限尺寸范围内，从而对工件做出合格性判断。

塞规是用于孔径检验的光滑极限量规，其测量面为外圆柱面。其中，圆柱直径具有被检孔下极限尺寸的为孔用通规，具有被检孔上极限尺寸的为孔用止规，如图 2-11(a) 所示。检验时,通规通过被检孔,而止规不通过,则被检孔合格。

卡规是用于轴径检验的光滑极限量规,其测量面为内圆环面。其中,轴用通规尺寸为被检轴上极限尺寸,轴用止规的尺寸为被检轴下极限尺寸,如图 2-11(b) 所示。检验时,通规通过被检轴,而止规不通过,则被检轴合格。

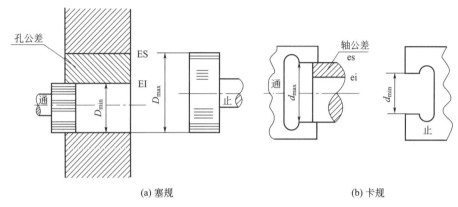

(a) 塞规　　　　　　　　　　　　(b) 卡规

图 2-11　光滑极限量规

光滑极限量规结构简单,使用方便、可靠,检验效率高,因此在大批量生产中得到广泛应用。

(2) 光滑极限量规的分类

根据量规不同用途,分为工作量规、验收量规和校对量规三类。

① 工作量规　工人在加工时用来检验工件的量规。一般用的通规是新制的或磨损较少的量规。工作量规的通规用代号"T"来表示,止规用代号"Z"来表示。

② 验收量规　检验部门或用户代表验收工件时用的量规。一般情况下,检验人员用的通规为磨损较大但未超过磨损极限的旧工作量规;用户代表用的是接近磨损极限尺寸的通规,这样由生产工人自检合格的产品,检验部门验收时也一定合格。

③ 校对量规　用以检验轴用工作量规的量规。它检查轴用工作量规在制造时是否符合制造公差,在使用中是否已达到磨损极限所用的量规。校对量规可分为以下三种:

a. "校通-通"量规(代号为 TT),检验轴用量规通规的校对量规。检验时,校对量规应通过轴用量规的通规,否则该通规不合格。

b. "校止-通"量规(代号为 ZT),检验轴用量规止规的校对量规。检验时,校对量规应通过轴用量规的止规,否则该止规不合格。

c. "校通-损"量规(代号为 TS),检验轴用量规通规磨损极限的校对量规。检验时,校对量规不应通过轴用量规的通规,若通过说明该通规磨损已超过极限,应报废。

在制造工作量规时,由于轴用工作量规为内圆环面,测量比较困难,使用过程中又易磨损和变形,所以必须用校对量规进行检验和校对。而孔用工作量规是柱状的外尺寸,便于用普通测量器具进行检验,所以孔用量规没有校对量规。

在国家标准 GB/T 1957—2006《光滑极限量规　技术条件》的附录 C 中指出:制造厂对工件进行检验时,操作者应该使用新的或者磨损较少的通规;检验部门应使用与操作者相同形式的且已磨损较多的通规。用户代表在用量规验收工件时,通规应接近工件的最大实体尺寸,止规应接近工件的最小实体尺寸。

(3) 光滑极限量规的公差带

作为量具的光滑极限量规,本身亦相当于一个精密工件,制造时和普通工件一样,不可避免地会产生加工误差,同样需要规定尺寸公差。量规尺寸公差的大小不仅影响量规的制造难易程度，还会影响被测工件加工的难易程度以及对被测工件的误判。

为确保产品质量，国家标准 GB/T 1957—2006 规定，通规和止规都采用内缩方式，即量规公差带必须位于被检工件的尺寸公差带内。如图 2-12 所示为光滑极限量规国家标准规定的量规公差带。

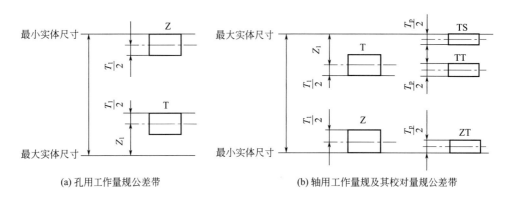

(a) 孔用工作量规公差带　　　　(b) 轴用工作量规及其校对量规公差带

图 2-12　量规公差带图

通规由于经常通过被测工件会有较大的磨损，为了延长使用寿命，除规定尺寸公差 T_1 外，还规定了磨损公差和磨损极限。通规尺寸公差带的中心线由被检工件最大实体尺寸向工件公差带内缩一个距离 Z_1（位置要素），通规的磨损极限等于被检工件的最大实体尺寸。止规不经常通过被测工件，故磨损较少，所以不规定磨损公差，只规定尺寸公差。工作量规的尺寸公差 T_1 和位置要素 Z_1 与被检工件的尺寸公差 T 有关，其数值见表 2-5。

国家标准规定工作量规的几何误差，应在其尺寸公差范围内，其几何公差为量规尺寸公差的 50%。考虑到制造和测量的困难，当量规尺寸公差小于或等于 0.002mm 时，其几何公差为 0.001mm。

国家标准还规定轴用卡规的校对量规尺寸公差 T_p，为被校对的轴用工作量规尺寸公差的 50%，其形状误差应在校对量规的尺寸公差范围内。

(4) 光滑极限量规的设计

① 量规的设计原则　　为了确保孔和轴能满足配合要求，光滑极限量规的设计应符合极限尺寸判断原则（也称泰勒原则）。即要求孔或轴的体外作用尺寸不允许超过最大实体尺寸，任何部位的实际（组成）要素的尺寸不允许超过最小实体尺寸。

表 2-5　工作量规尺寸公差 T_1 与位置要素 Z_1（摘自 GB/T 1957—2006）　　　μm

工件公称尺寸/mm	IT6			IT7			IT8			IT9		
	IT6	T_1	Z_1	IT7	T_1	Z_1	IT8	T_1	Z_1	IT9	T_1	Z_1
~3	6	1	1	10	1.2	1.6	14	1.6	2	25	2	3
>3~6	8	1.2	1.4	12	1.4	2	18	2	2.6	30	2.4	4
>6~10	9	1.4	1.6	15	1.8	2.4	22	2.4	3.2	36	2.8	5
>10~18	11	1.6	2	18	2	2.8	27	2.8	4	43	3.4	6
>18~30	13	2	2.4	21	2.4	3.4	33	3.4	5	52	4	7
>30~50	16	2.4	2.8	25	3	4	39	4	6	62	5	8
>50~80	19	2.8	3.4	30	3.6	4.6	46	4.6	7	74	6	9

续表

工件公称尺寸/mm	IT6			IT7			IT8			IT9		
	IT6	T_1	Z_1	IT7	T_1	Z_1	IT8	T_1	Z_1	IT9	T_1	Z_1
>80～120	22	3.2	3.8	35	4.2	5.4	54	5.4	8	87	7	10
>120～180	25	3.8	4.4	40	4.8	6	63	6	9	100	8	12
>180～250	29	4.4	5	46	5.4	7	72	7	10	115	9	14
>250～315	32	4.8	5.6	52	6	8	81	8	11	130	10	16
>315～400	36	5.4	6.2	57	7	9	89	9	12	140	11	18
>400～500	40	6	7	63	8	10	97	10	14	155	12	20

由于通规用来控制工件的体外作用尺寸，止规用来控制工件的实际尺寸。因此，按照泰勒原则，通规的测量面应是孔或轴相对应的完整表面（即全形量规），其尺寸等于工件的最大实体尺寸，且量规长度等于配合长度；止规的测量面应是点状的（即不全形量规），两测量面之间的尺寸等于工件的最小实体尺寸。

② 量规形式的选择　检验圆柱形工件的光滑极限量规的形式很多。合理地选择与使用，对正确判断检验结果影响很大。

使用符合泰勒原则的光滑极限量规检验工件，基本可以保证其公差与配合的要求。如图 2-13 所示为量规形式对检验结果的影响。该孔的实际轮廓已超出尺寸公差带，应为废品。当量规的形式符合泰勒原则时，量规能正常地检验出废品。但是，当量规的形式不符合泰勒原则时，即通规制成不全形量规（片状），止规制成全形量规（圆柱形），显然有可能将该孔误判为合格品。

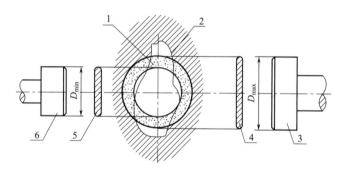

图 2-13　量规形式对检验结果的影响
1—孔公差带；2—工件实际轮廓；3—完全塞规的止规；4—不完全塞规的止规；
5—不完全塞规的通规；6—完全塞规的通规

但在实际生产中，为了使量规制造和使用方便，量规常常偏离泰勒原则。国家标准规定，允许在被检工件的形状误差不影响配合性质的条件下，使用偏离泰勒原则的量规。例如，为了量规的标准化，量规厂供应的标准通规的长度，常不等于工件的配合长度，对大尺寸的孔和轴通常使用不全形的塞规（或球端杆规）和卡规检验，以代替笨重的全形通规；检验小尺寸孔的止规为了加工方便，常做成全形止规；为了减少磨损，止规也可不是两点接触式的，可以做成小平面、圆柱面或球面，即采用线、面接触形式；检验轴的通规，由于环规不能检验曲轴并且使用不方便，通常使用卡规。当采用偏离泰勒原则的量规检验工件时，应从加工工艺上采取措施限制工件的形状误差，检验时应在工件的多个方位上加以检验，以防止误收。图 2-14 所示为常见量规的形式及应用范围，供设计时参考，或查阅国

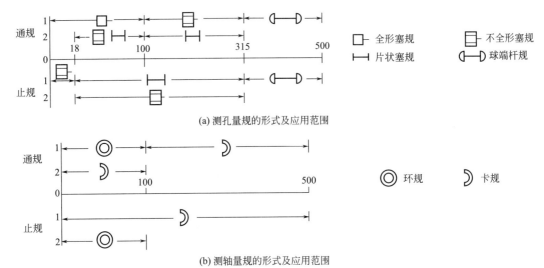

图 2-14 国家标准推荐的量规形式及应用尺寸范围

家标准 GB/T 10920—2008《螺纹量规和光滑极限量规 型式与尺寸》及有关资料,选择合适的量规形式。

③ 量规工作尺寸的计算 光滑极限量规工作尺寸的计算步骤如下:

a. 根据 GB/T 1800.1—2020《产品几何技术规范(GPS)线性尺寸公差 ISO 代号体系 第 2 部分:标准公差带代号和孔、轴极限偏差表》,查出被测孔和轴的极限偏差。

b. 由表 2-5 查出工作量规的尺寸公差 T_1 和位置要素值 Z_1。

c. 确定工作量规的形状公差。

d. 确定轴用卡规的校对量规尺寸公差。

e. 计算各种量规的极限偏差和工作尺寸。

④ 光滑极限量规的技术要求 量规应用合金工具钢、渗碳钢、碳素工具钢及其他耐磨材料制造。钢制量规,测量面的硬度不应小于 700HV(或 60HRC)。

量规的测量面不应有锈蚀、毛刺、黑斑、划痕等明显影响外观使用质量的缺陷,其他表面也不应有锈蚀和裂纹。

塞规的测头与手柄的连接应牢固可靠,在使用过程中不应松动。

量规测量面的表面粗糙度 Ra 值不应大于表 2-6 的规定。

表 2-6 量规测量面的表面粗糙度(摘自 GB/T 1957—2006)

工作量规	工作量规的公称尺寸/mm		
	≤120	>120～315	>315～500
	工作量规测量面的表面粗糙度 Ra 值/μm		
IT6 级孔用工作塞规	0.05	0.10	0.20
IT7～IT9 级孔用工作塞规	0.10	0.20	0.40
IT10～IT12 级孔用工作塞规	0.20	0.40	0.80
IT13～IT16 级孔用工作塞规	0.40	0.80	
IT6～IT9 级轴用工作环规	0.10	0.20	0.40
IT10～IT12 级轴用工作环规	0.20	0.40	0.80
IT13～IT16 级轴用工作环规	0.40	0.80	

⑤ 工作量规设计举例

【例 2-2】 计算 $\phi 25H8/f7$ 配合的孔用与轴用量规的工作尺寸。

解： a. 由国家标准 GB/T 1800.1—2020 查出孔与轴的极限偏差分别为

$\phi 25H8$ 孔：ES$=+0.033$mm，EI$=0$

$\phi 25f7$ 轴：es$=-0.020$mm，ei$=-0.041$mm

b. 由表 2-5 查得工作量规的尺寸公差 T_1 和位置要素值 Z_1

塞规：尺寸公差 $T_1=0.0034$mm；位置要素 $Z_1=0.005$mm

卡规：尺寸公差 $T_1=0.0024$mm；位置要素 $Z_1=0.0034$mm

c. 确定工作量规的形状公差

塞规：形状公差 $T_1/2=0.0017$mm

卡规：形状公差 $T_1/2=0.0012$mm

d. 确定轴用卡规的校对量规尺寸公差 $T_p-T_1/2=0.0012$mm

e. 计算各种量规的极限偏差和工作尺寸

$\phi 25H8$ 孔用塞规的极限偏差和工作尺寸，见表 2-7。

表 2-7　$\phi 25H8$ 孔用塞规的极限偏差和工作尺寸

$\phi 25H8$ 孔用塞规		量规的极限偏差计算公式及数值/mm		量规工作尺寸/mm	通规的磨损极限尺寸/mm
通规(T)	上极限偏差	EI$+Z_1+T_1/2=0+0.005+0.0017$	$+0.0067$	$\phi 25^{+0.0067}_{+0.0033}$	$D_M=\phi 25$
	下极限偏差	EI$+Z_1-T_1/2=0+0.005-0.0017$	$+0.0033$		
止规(Z)	上极限偏差	ES$=+0.033$	$+0.033$	$\phi 25^{+0.0330}_{+0.0296}$	—
	下极限偏差	ES$-T=0.033-0.0034$	$+0.0296$		

$\phi 25f7$ 轴用卡规的极限偏差和工作尺寸，见表 2-8。

表 2-8　$\phi 25f7$ 轴用卡规的极限偏差和工作尺寸

$\phi 25f7$ 轴用卡规		量规的极限偏差计算公式及数值/mm		量规工作尺寸/mm	通规的磨损极限尺寸/mm
通规(T)	上极限偏差	es$-Z_1+T_1/2=-0.02-0.0034+0.0012$	-0.0222	$\phi 25^{-0.0222}_{-0.0246}$	$d_M=\phi 24.980$
	下极限偏差	es$-Z_1-T_1/2=-0.02-0.0034-0.0012$	-0.0246		
止规(Z)	上极限偏差	ei$+T_1=-0.041+0.0024$	-0.0386	$\phi 25^{-0.0386}_{-0.0410}$	—
	下极限偏差	ei	-0.041		

$\phi 25f7$ 轴用卡规的校对量规极限偏差和工作尺寸，见表 2-9。

表 2-9　$\phi 25f7$ 轴用卡规的校对量规极限偏差和工作尺寸

校对量规		量规的极限偏差计算公式及数值/mm		量规工作尺寸/mm
"校通-通"量规(TT)	上极限偏差	es$-Z_1-T_1/2+T_p=-0.02-0.0034-0.0012+0.0012$	-0.0234	TT$=\phi 25^{-0.0234}_{-0.0246}$
	下极限偏差	es$-Z_1-T_1/2=-0.02-0.0034-0.0012$	-0.0246	
"校通-损"量规(TS)	上极限偏差	es	-0.02	TS$=\phi 25^{-0.0200}_{-0.0212}$
	下极限偏差	es$-T_p=-0.02-0.0012$	-0.0212	
"校止-通"量规(ZT)	上极限偏差	ei$+T_p=-0.041+0.0012$	-0.0398	ZT$=\phi 25^{-0.0398}_{-0.0410}$
	下极限偏差	ei	-0.041	

$\phi25H8/f7$ 孔用与轴用量规的公差带，如图 2-15 所示。

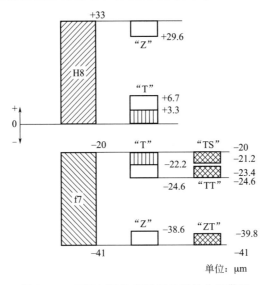

图 2-15　$\phi25H8/f7$ 孔与轴用量规的公差带图

f. 工作量规工作尺寸的标注，如图 2-16 所示。

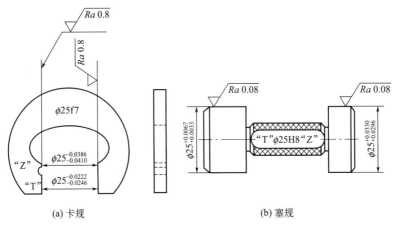

图 2-16　工作量规工作尺寸的标注

思考题与习题

本书配套资源

2-1　判断题
(1) 检测是测得几何量量值的过程。
(2) 接触测量适合测量软质表面或薄壁易变形的工件。
(3) 止规通过了轴，说明轴的尺寸精度不合格。
(4) 测量过程中，系统误差小，说明测量结果准确度高。
(5) 测量仪器的分度值与仪器的标尺间距相等。
(6) 0～25mm 千分尺的示值范围和测量范围是一样的。

2-2　选择题
(1) 从提高测量精度的目的出发，应选择的测量方法是（　　）。

A. 直接测量　　　　B. 间接测量　　　　C. 接触测量　　　　D. 非接触测量

(2) 光滑极限量规的止规用来控制工件的（　　）。

A. 局部实际尺寸　　B. 上极限尺寸　　　C. 下极限尺寸　　　D. 体外作用尺寸

(3) 直尺属于（　　）类计量器具。

A. 量规　　　　　　B. 量具　　　　　　C. 量仪　　　　　　D. 检具

(4) 用干涉显微镜测量表面粗糙度，其测量方法属于（　　）和（　　）。

A. 直接测量　　　　B. 间接测量　　　　C. 单项测量　　　　D. 综合测量

(5) 用立式光学比较仪测量圆柱体直径，已知量块尺寸为 30mm，读数值为 $+10\mu m$，工件的实际尺寸为（　　）mm。

A. 29.99　　　　　 B. 29.995　　　　　C. 30.005　　　　　D. 30.01

2-3　测量的实质是什么？一个测量过程包括哪些要素？我国长度测量的基本单位及其定义如何？

2-4　量块的作用是什么？其结构上有何特点？量块的"等别"和"级别"有何区别？并说明按"等别"和"级别"使用时，各自的测量精度如何？

2-5　试说明分度值（即标尺间隔）、标尺间距和灵敏度三者有何区别。

2-6　试举例说明测量范围与示值范围的区别。

2-7　试说明绝对测量方法与相对测量方法、绝对误差与相对误差的区别。

2-8　测量误差分哪几类？产生各类测量误差的主要因素有哪些？

2-9　三类测量误差各有何特征？实际测量中对各类误差的处理原则是什么？

2-10　为什么要用多次重复测量的算术平均值表示测量结果？这样表示测量结果可减少哪一类测量误差对测量结果的影响？

2-11　在立式光学计上对一轴类零件进行比较测量，共重复测量 12 次，测得值如下（单位为 mm）：20.015，20.013，20.016，20.012，20.015，20.014，20.017，20.018，20.014，20.016，20.014，20.015。试求出该零件的测量结果。

2-12　误收和误废是怎样造成的？

2-13　光滑极限量规有何特点？如何用它检验工件是否合格？

2-14　量规分为几类？各有何用途？孔用工作量规为何没有校对量规？

2-15　确定 $\phi 40G7/h6$ 孔用和轴用工作量规的尺寸，并画出量规的公差带图。

第 3 章 几何公差

3.1 概 述

3.1.1 几何误差产生的原因及对零件使用性能的影响

零件在加工过程中,由于机床、夹具、刀具和零件所组成的工艺系统本身具有一定的误差,以及由于受力变形、热变形、振动和磨损等各种因素的影响,使得加工后零件的各个几何要素不可避免地产生各种误差。这些误差使得零件的实际状态与理想状态之间总是存在着差异。

从零件的功能来看,并不需要、也不可能将其加工成完全理想的形状,只需将各类误差控制在一定的范围内,便可满足互换性要求。在实际生产中就是通过图样上给定的公差值来控制加工过程中产生的各类误差。加工误差包括尺寸偏差、几何误差(形状、方向、位置和跳动误差)以及表面粗糙度等。本章仅介绍几何误差的内容。

几何误差对零件的使用性能有显著的影响。例如,如图 3-1 所示,阶梯轴加工后的各实际尺寸虽然都在极限尺寸范围内,但可能会出现鼓形、锥形、弯曲、正截面不圆等形状,这样,实际要素和理想要素之间就有一个变动量,即形状误差;同样,轴加工后各段圆柱的轴线可能不在同一条轴线上,如图 3-2 所示,这样实际要素与理想要素在位置上也有一个变动量,即位置误差。通过对几何误差的分析与控制,我们不仅可以看到工艺改进的重要性,更能体会到制造过程中质量意识和科学精神的培育。

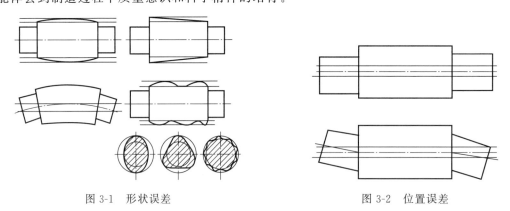

图 3-1 形状误差   图 3-2 位置误差

几何误差对零件使用性能的影响可归纳为以下几点。

① 可装配性 如箱盖、法兰盘等零件上各螺栓孔的位置误差,将影响可装配性。

② 配合性质 如轴和孔配合面的形状误差,在间隙配合中会使间隙大小分布不均匀,如有相对运动会加速零件的局部磨损,使得运动不平稳;在过盈配合中则会使各处的过盈量分布不均匀,而影响连接强度。

③ 工作精度 如车床床身导轨的直线度误差,会影响床鞍的运动精度;车床主轴两支

承轴颈的同轴度误差,将影响主轴的回转精度;齿轮箱上各轴承孔的平行度误差,会影响齿轮齿面载荷分布的均匀性和齿侧间隙。

④ 其他功能 如液压系统中零件的形状误差会影响密封性;承受负荷零件结合面的形状误差会减小实际接触面积,从而降低接触刚度及承载能力。

实际上几何误差对零件的影响远不止这几点,它将直接影响到工夹量仪的工作精度,尤其是对于高温、高压、高速、重载等条件下工作的精密机器或仪器更为重要。因此,在设计零件时,为了减少或消除这些不利的影响,须对零件的几何误差予以合理的限制,给出一个经济、合理的误差许可变动范围,即对零件的几何要素规定必要的几何公差。

3.1.2 几何公差的有关术语 (GB/T 24637.1—2020)

(1) 有关要素的术语和定义

任何零件就其几何特征而言,都是由若干个点、线、面所构成,如图 3-3 所示。构成零件几何特征的点、线、面,分别称为点要素、线要素和面要素,统称为零件的几何要素。

几何要素可从不同角度进行分类。

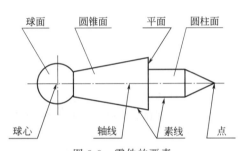

图 3-3 零件的要素

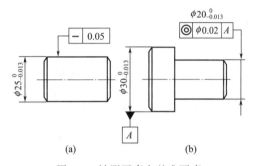

图 3-4 被测要素和基准要素

① 按存在状态分

a. 理想要素,是指设计图样给定的理论正确几何要素,是没有任何误差完全正确的几何要素,又称公称要素,如图 3-5(a) 所示。

b. 实际要素,是指零件实际存在的要素,通常用被测要素替代。

② 按所处地位分

a. 被测要素,是指给出了几何公差的要素。被测要素是检测的对象。如图 3-4(a) 中,对 $\phi25_{-0.013}^{0}$ mm 轴的素线给出了直线度公差要求;对 $\phi20_{-0.013}^{0}$ mm 轴的轴线提出了同轴度公差要求,所以素线和轴线是被测要素。

b. 基准要素,是指用于确定被测要素的方向或位置的要素。理想的基准要素简称为基准。它是确定被测要素的理想方向或位置的依据。如图 3-4(b) 中的 $\phi20_{-0.013}^{0}$ mm 轴轴线的理想位置应与 $\phi30_{-0.013}^{0}$ mm 轴的轴线重合,所以 $\phi30$ 轴的轴线是基准要素。

③ 按功能关系分

a. 单一要素,是指仅对其本身给出形状公差要求的要素。如图 3-4(a) 中,对 $\phi25_{-0.013}^{0}$ mm 轴的素线只提出了直线度要求,因而该素线为单一要素。

b. 关联要素,是指对其他要素有方向或位置关系的要素,即要求被测要素对于基准要素保持一定的方向或位置。如图 3-4(b) 中 $\phi20_{-0.013}^{0}$ mm 轴的轴线即为关联要素。

拓展阅读
其他要素

④ 按结构特征分

a. 组成要素,是指构成零件的面及面上的线,如圆柱表面、端面、棱线。

b. 导出要素,是指零件上的球心、圆心、轴线、对称面等要素(看不见、摸不着,是一种几何表达方式),如图 3-5 所示。

此外,工程实践中,提取要素和拟合要素等术语也广泛使用。其中,提取要素是指由有限个点组成的几何要素,提取组成要素和提取导出要素,如图 3-5(c) 所示;拟合要素是指通过拟合操作,从非理想表面模型中或从实际要素中建立的理想要素,如图 3-5(d) 所示。

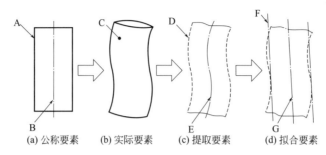

(a) 公称要素　(b) 实际要素　(c) 提取要素　(d) 拟合要素

图 3-5　几何要素

A—公称组成要素;B—公称导出要素;C—实际要素;D—提取组成要素;
E—提取导出要素;F—拟合组成要素;G—拟合导出要素

(2) 有关平面的术语和定义

① 相交平面　是指由工件的提取要素建立的平面,用于标识提取面上的线要素(组成要素或导出要素)或提取线上的点要素。

② 定向平面　是指由工件的提取要素建立的平面,用于标识公差带的方向。只有当被测要素是导出要素(中心点、中心线)且公差带由两平行直线或平行平面定义时,或被测要素是中心点、圆柱时,才可以使用定向平面。定向平面可用于定义矩形局部区域的方向。

③ 组合平面　是指由工件上的一个要素建立的平面,用于定义封闭的组合连续要素。当使用全周符号时,应同时使用组合平面。

拓展阅读
几何要素操作方法

3.1.3　几何公差的几何特征及符号

国家标准 GB/T 1182—2018 中规定了多项几何公差,几何公差包括形状公差、方向公差、位置公差和跳动公差。各几何公差的几何特征及符号见表 3-1,由表可见,形状公差无基准要求;方向、位置和跳动公差有基准要求;而在几何特征是线、面轮廓度中,无基准要求为形状公差,有基准要求为位置公差。

表 3-1　几何公差的几何特征及符号(摘自 GB/T 1182—2018)

公差类型	几何特征	符号	有或无基准	公差类型	几何特征	符号	有或无基准
形状公差	直线度	—	无	位置公差	位置度	⊕	有
	平面度	▱	无		同心度 (用于中心点)	◎	有
	圆度	○	无				
	圆柱度	⌭	无		同轴度 (用于轴线)	◎	有
形状公差或 位置公差	线轮廓度	⌒	有或无				
	面轮廓度	⌓	有或无		对称度	=	有
方向公差	平行度	∥	有	跳动公差	圆跳动	↗	有
	垂直度	⊥	有		全跳动	⌰	有
	倾斜度	∠	有				

需要说明的是：特征符号的线宽为 $h/10$（h 为图样中所注尺寸数字的高度），符号的高度一般为 h，圆柱度、平行度和跳动公差的符号倾斜约 $75°$。

表 3-2 为国家标准 GB/T 1182—2018 几何公差的几何特征及附加符号，仅供参考。

表 3-2　几何公差的几何特征及附加符号（摘自 GB/T 1182—2018）

名称	符号	名称	符号
基准目标	⌀2/A1（圆内）	螺纹大径	MD
理论正确尺寸(TED)	50（方框）	延伸公差带	Ⓟ
包容要求	Ⓔ	独立公差带	SZ
可逆要求	Ⓡ	组合公差带	CZ
最大实体要求	Ⓜ	联合要素	UF
最小实体要求	Ⓛ	导出要素	Ⓐ
任意横截面	ACS	方向要素框格	←//│B │
全周(轮廓)	 ○←（全周符号）	相交平面框格	◁//│B│
全表面(轮廓)	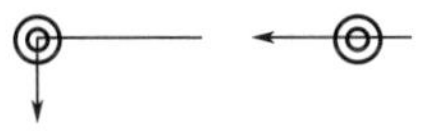 ⊚←（全表面符号）	定向平面框格	◁//│B│▷
区间	↔	组合平面框格	○//│B│

3.1.4　几何公差代号

几何公差应采用代号标注，由几何公差规范标注符号和基准符号组成，如图 3-6 所示。

① 几何公差规范标注符号　由带箭头的指引线、公差框格、辅助平面或要素框格及相邻标注四个部分组成，如图 3-6(a) 所示。

a. 指引线，用细实线画出，指引线箭头与尺寸线箭头画法相同，箭头应指向公差带的宽度或直径方向。

b. 公差框格，应用细实线水平或竖直画出，内容以自左到右或自下而上的顺序填写，包括：几何特征符号、几何公差数值和有关符号、基准字母和有关符号，如图 3-6(b) 所示。

c. 辅助平面或要素框格，不是必选的标注，如果需标注其中的若干个，相交平面框格应在最接近公差框格的位置标注，其次是定向平面框格或方向要素框格（此两个不应一同标注），最后则是组合平面框格。当标注此类框格中的任何一个时，指引线可连接于公差框格的左侧或右侧，或最后一个可选框格的右侧。

d. 相邻标注，又称补充标注，也不是必选的标注，一般位于公差框格的上/下或左/右。当用于只有一个公差框格的标注时，优先选择框格的上方区域。

② 基准符号　如图 3-6(c) 所示，大写的基准字母写在基准方格内，方格用细实线绘

制,其边长为 2h,用细实线与一个涂黑的或空白的细实线等腰三角形相连。涂黑或空白的三角形具有相同的含义。

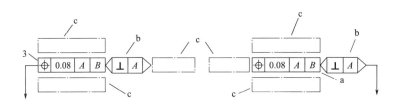

(a) 几何公差规范标注符号

a—公差框格;b—辅助平面或要素框格;c—相邻标注

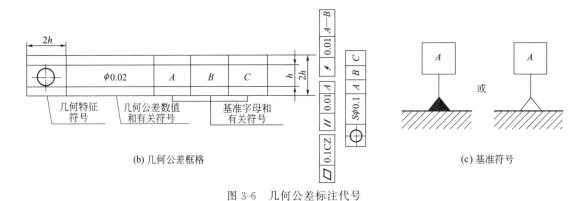

(b) 几何公差框格

(c) 基准符号

图 3-6 几何公差标注代号

3.2 几何公差的标注

在技术图样中,几何公差采用代号标注,当无法采用代号时,允许在技术要求中用文字说明。

3.2.1 被测要素的标注

用带箭头的指引线将被测要素与公差框格相连。

① 当被测要素为组成要素,即零件的轮廓线或表面时,将指引线箭头指向该轮廓线或表面的积聚投影,或者它们的延长线上(但必须与该要素的尺寸线明显地错开),如图 3-7(a) 和 (c) 所示。

② 当被测要素为零件的表面且在面的图形上时,指引线箭头可以直接指在该表面引出线的水平折线上,引出线以圆点终止,如图 3-8 所示。当该面要素可见时,此圆点是实心的,引出线为实线;当该面要素不可见时,这个圆点为空心,引出线为虚线。指引线箭头也可以直接用圆点代替,如图 3-7(b) 和 (d) 所示。

③ 当被测要素为导出要素,即零件上某一段形体的轴线、中心面或中心点时,则指引线箭头应与该要素的尺寸线箭头对齐或重合,如图 3-9 所示。也可以将修饰符Ⓐ(表示导出要素,只能用于回转体)放在回转体的公差框格内公差值的后面,这时指引线不与尺寸线对齐,直接指在组成要素上用圆点或箭头终止,如图 3-10 所示。

④ 当几个被测要素具有相同的几何公差要求,但这些被测要素具有相互独立的公差带时,可共用一个公差框格,从框格一端引出多个指引线箭头指向被测要素,如图 3-11(a) 所示;也可以在几何公差框格上方使用"n×"的形式进行标注,如图 3-11(b) 所示。这时,

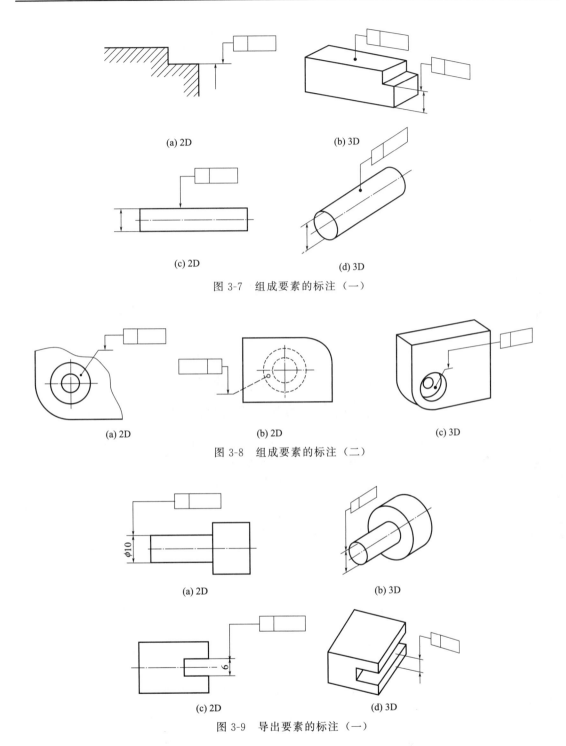

图 3-7 组成要素的标注（一）

图 3-8 组成要素的标注（二）

图 3-9 导出要素的标注（一）

可以在几何公差值的后面加注独立公差带的符号 SZ，一般不需标出，是缺省规范。

当几个被测要素具有相同的几何公差要求，且这些被测要素组合成一个成组要素时，仍然可共用一个公差框格，但是要在公差框格内公差值的后面加注组合公差带的符号 CZ，如图 3-11(c) 所示。

⑤ 当同一被测要素具有多项几何公差要求时，可以使用多层公差标注方法，几个公差

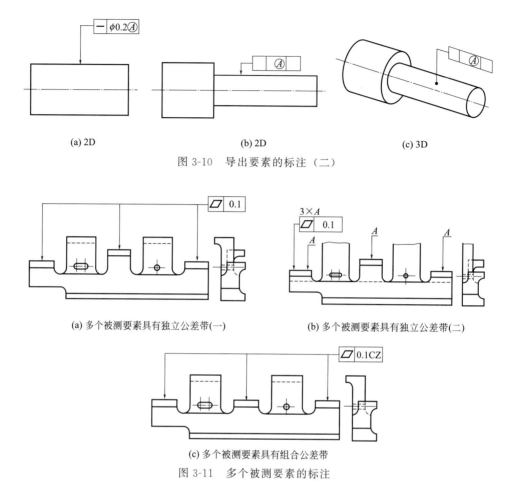

图 3-10 导出要素的标注（二）

图 3-11 多个被测要素的标注

图 3-12 多层公差标注

框格并列共用一个指引线箭头，如图 3-12 所示，推荐将公差框格按公差值从上到下依次递减的顺序排列。

⑥ 局部被测要素的标注。

a. 对于被测要素是要素内部某个局部区域的标注　当被测要素是要素内部某个局部区域时，可以按下面几种方式进行标注：

ⅰ. 用粗点画线来定义部分表面，并用 TED（理论正确尺寸）确定其位置与尺寸，如图 3-13(a) 所示；

ⅱ. 用粗点画线及阴影定义部分表面，并用 TED 确定其位置与尺寸，如图 3-13(b)～(d) 所示；

ⅲ. 将局部区域的拐角点（位置用 TED 确定）定义为组成要素的交点，并且用大写字母及端部是箭头的指引线定义。字母标注在公差框格上方，最后两个字母之间布置区间符号，如图 3-13(e) 所示；

ⅳ. 用两条直的边界线（位置用 TED 定义）、大写字母及带箭头的指引线定义，并且与区间符号组合使用，如图 3-13(f) 所示。

b. 对于被测要素是要素内部任意局部区域的标注　当被测要素是整个要素内部任意局部区域时，应将区域的范围加在公差值的后面，并用斜杠分开。图 3-14(a) 为被测要素上任意线性局部区域的标注方式；图 3-14(b) 为被测要素上任意圆形局部区域，要使用直径符号加直径值来标注；图 3-14(c) 为被测要素上任意矩形局部区域（用粗点画线定义），区域

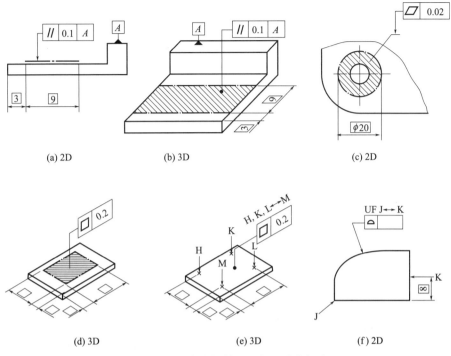

图 3-13 要素内部某个局部区域的标注

范围用"长度×高度"形式确定,该区域在长度和高度两个方向都可移动,使用定向平面框格标识出第一个数值所适用的方向,即 75 为平行于基准 C 方向的尺寸。

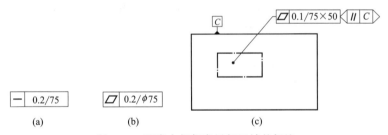

图 3-14 要素内部任意局部区域的标注

拓展阅读　　　　　　拓展阅读　　　　　　拓展阅读
辅助平面或要素框格的标注　组合连续要素的标注　规范元素的标注

3.2.2 基准要素的标注

① 当基准要素为组成要素,即零件的轮廓线或表面时,基准符号中三角形放置在该轮廓线或表面的积聚投影上,或者它们的延长线上,且与该要素尺寸线明显地错开,如图 3-15 所示。

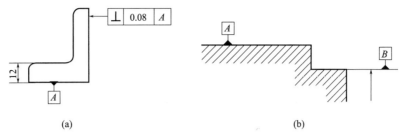

图 3-15　基准要素的标注（一）

② 当基准要素为零件的表面且在面的图形上时，基准符号中的三角形可以直接放置在该表面引出线的水平折线上，其引出线以圆点终止，如图 3-16 所示。当该面要素可见时，此圆点是实心的，引出线为实线；当该面要素不可见时，这个圆点为空心，引出线为虚线。

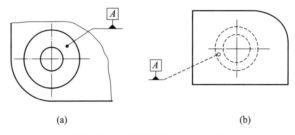

图 3-16　基准要素的标注（二）

③ 当基准要素为导出要素，即零件上尺寸要素确定的某一段轴线、中心平面或中心点时，基准符号中的三角形应与该要素的尺寸线箭头对齐，如图 3-17(a) 所示。如果尺寸界线内安排不下两个箭头时，另一箭头可用基准三角形代替，如图 3-17(b) 所示。

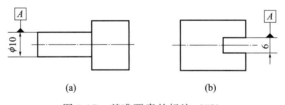

图 3-17　基准要素的标注（三）

④ 当基准要素为要素的局部时，可用粗点画线限定范围，也可用细双点画线或粗点画线及阴影定义部分表面，并加注理论正确尺寸，如图 3-18 所示。

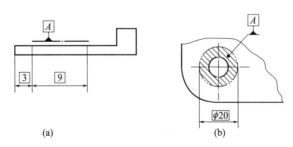

图 3-18　基准要素的标注（四）

3.2.3 几何公差标注示例

几何公差在图样上的标注示例，如图 3-19 和图 3-20 所示。

① 图 3-19 机件上所标注的几何公差，其含义如下：

a. $\phi 80h6$ 圆柱面对 $\phi 35H7$ 孔轴线的圆跳动公差为 0.015mm。

b. $\phi 80h6$ 圆柱面的圆度公差为 0.005mm。

c. $26_{-0.035}^{0}$ 的右端面对左端面的平行度公差为 0.01mm。

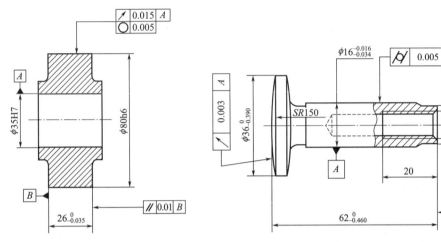

图 3-19　几何公差标注示例（一）　　　　图 3-20　几何公差标注示例（二）

② 图 3-20 所示的气门阀杆，其上所标注几何公差的含义如下：

a. $SR150$ 的球面对 $\phi 16_{-0.034}^{-0.016}$ 圆柱轴线的圆跳动公差为 0.003mm。

b. $\phi 16_{-0.034}^{-0.016}$ 圆柱面的圆柱度公差为 0.005mm。

c. $M8\times 1$ 螺纹孔的轴线对 $\phi 16_{-0.034}^{-0.016}$ 圆柱轴线的同轴度公差为 $\phi 0.1$mm。

d. 阀杆的右端面对 $\phi 16_{-0.034}^{-0.016}$ 圆柱轴线的垂直度公差为 0.01mm。

3.3 几何公差的公差带

3.3.1 形状公差及公差带

形状公差是指单一实际要素的形状所允许的变动全量。所谓全量，是指被测要素的整个尺寸范围。形状公差包括直线度、平面度、圆度、圆柱度、线轮廓度和面轮廓度。

几何公差带是由一个或两个理想的几何线要素或面要素所限定的、由一个或多个线性尺寸表示公差值的区域。

形状公差用形状公差带来表示，其公差带是限制实际要素变动的区域，零件的实际要素在该区域内为合格。形状公差带包括公差带的形状、大小、位置和方向 4 个要素，其形状随要素的几何特征及功能要求而定。由于形状公差都是对单一要素本身提出的要求，因此形状公差都不涉及基准，故公差带也没有方向和位置的约束，可随被测要素的变动在尺寸公差带内浮动，公差带的大小由公差值确定。

拓展阅读
形状公差

表 3-3 列出了形状公差带的定义、标注示例及解释，仅供参考。

表 3-3　形状公差带的定义、标注示例及解释（摘自 GB/T 1182—2018）

几何特征及符号	公差带的定义	标注示例及解释
直线度　—	1. 在给定平面内 公差带为在平行于（相交平面框格给定的）基准 A 的给定平面内和给定方向上，间距等于公差值 t 的两平行直线所限定的区域，见图 1 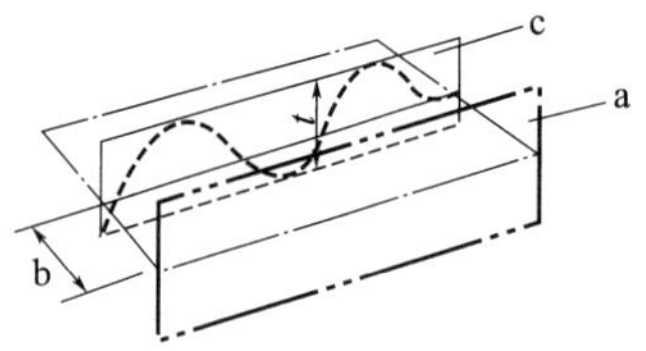 a—基准 A； b—任意距离； c—平行于基准 A 的相交平面 图 1	在由相交平面框格规定的平面内，被测上平面的提取线应限定在间距等于 0.1 的两平行直线之间，见图 2 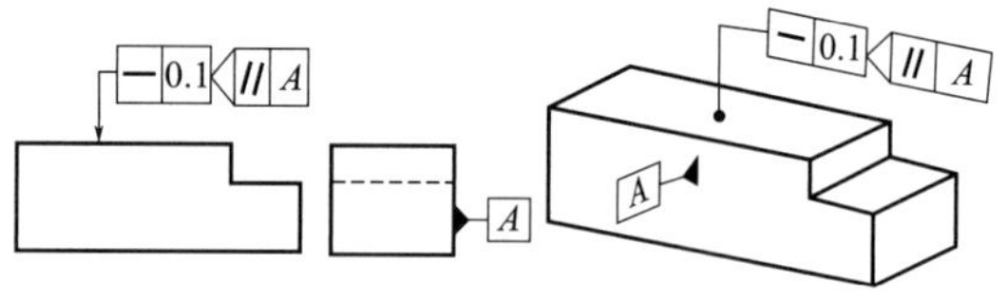 (a) 2D　　　(b) 3D 图 2
	2. 在给定方向上 公差带为间距等于公差值 t 的两平行平面所限定的区域，见图 3 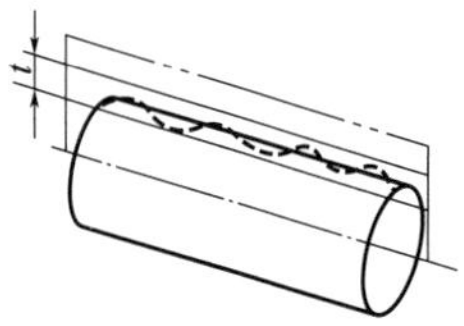 图 3	圆柱表面提取的素线应限定在间距等于 0.1 的两平行平面之间，见图 4 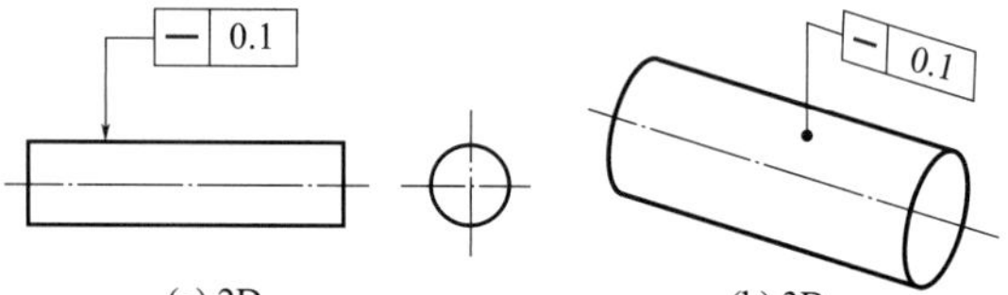 (a) 2D　　　(b) 3D 图 4
	3. 在任意方向上 公差带为直径等于公差值 ϕt 的圆柱面所限定的区域，见图 5 注意：公差值前加注符号 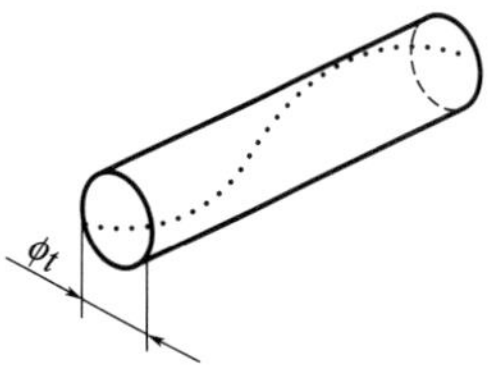 ϕ 图 5	外圆柱面的提取中心线应限定在直径等于 $\phi 0.08$ 的圆柱面内，见图 6 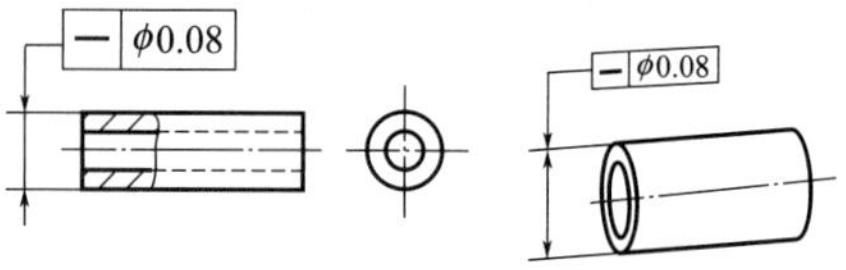 (a) 2D　　　(b) 3D 图 6

续表

几何特征及符号	公差带的定义	标注示例及解释
平面度 ▱	公差带为间距等于公差值 t 的两平行平面所限定的区域,见图 7 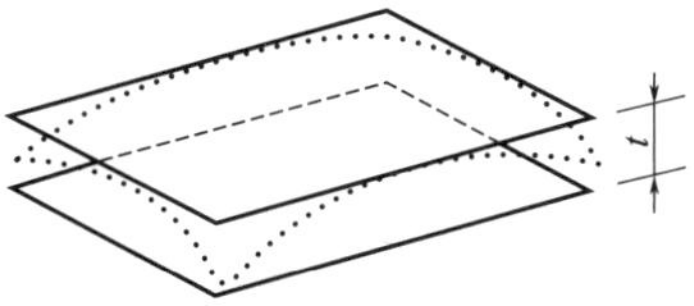 图 7	提取表面应限定在间距等于 0.08 的两平行平面之间,见图 8 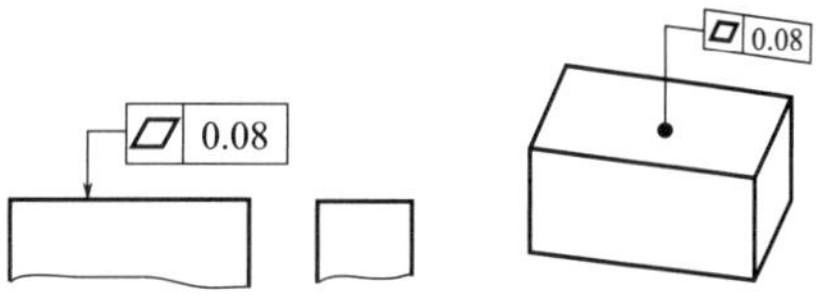 (a) 2D　　(b) 3D 图 8
圆度 ○	公差带为在给定横截面内、半径差等于公差值 t 的两同心圆所限定的区域,见图 9 a—任意相交平面(任意横截面) 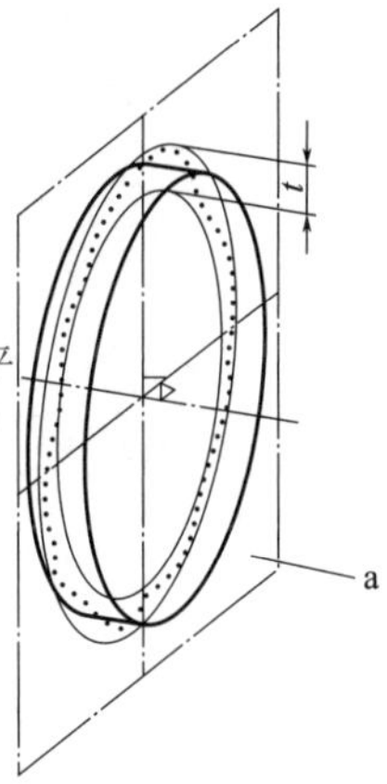 图 9	在圆柱面与圆锥面的任意横截面内,提取圆周应限定在半径差等于 0.03 的两共面同心圆之间。这是圆柱表面的缺省应用方式,而对于圆锥表面应使用方向要素框格进行标注,公差带垂直于被测要素的轴线,见图 10 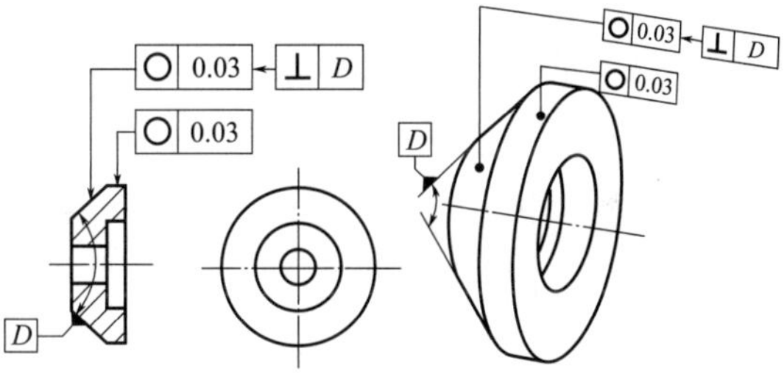 (a) 2D　　(b) 3D 图 10
	公差带为在给定横截面内,沿表面距离为 t 的两个在圆锥面上的圆所限定区域,见图 11 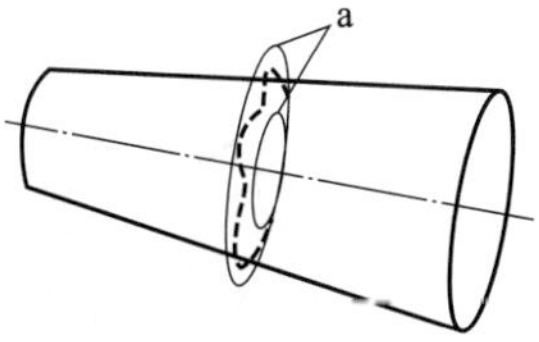 a—在圆锥表面上垂直于基准 C 的圆 图 11	提取圆周线位于该表面的任意横截面上,由被测要素和与其同轴的圆锥相交定义,并且其锥角可确保该圆锥与被测要素垂直。该提取圆周线应限定在距离等于 0.1 的位于相交圆锥上的两个圆之间,如方向要素框格所示,公差带垂直于被测要素的表面,见图 12 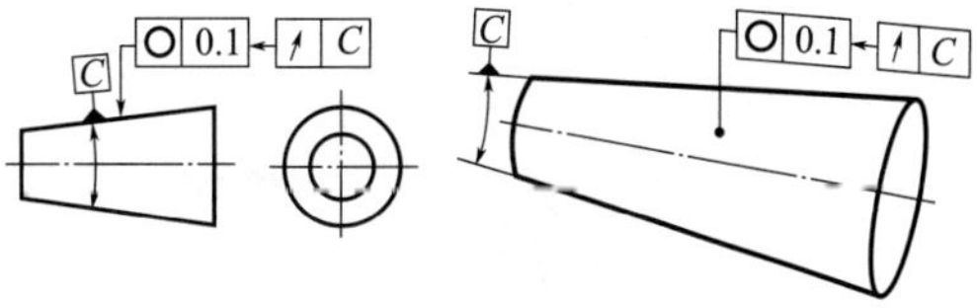 (a) 2D　　(b) 3D 图 12

续表

几何特征及符号	公差带的定义	标注示例及解释
圆柱度 ⌭	公差带为半径差等于公差值 t 的两同轴圆柱面所限定的区域，见图 13 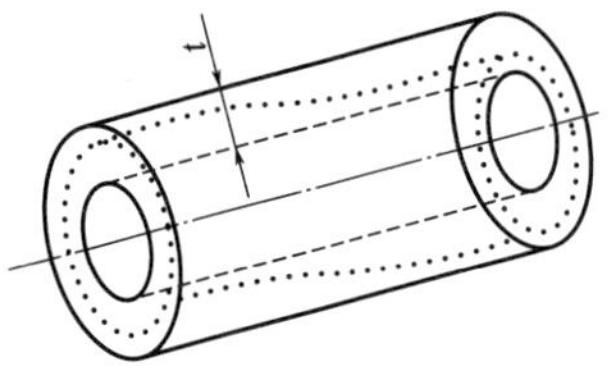 图 13	提取圆柱表面应限定在半径差等于 0.1 的两同轴圆柱面之间，见图 14 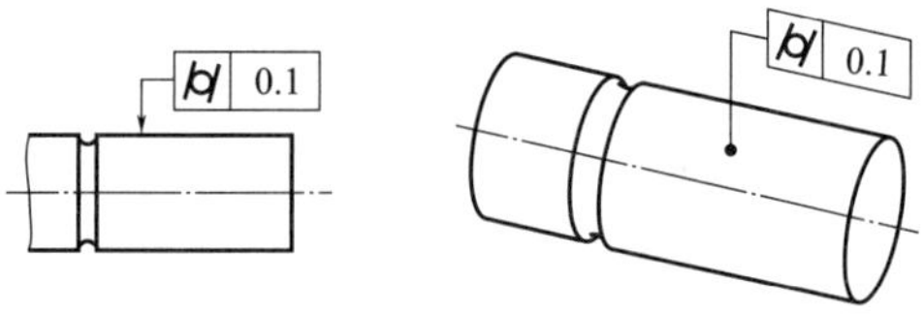 (a) 2D (b) 3D 图 14
线轮廓度 ⌒	无基准的线轮廓度 公差带为直径等于公差值 t、圆心位于具有理论正确几何形状上的一系列圆的两包络线所限定的区域，见图 15 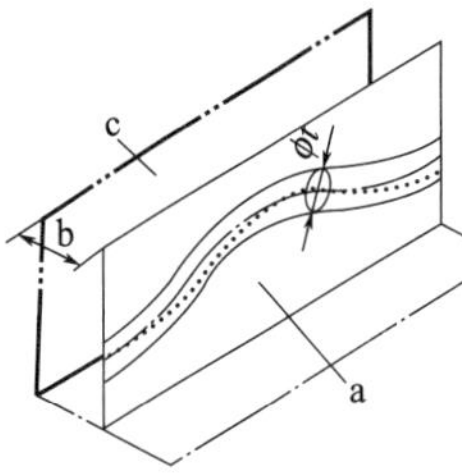 a—基准平面 A； b—任意距离； c—平行于基准平面 A 的平面 图 15	在任一平行于基准平面 A 的截面内，提取轮廓线应限定在直径等于 0.04、圆心位于被测要素理论正确几何形状上的一系列圆的两等距包络线之间，可使用 UF 表示组合要素上的三个圆弧组成联合要素，见图 16 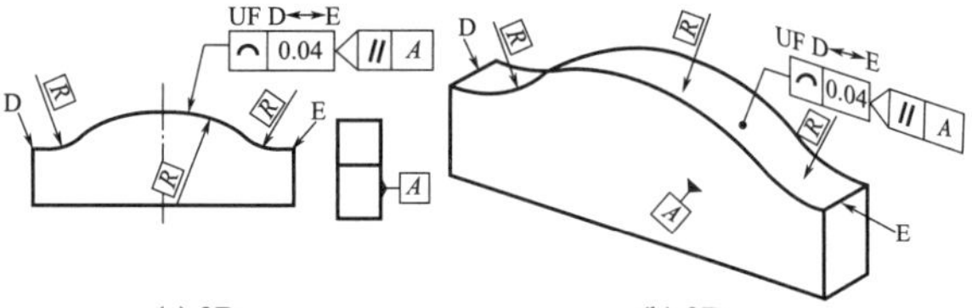 (a) 2D (b) 3D 图 16
面轮廓度 ⌓	无基准的面轮廓度 公差带为直径等于公差值 t、球心位于具有理论正确几何形状上的一系列圆球的两包络面所限定的区域，见图 17 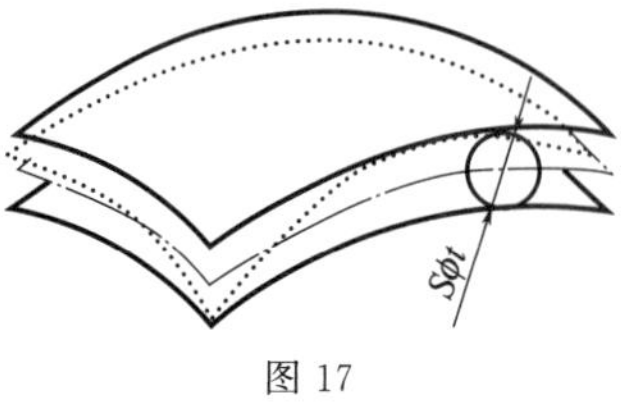 图 17	提取轮廓面应限定在直径等于 0.02、球心位于被测要素理论正确几何形状上的一系列圆球的两等距包络面之间，见图 18 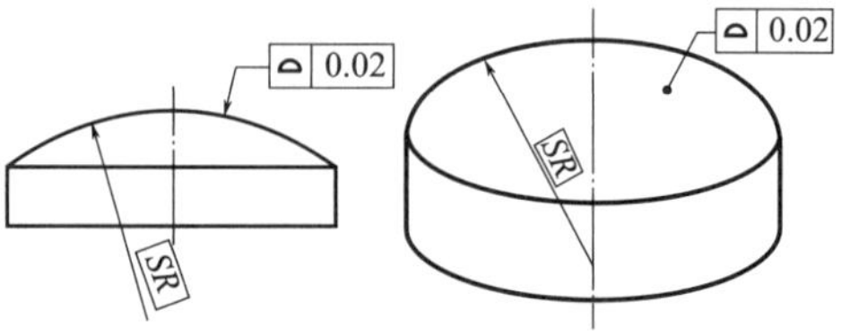 (a) 2D (b) 3D 图 18

3.3.2 方向公差及公差带

方向公差是指关联实际要素对基准在方向上允许的变动全量。包括平行度、垂直度和倾斜度三种。

方向公差带相对基准有确定的方向,其位置可在尺寸公差带内浮动。方向公差带具有综合控制被测要素方向和形状的功能,因此,通常对同一被测要素当给出方向公差后,不再对该要素提出形状公差要求。如果确实需要对它的形状精度提出更高要求时,可以在给出方向公差的同时,再给出形状公差,但形状公差值一定要小于方向公差值。

拓展阅读
方向公差

表 3-4 列出了方向公差及其公差带的定义、标注示例及解释,仅供参考。

表 3-4 方向公差带的定义、标注示例及解释(摘自 GB/T 1182—2018)

几何特征及符号		公差带的定义	标注示例及解释
平行度 ∥	相对于基准体系的中心线平行度公差	公差带为间距等于公差值 t、平行于两基准(基准轴线和平面)且沿规定方向的两平行平面所限定的区域,见图 1 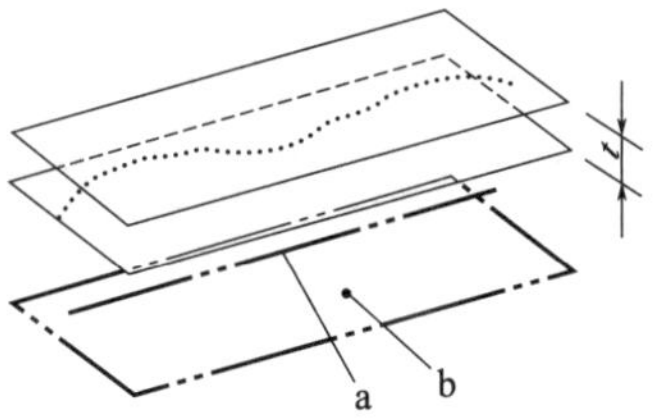 a—基准 A;b—基准 B 图 1	提取中心线应限定在间距等于 0.1、平行于基准轴线 A 的两平行平面之间。限定公差带的平面均平行于由定向平面框格规定的基准平面 B。基准 B 为基准 A 的辅助基准,见图 2 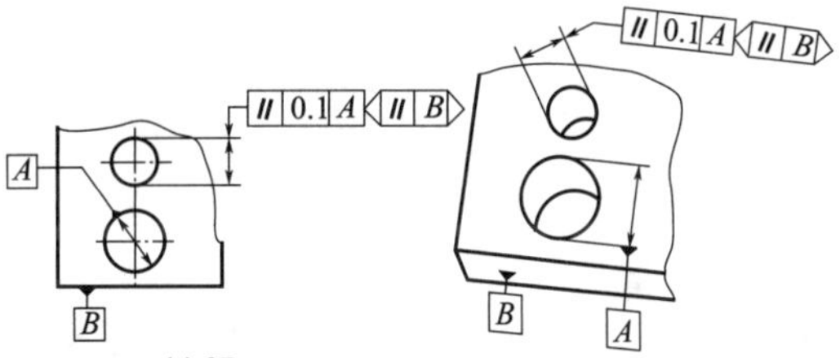 (a) 2D　　(b) 3D 图 2
		公差带为间距等于公差值 t、平行于基准轴线 A 且垂直于基准平面 B 的两平行平面所限定的区域,见图 3 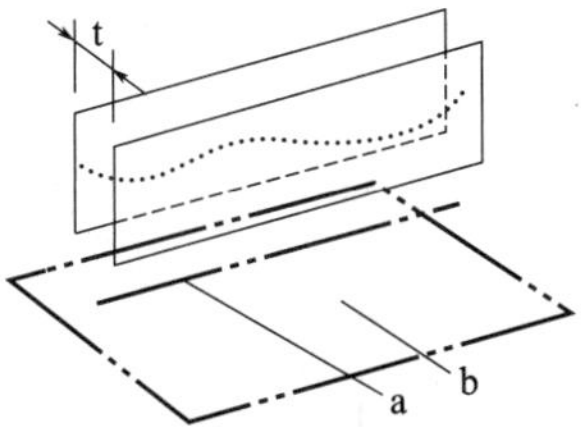 a—基准轴线 A;b—基准平面 B 图 3	提取中心线应限定在间距等于 0.1、平行于基准轴线 A 的两平行平面之间。限定公差带的平面均垂直于由定向平面框格规定的基准平面 B。基准 B 为基准 A 的辅助基准,见图 4 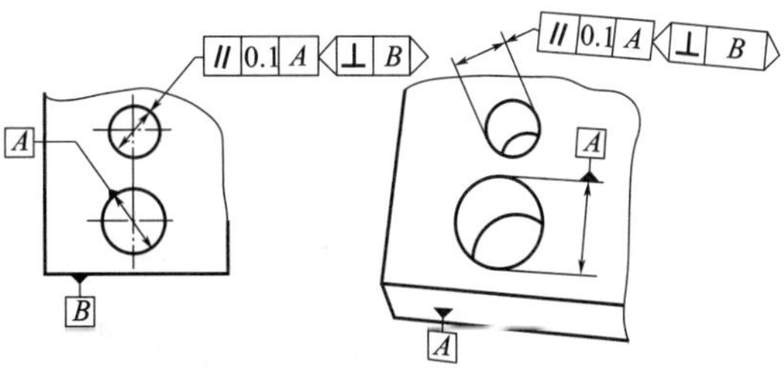 (a) 2D　　(b) 3D 图 4

续表

几何特征及符号		公差带的定义	标注示例及解释
平行度 ∥	相对于基准体系的中心线平行度公差	公差带为两对间距分别等于 0.1 和 0.2，且平行于基准轴线 A 的平行平面之间。定向平面框格规定了 0.2 的公差带垂直于定向平面 B；定向平面框格规定了 0.1 的公差带平行于定向平面 B，见图 5。 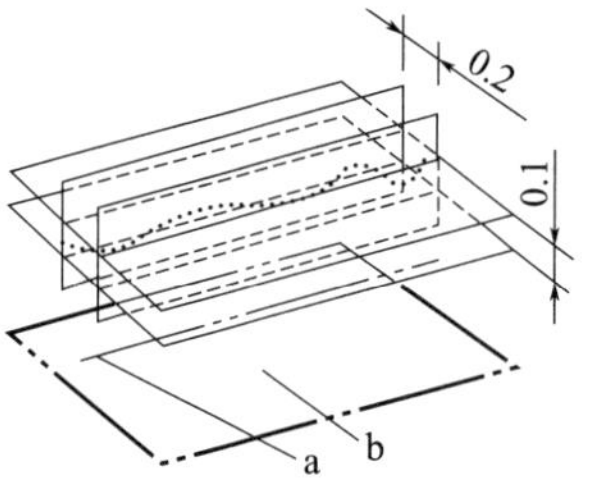 a—基准轴线 A；b—基准平面 B 图 5	提取中心线应限定在两对间距分别等于 0.1 和 0.2，且平行于基准轴线 A 的平行平面之间。定向平面框格规定了公差带宽度相对于基准平面 B 的方向，其中 0.2 的公差带的限定平面垂直于定向平面 B，0.1 的公差带的限定平面平行于定向平面 B，见图 6 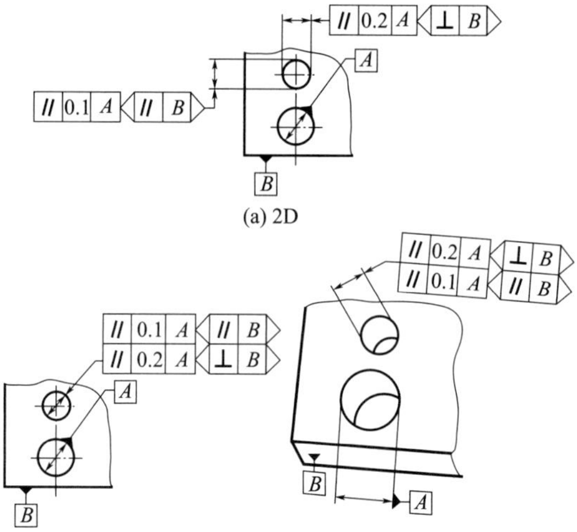 (a) 2D　(b) 2D　(c) 3D 图 6
	相对于基准直线的中心线平行度公差	公差带为平行于基准轴线、直径等于公差值 ϕt 的圆柱面所限定的区域，见图 7 注：公差值前加注符号 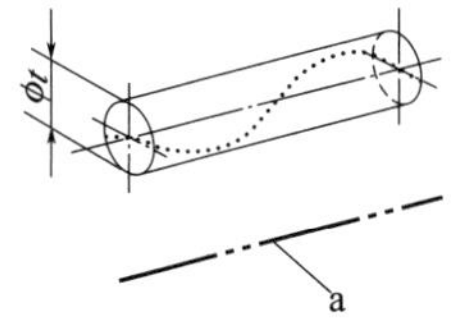 ϕ a—基准轴线 A 图 7	提取中心线应限定在平行于基准轴线 A、直径等于 $\phi 0.03$ 的圆柱面内，见图 8 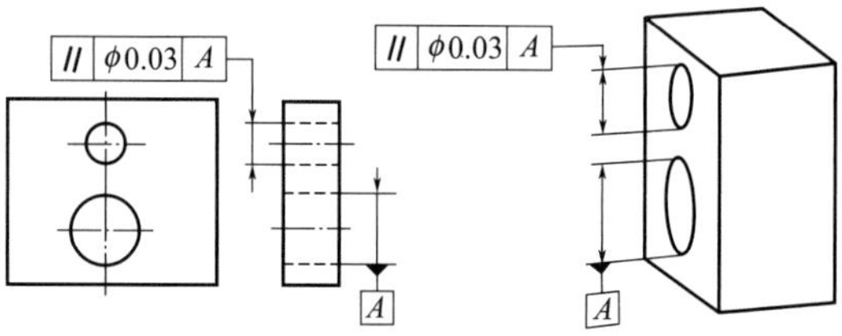 (a) 2D　(b) 3D 图 8
	相对于基准面的中心线平行度公差	公差带是平行于基准平面、距离为公差值 t 的两平行平面所限定的区域，见图 9 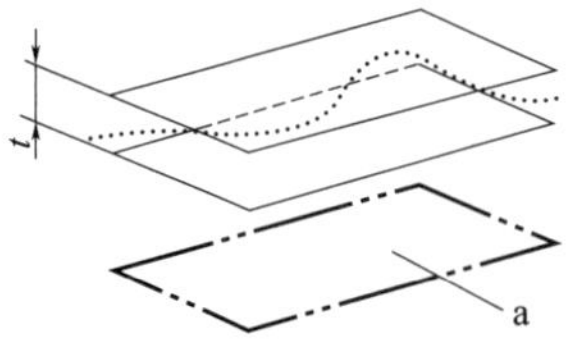 a—基准平面 B 图 9	提取中心线应限定在平行于基准平面 B、间距等于 0.01 的两平行平面之间，见图 10 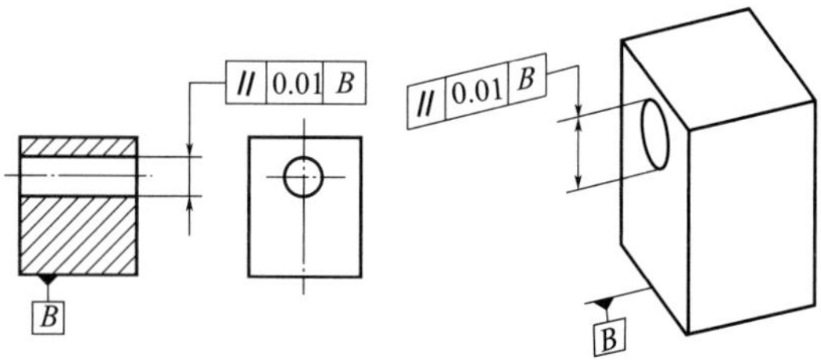 (a) 2D　(b) 3D 图 10

续表

几何特征及符号	公差带的定义	标注示例及解释
平行度 ∥ — 相对于基准面的一组在表面上的线平行度公差	公差带为间距等于公差值 t 的两平行直线所限定的区域,该两平行直线平行于基准平面 A 且处于平行于基准平面 B 的平面内,见图 11 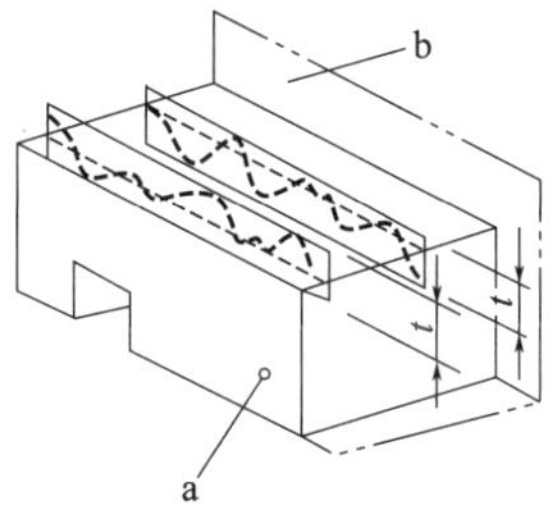 a—基准 A;b—基准 B 图 11	每条由相交平面框格规定的、平行于基准平面 B 的提取线,应限定在间距等于 0.02、平行于基准平面 A 的两平行线之间。基准 B 为基准 A 的辅助基准,见图 12 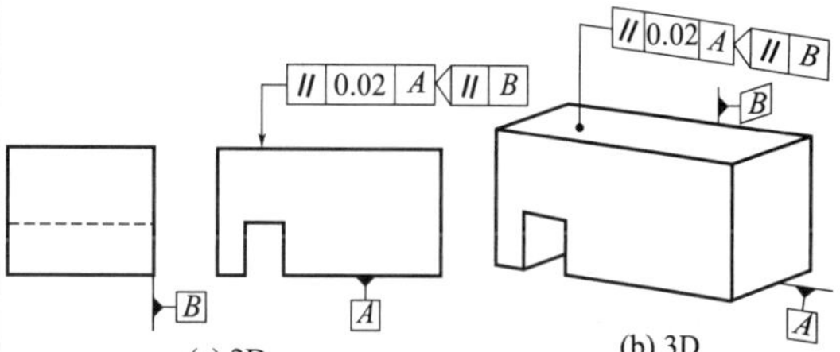 (a) 2D　　(b) 3D 图 12
平行度 ∥ — 相对于基准直线的平面平行度公差	公差带为间距等于公差值 t、平行于基准轴线的两平行平面所限定的区域,见图 13 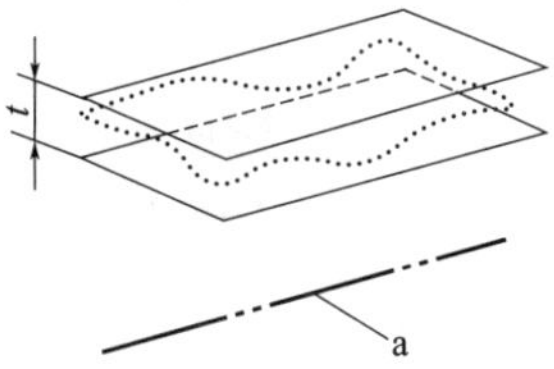 a—基准 C 图 13	提取表面应限定在间距等于 0.1、平行于基准轴线 C 的两平行平面之间,见图 14 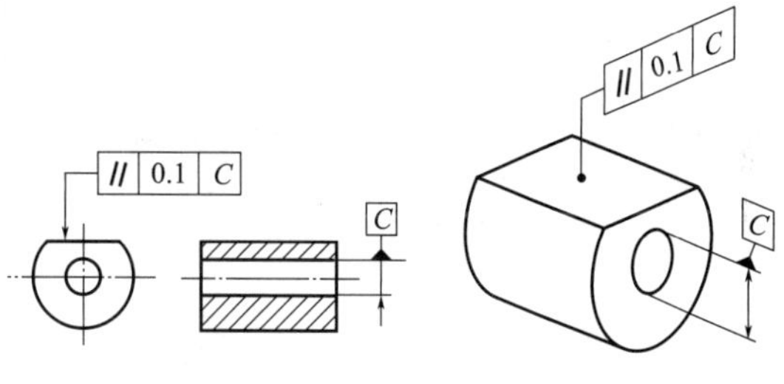 (a) 2D　　(b) 3D 图 14
平行度 ∥ — 相对于基准面的平面平行度公差	公差带为间距等于公差值 t、平行于基准平面的两平行平面所限定的区域,见图 15 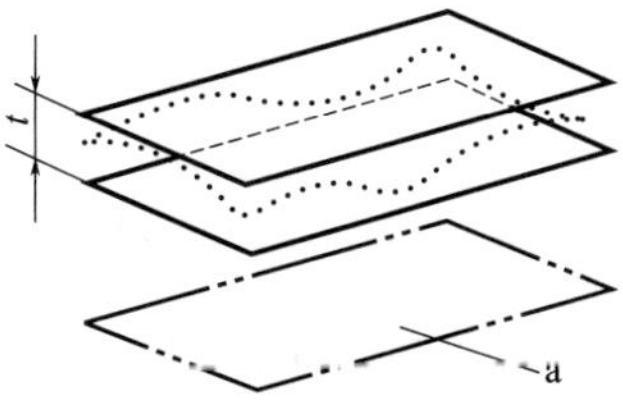 a—基准 D 图 15	提取表面应限定在间距等于 0.01、平行于基准平面 D 的两平行平面之间,见图 16 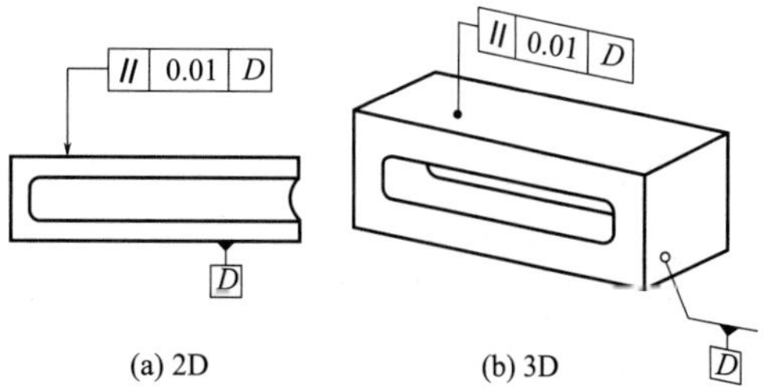 (a) 2D　　(b) 3D 图 16

续表

几何特征及符号		公差带的定义	标注示例及解释
垂直度 ⊥	相对于基准体系的中心线垂直度公差	公差带为间距等于公差值 t 的两平行平面所限定的区域,该两平行平面垂直于基准平面 A,且平行于辅助基准平面 B,见图17 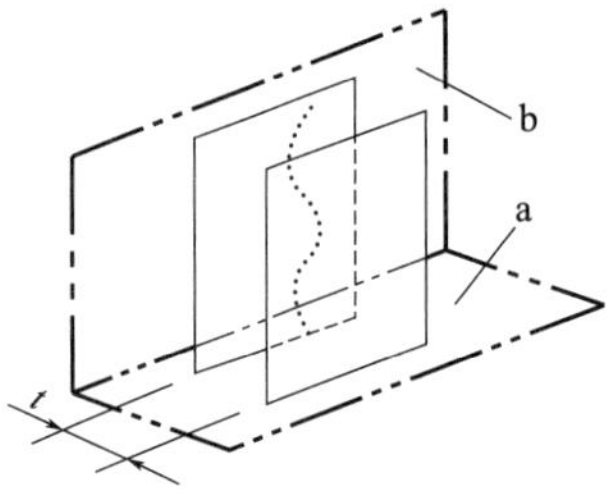 a—基准 A；b—基准 B 图17	圆柱面的提取中心线应限定在间距等于0.1的两平行平面之间,该两平行平面垂直于基准平面且方向由基准平面 B 规定。基准 B 为基准 A 的辅助基准,见图18 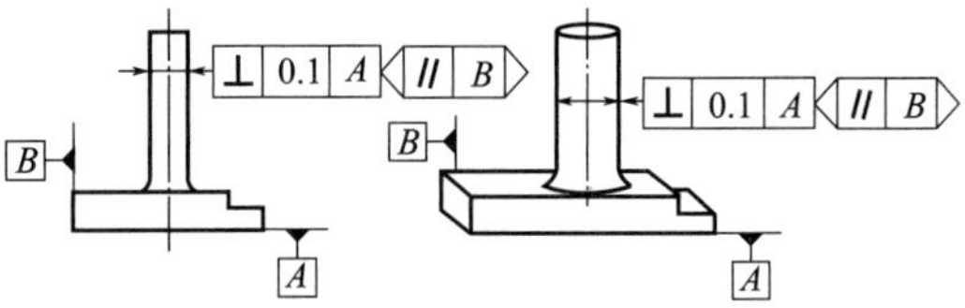 (a) 2D　　(b) 3D 图18
		公差带为间距等于公差值0.1和0.2,且相互垂直的两组平行平面所限定的区域,该两组平行平面都垂直于基准平面 A,其中一组平行平面垂直于辅助基准平面 B,见图19;而另一组平行平面平行于辅助基准平面 B,见图20 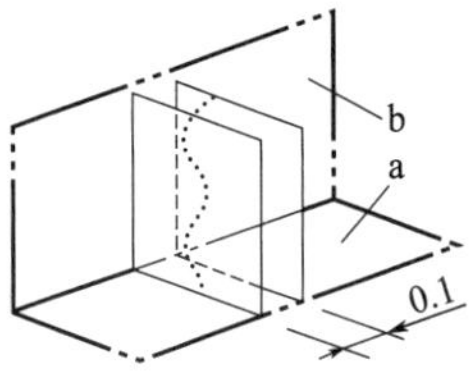 a—基准 A；b—基准 B 图19 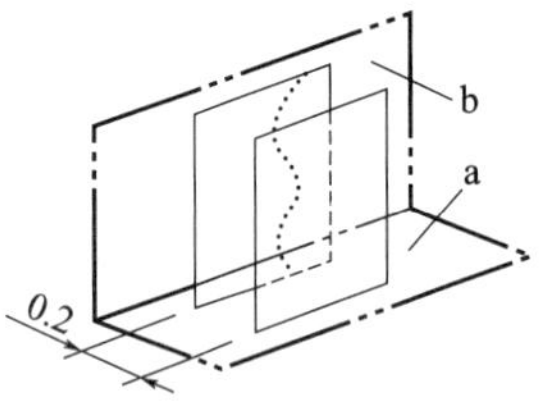 a—基准 A；b—基准 B 图20	圆柱面的提取中心线应限定在间距等于0.1和0.2,且垂直于基准平面 A 的两组平行平面之间。公差带的方向使用定向平面框格由基准平面 B 规定,基准 B 是基准 A 的辅助基准,见图21 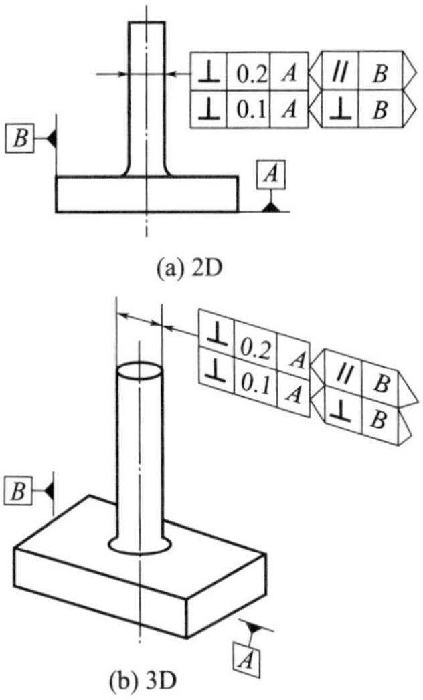 (a) 2D (b) 3D 图21
	相对于基准直线的中心线垂直度公差	公差带为间距等于公差值 t、垂直于基准轴线的两平行平面所限定的区域,见图22 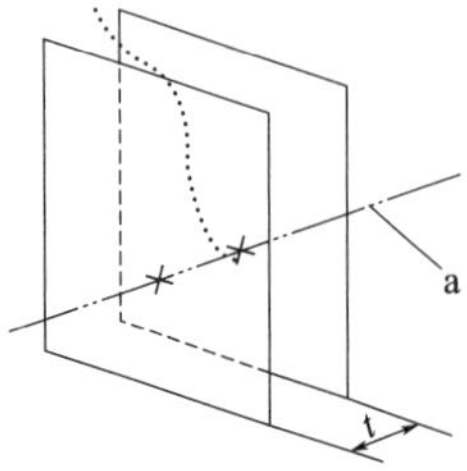 a—基准 A 图22	提取中心线应限定在间距等于0.06、垂直于基准轴线 A 的两平行平面之间,见图23 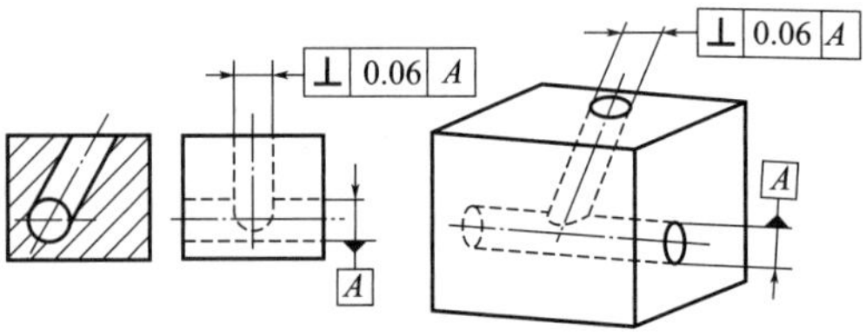 (a) 2D　　(b) 3D 图23

续表

几何特征及符号	公差带的定义	标注示例及解释
垂直度 ⊥ — 相对于基准面的中心线垂直度公差	公差带为直径等于公差值 ϕt、轴线垂直于基准平面的圆柱面所限定的区域,见图24 注意:公差值前加注符号 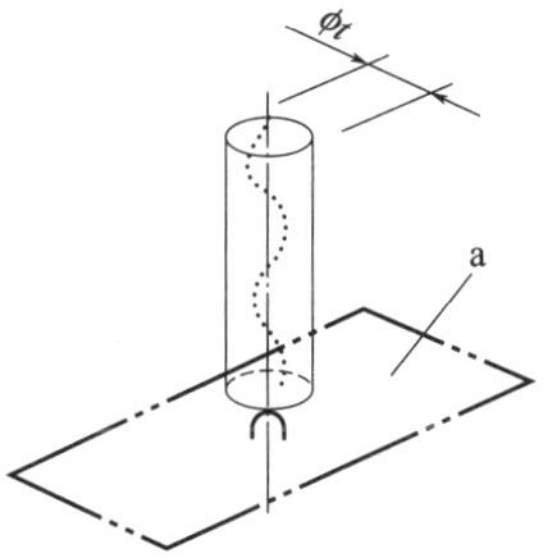 ϕ a—基准 A 图24	圆柱面的提取中心线应限定在直径等于 $\phi 0.01$、垂直于基准平面 A 的圆柱面内,见图25 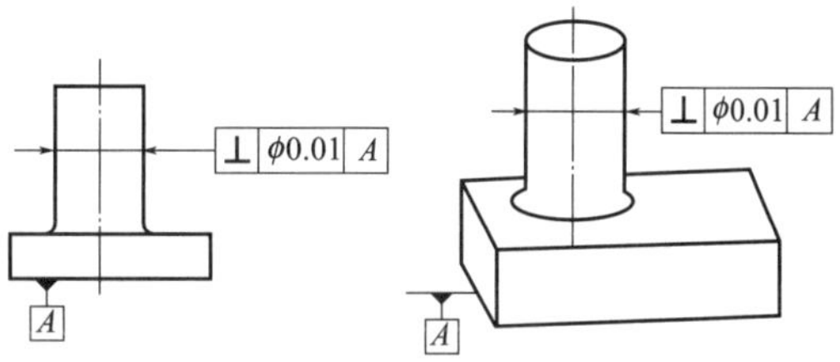 (a) 2D　(b) 3D 图25
垂直度 ⊥ — 相对于基准直线的平面垂直度公差	公差带为间距等于公差值 t 且垂直于基准轴线的两平行平面所限定的区域,见图26 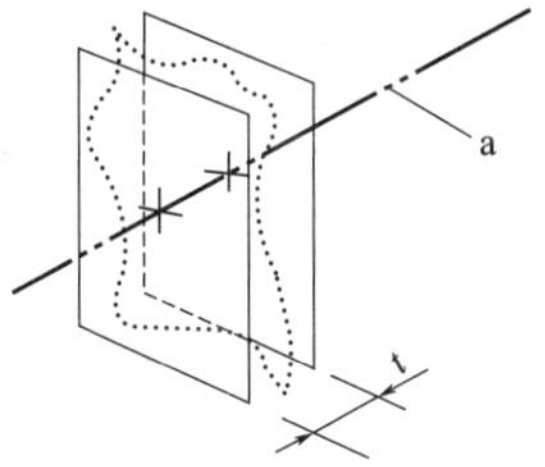 a—基准 A 图26	提取表面应限定在间距等于 0.08 的两平行平面之间,该两平行平面垂直于基准轴线 A,见图27 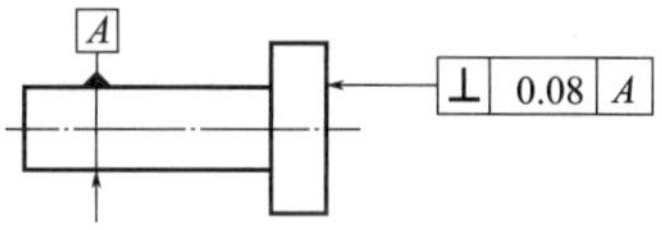 (a) 2D 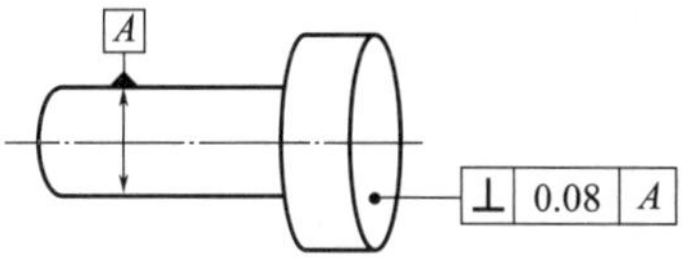 (b) 3D 图27
垂直度 ⊥ — 相对于基准面的平面垂直度公差	公差带为间距等于公差值 t、垂直于基准平面的两平行平面所限定的区域,见图28 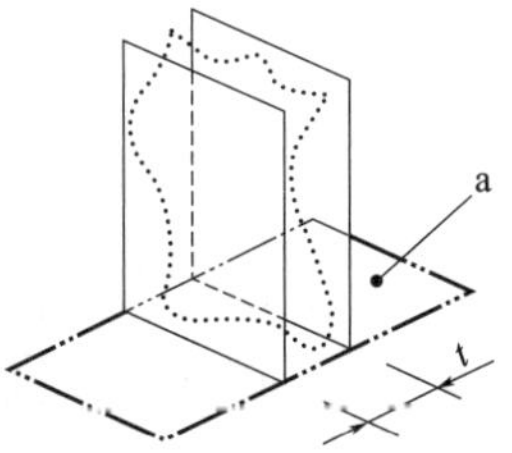 a—基准 A 图28	提取表面应限定在间距等于 0.08、垂直于基准平面 A 的两平行平面之间,见图29 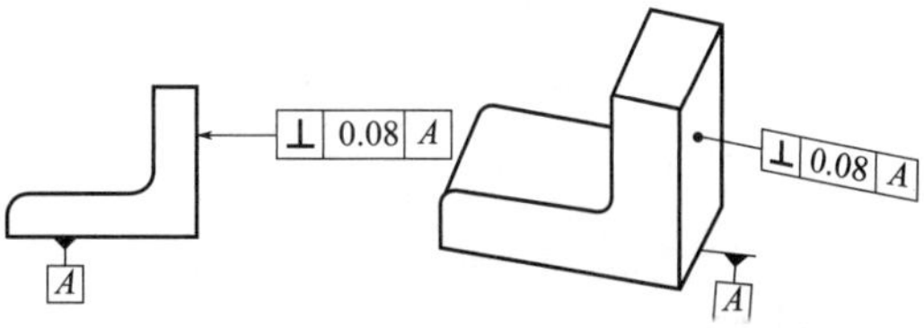 (a) 2D　(b) 3D 图29

续表

几何特征及符号	公差带的定义	标注示例及解释
倾斜度 ∠	相对于基准直线的中心线倾斜度公差 被测线与基准线在不同的平面内 公差带为直径等于公差值 ϕt 的圆柱面所限定的区域,该圆柱面按规定角度倾斜于基准,见图 30 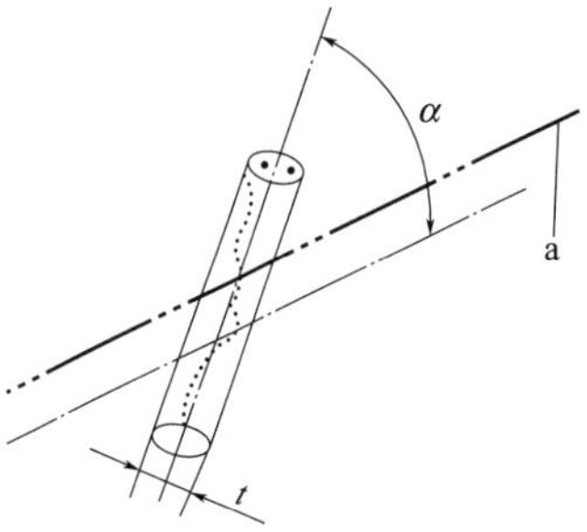 a—公共基准 $A-B$ 图 30	提取中心线应限定在直径等于 $\phi 0.08$ 的圆柱面所限定的区域,该圆柱按理论正确角度 $60°$ 倾斜于公共基准轴线 $A-B$,见图 31 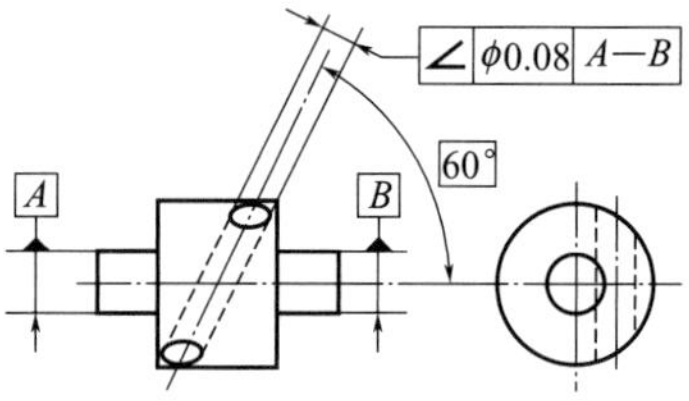 (a) 2D 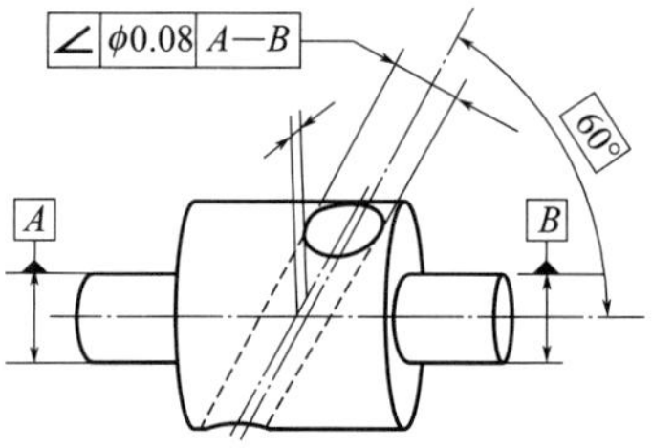 (b) 3D 图 31
	被测线与基准线在不同的平面内 公差带为间距等于公差值 t 两平行平面所限定的区域,该两平行平面按规定角度倾斜于基准轴线,见图 32 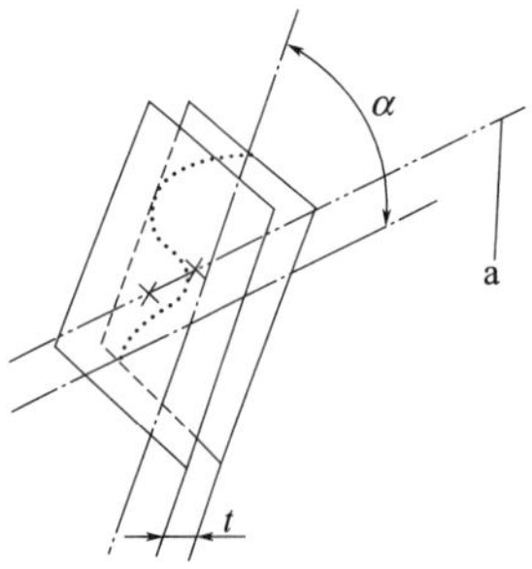 a—公共基准 $A-B$ 图 32	提取中心线应限定在间距等于 0.08 的两平行平面之间,该两平行平面按理论正确角度 $60°$ 倾斜于公共基准轴线 $A-B$,见图 33 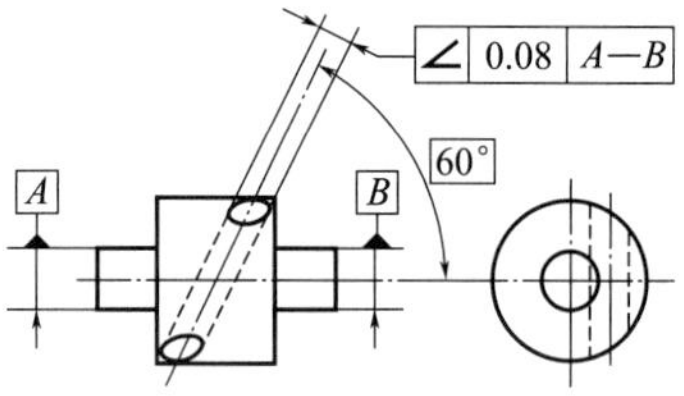 (a) 2D 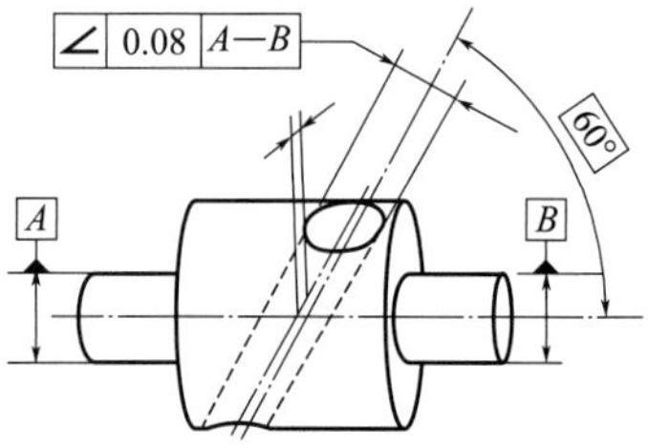 (b) 3D 图 33

几何特征及符号	公差带的定义	标注示例及解释
倾斜度 ∠ — 相对于基准体系的中心线倾斜度公差	公差带为直径等于公差值 ϕt 圆柱面所限定的区域,该圆柱面公差带的轴线按规定角度倾斜于基准平面 A 且平行于基准平面 B,见图 34 注意:公差值前加注符号 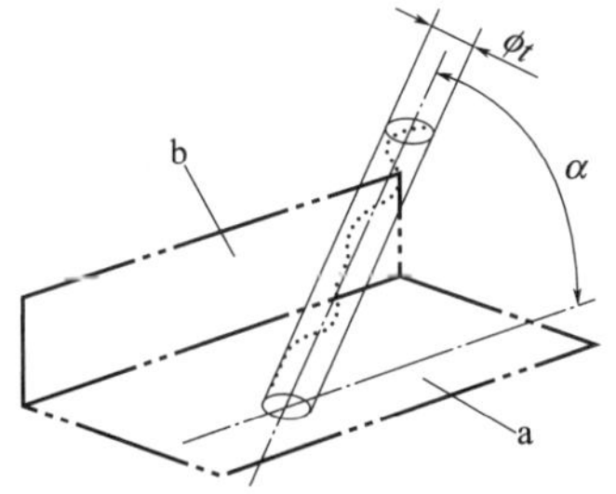 ϕ a—基准 A;b—基准 B 图 34	提取中心线应限定在直径等于 $\phi 0.1$ 的圆柱面内,该圆柱面的中心线按理论正确角度 60°倾斜于基准平面 A 且平行于基准平面 B,见图 35 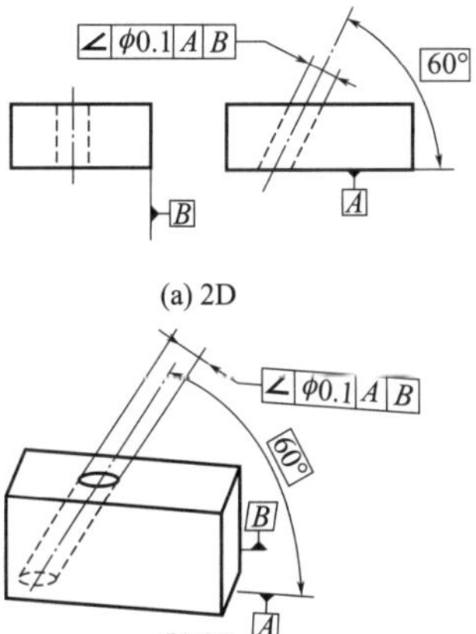 (a) 2D (b) 3D 图 35
倾斜度 ∠ — 相对于基准直线的平面倾斜度公差	公差带为间距等于公差值 t 两平行平面所限定的区域,该两平行平面按规定角度倾斜于基准轴线,见图 36 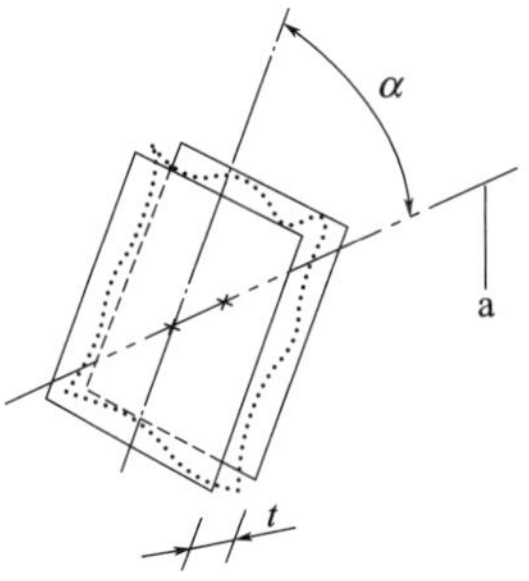 a—基准 A 图 36	提取表面应限定在间距等于 0.1 的两平行平面之间,该两平行平面按理论正确角度 75°倾斜于基准轴线 A,见图 37 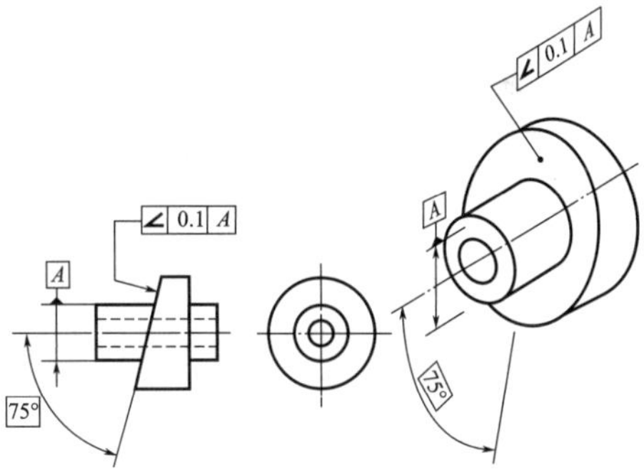 (a) 2D (b) 3D 图 37
倾斜度 ∠ — 相对于基准面的平面倾斜度公差	公差带为间距等于公差值 t 两平行平面所限定的区域,该两平行平面按规定角度倾斜于基准平面,见图 38 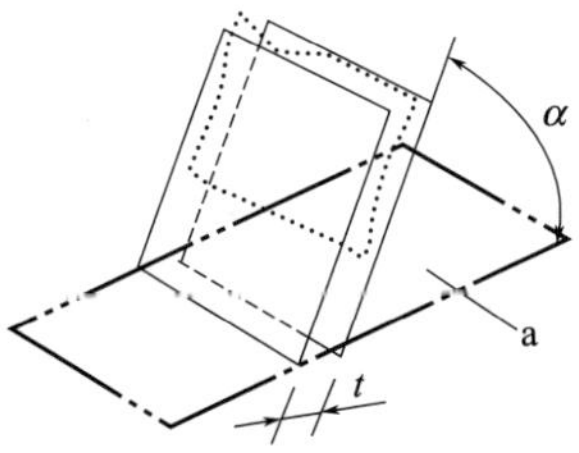 a—基准 A 图 38	提取表面应限定在间距等于 0.08 的两平行平面之间,该两平行平面按理论正确角度 40°倾斜于基准平面 A,见图 39 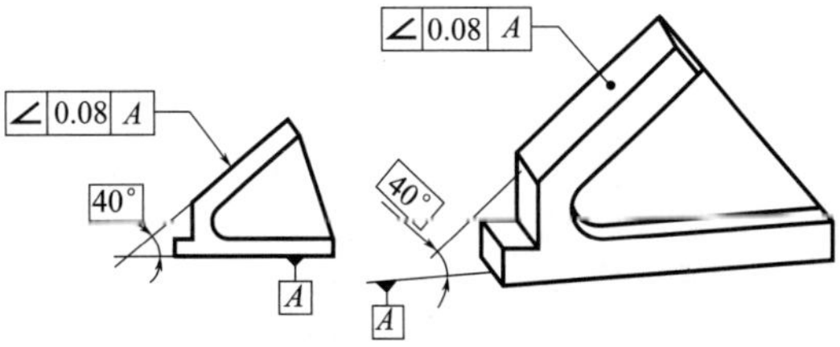 (a) 2D (b) 3D 图 39

3.3.3 位置公差及公差带

位置公差是指关联实际要素对基准在位置上允许的变动全量，包括位置度、同轴（同心）度、对称度和有基准的线面轮廓度。

位置公差带相对于基准具有正确的位置，位置由理论正确尺寸确定，同轴度和对称度的理论正确尺寸为零。位置公差具有综合控制被测要素位置、方向和形状的功能。对于给出位置公差的被测要素，一般不再提出方向或形状公差的要求。只有对被测要素的方向或形状精度有更高要求时，才另行给出形状或方向公差，且应满足 $t_{位置} > t_{方向} > t_{形状}$。

表 3-5 列出了位置公差带的定义、标注示例及解释，仅供参考。

3.3.4 跳动公差及公差带

跳动公差是指关联实际要素绕基准回转一周或连续回转时所允许的最大跳动量，跳动量为指示表的最大和最小示值之差。跳动公差是按特定测量方法定义的公差项目，它的被测要素为回转表面或端面，基准要素为轴线。

跳动公差分为圆跳动和全跳动两种。

圆跳动是指被测要素在某个测量截面内相对于基准轴线的跳动量，圆跳动有径向圆跳动、轴向圆跳动和斜向圆跳动；全跳动是指整个被测要素相对于基准轴线的跳动量，全跳动有径向全跳动和轴向全跳动。

表 3-5　位置公差带的定义、标注示例及解释（摘自 GB/T 1182—2018）

几何特征及符号		公差带的定义	标注示例及解释
位置度 ⌖	导出点的位置度公差	公差带为直径等于公差值 $S\phi t$ 的圆球面所限定的区域，该圆球面的中心的位置由相对于基准平面 A、B、C 的理论正确尺寸确定，见图 1 注意：公差值前加注符号 $S\phi$ 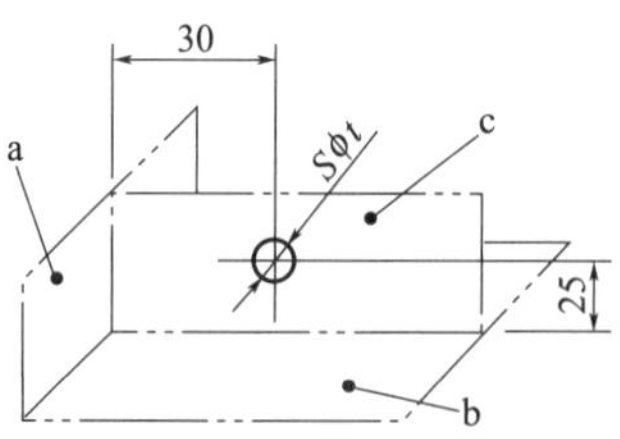 a—基准 A；b—基准 B；c—基准 C 图 1	提取球心应限定在直径等于 $S\phi 0.3$ 的圆球内、该圆球的中心与基准平面 A、基准平面 B、基准中心平面 C 及被测球所确定的理论正确位置一致，见图 2 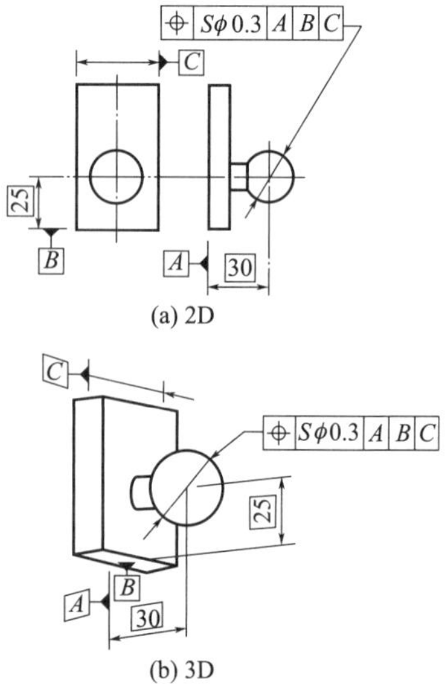 (a) 2D (b) 3D 图 2

第 3 章　几何公差

续表

几何特征及符号		公差带的定义	标注示例及解释
位置度 ⌖	中心线的位置度公差	当给定一个方向的公差时,6 个被测要素的每个公差带为间距等于公差值 0.1、对称于被测要素中心线的两平行平面所限定的区域,中心平面的位置由相对于基准平面 A、B 的理论正确尺寸确定,见图 3 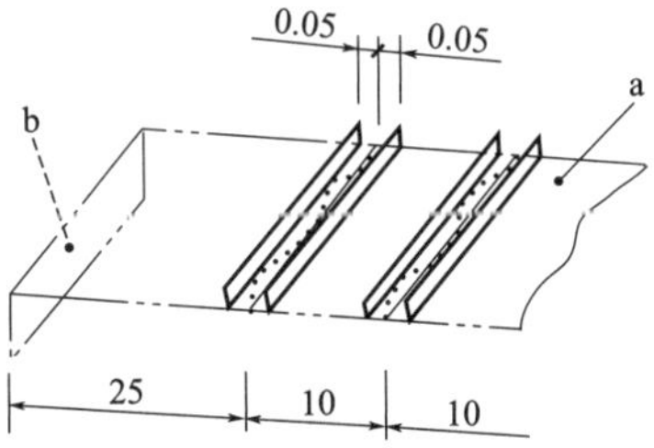 a—基准 A;b—基准 B 图 3	各条刻线的提取中心线应限定在间距等于 0.1、对称于基准平面 A、B 与被测线所确定的理论正确位置的两平行平面之间,见图 4 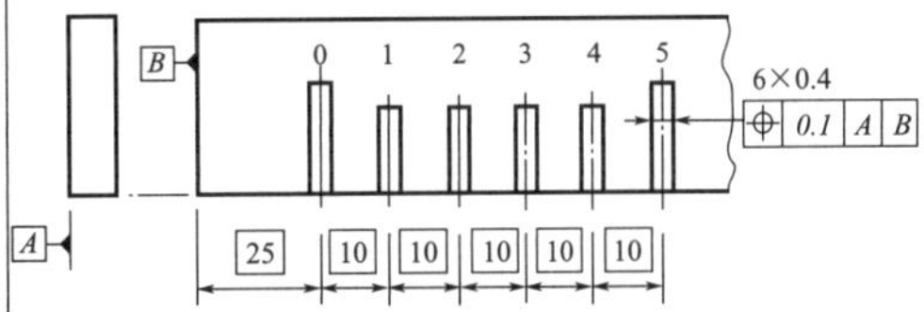 (a) 2D 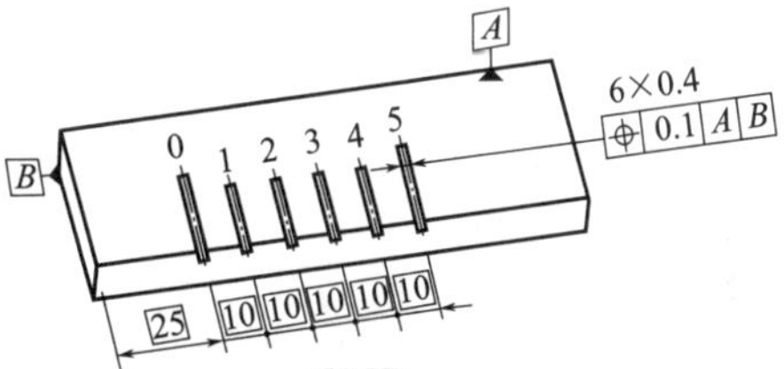 (b) 3D 图 4
		当给定两个方向的公差时,公差带为间距等于公差值 0.05 和 0.2、对称于理论正确位置的两对相互垂直的平行平面所限定的区域。该理论正确位置由相对于基准平面 C、A 和 B 的理论正确尺寸确定,见图 5 和图 6 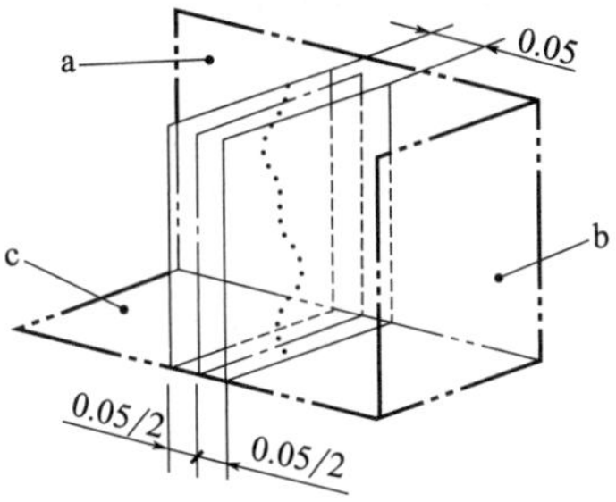 图 5 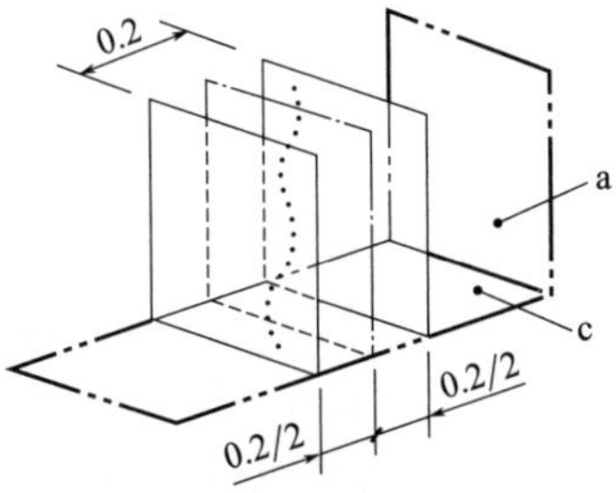 a—第二基准 A,与基准 C 垂直; b—第三基准 B,与基准 C 以及第二基准 A 垂直; c—基准 C 图 6	各孔的提取中心线在给定方向上应各自限定在间距分别等于 0.05 和 0.2,且相互垂直的两对平行平面内。每对平行平面的方向由基准体系确定,且对称于由基准平面 C、A、B 及被测孔所确定的理论正确位置,见图 7 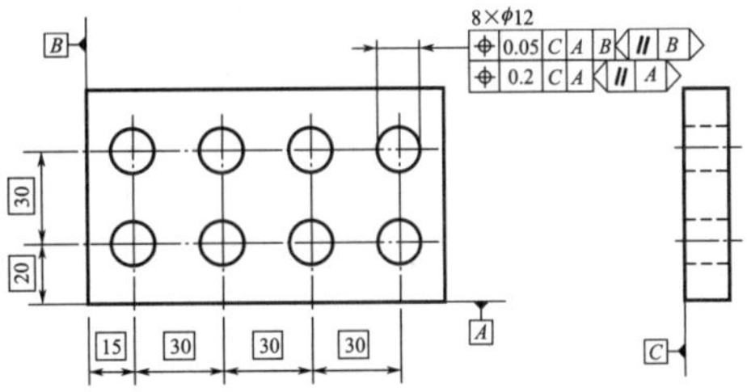 (a) 2D 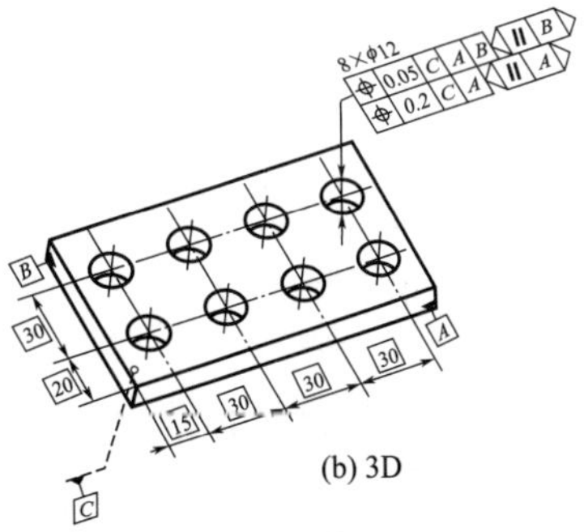 (b) 3D 图 7

续表

几何特征及符号		公差带的定义	标注示例及解释
位置度 ⊕	中心线的位置度公差	任意方向上的位置度，公差带为直径等于公差值 ϕt 的圆柱面所限定的区域，该圆柱面轴线的位置由相对于基准平面 C、A、B 的理论正确尺寸确定，见图 8 注意：公差值前加注符号 ϕ a—基准 A；b—基准 B；c—基准 C 图 8	提取中心线应限定在直径等于 $\phi 0.08$ 的圆柱面内，该圆柱面的轴线应处于由基准平面 C、A、B 与被测孔所确定的理论正确位置上，见图 9 (a) 2D (b) 3D 图 9 各孔的提取中心线应各自限定在直径等于 $\phi 0.1$ 的圆柱面内。该圆柱面的轴线应处于由基准平面 C、A、B 与被测孔所确定的理论正确位置上，见图 10 (a) 2D (b) 3D 图 10

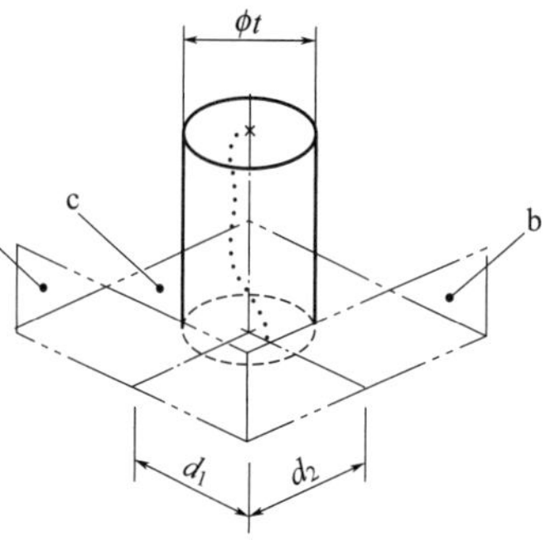

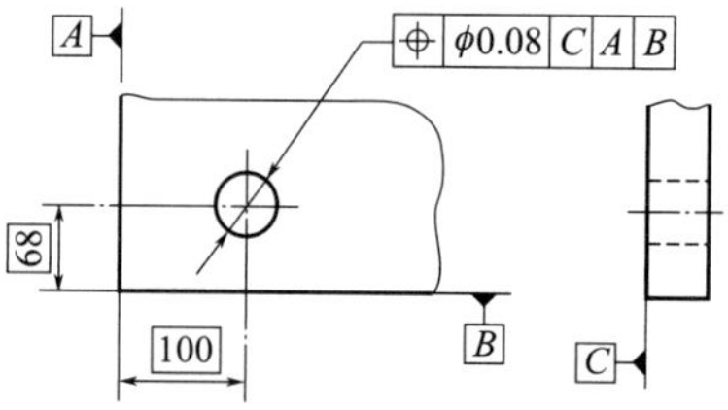

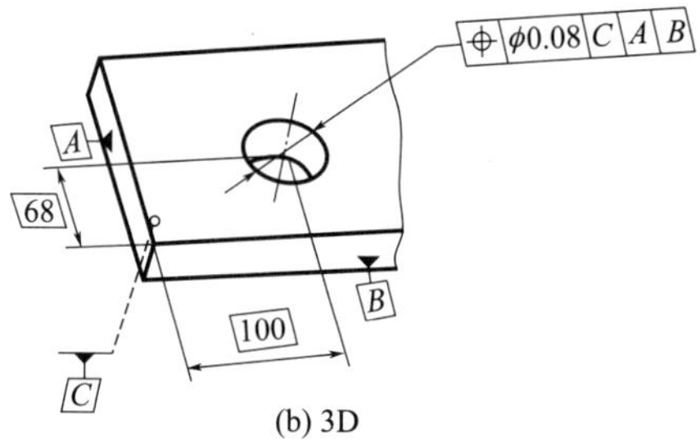

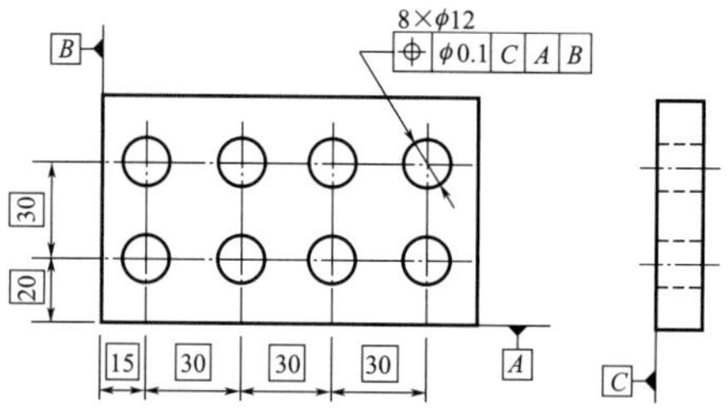

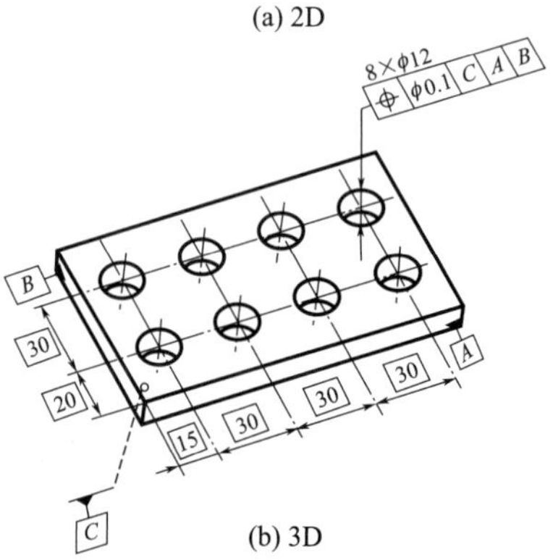

续表

几何特征及符号	公差带的定义	标注示例及解释
位置度 ⌖	**平面的位置度公差** 公差带为间距等于公差值 t、且对称于被测面的理论正确位置的两平行平面所限定的区域。该两平行平面对称于由相对于基准 A、B 的理论正确尺寸所确定的理论正确位置,见图 11 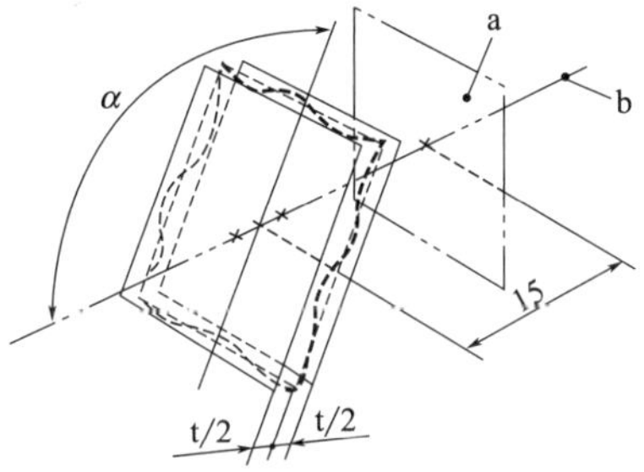 a—基准 A;b—基准 B 图 11	提取表面应限定在间距等于 0.05 的两平行平面之间。该两平行平面对称于由基准平面 A、基准轴线 B 与该被测表面所确定的理论正确位置,见图 12 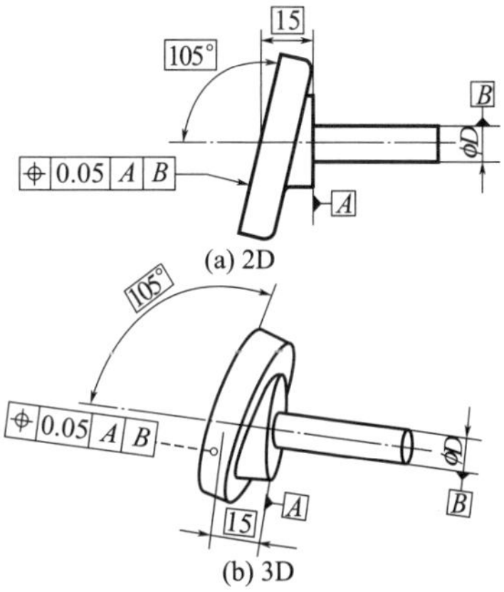 (a) 2D (b) 3D 图 12
	公差带为间距等于公差值 0.05 的两平行平面所限定的区域。该两平行平面绕基准 A 对称配置,见图 13 使用 SZ,八个凹槽的公差带相互之间的角度不锁定;若使用 CZ,公差带的相互角度应锁定在 45° 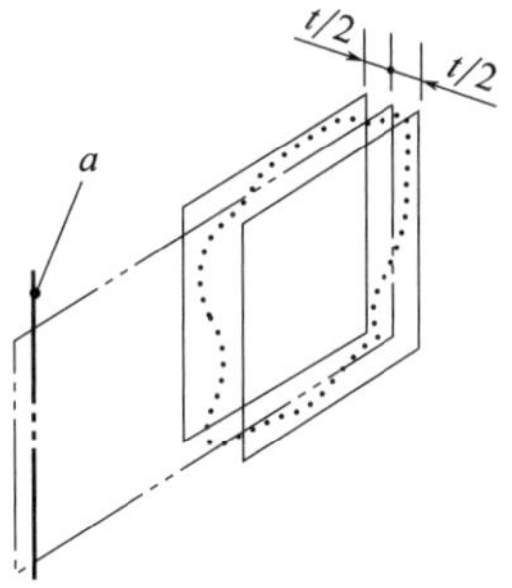 a—基准 A 图 13	提取中心面应限定在间距等于 0.05 的两平行平面之间,该两平行平面对称于由基准轴线 A 与中心表面所确定的理论正确位置,见图 14 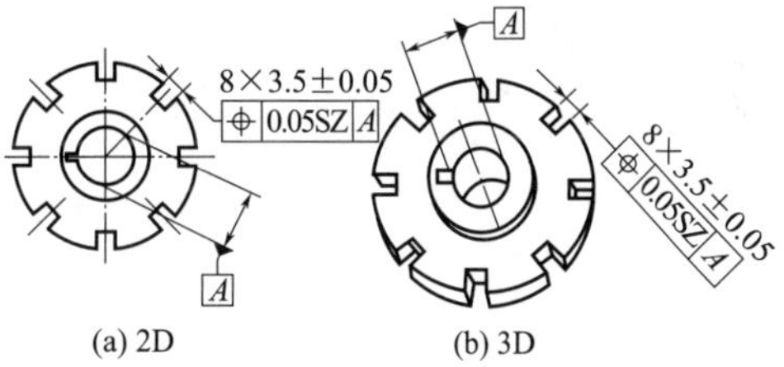 (a) 2D (b) 3D 图 14
同轴度和同心度 ◎	**点的同心度公差** 公差带为直径等于公差值 ϕt 的圆周所限定的区域,该圆周的圆心与基准点重合,见图 15 注意:公差值前加注符号 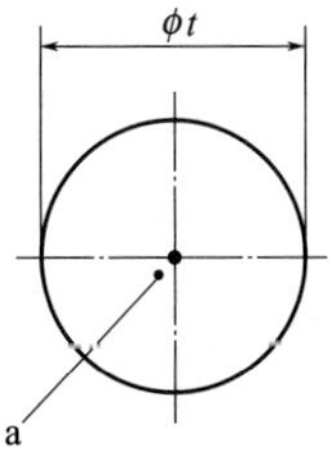 ϕ a—基准点 A 图 15	在任意横截面内,内圆的提取中心应限定在直径等于 $\phi 0.1$,以基准点 A(在同一横截面内)为圆心的圆周内,见图 16 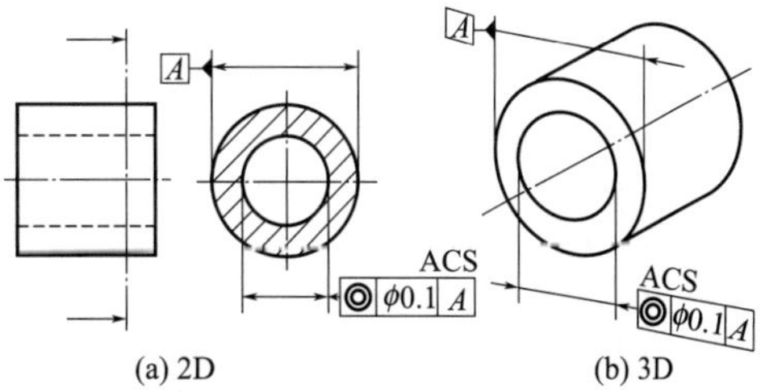 (a) 2D (b) 3D 图 16

几何特征及符号		公差带的定义	标注示例及解释
同轴度和同心度 ◎	中心线的同轴度公差	公差带为直径等于公差值 ϕt 的圆柱面所限定的区域,该圆柱面的轴线与基准轴线重合,见图 17 注意:公差值前加注符号 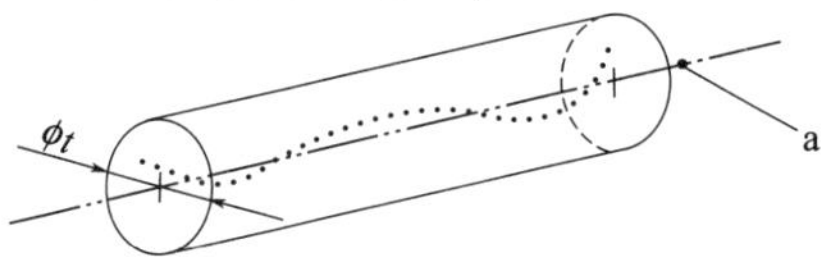 ϕ a—基准 $A-B$(图 18)或基准 A(图 19)或垂直于第一基准 A 的第二基准 B(图 20) 图 17	被测圆柱面的提取中心线应限定在直径等于 $\phi 0.08$、以公共基准轴线 $A-B$ 为轴线的圆柱面内,见图 18 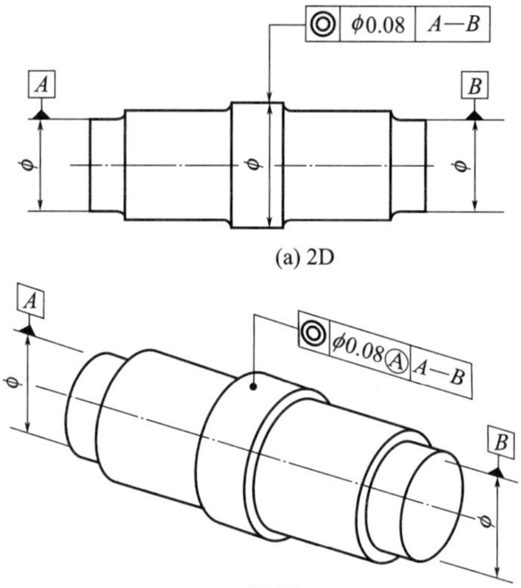 (a) 2D (b) 3D 图 18 被测圆柱面的提取中心线应限定在直径等于 $\phi 0.1$、以基准轴线 A 为轴线的圆柱面内,见图 19 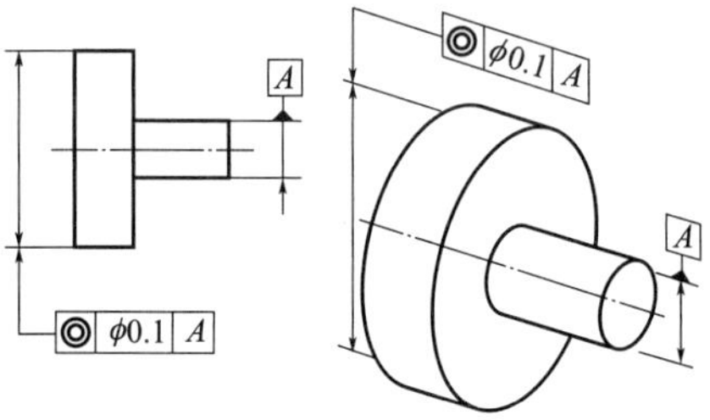 (a) 2D　　(b) 3D 图 19 被测圆柱面的提取中心线应限定在直径等于 $\phi 0.1$、以垂直于基准平面 A 的基准轴线 B 为轴线的圆柱面内,见图 20 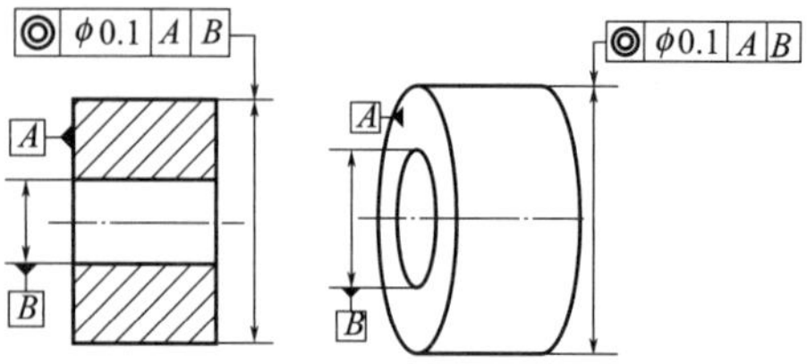 (a) 2D　　(b) 3D 图 20

续表

几何特征及符号		公差带的定义	标注示例及解释
对称度 ⌯	中心平面的对称度公差	公差带为间距等于公差值 t，对称于基准中心平面的两平行平面所限定的区域，见图 21 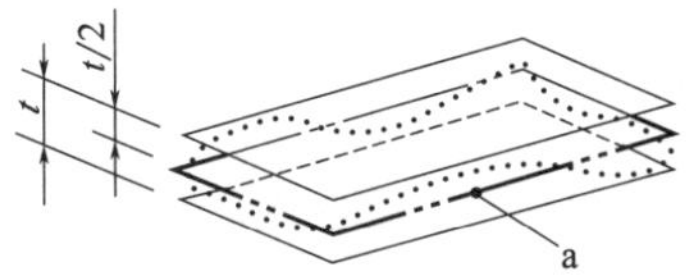 a—基准 A 图 21	提取中心面应限定在间距等于 0.08、对称于基准中心平面 A 的两平行平面之间，见图 22 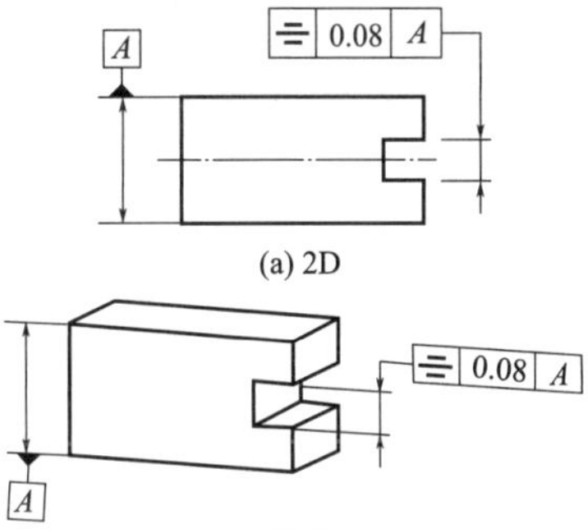 (a) 2D (b) 3D 图 22 提取中心面应限定在间距等于 0.08、对称于公共基准中心平面 A—B 的两平行平面之间，见图 23 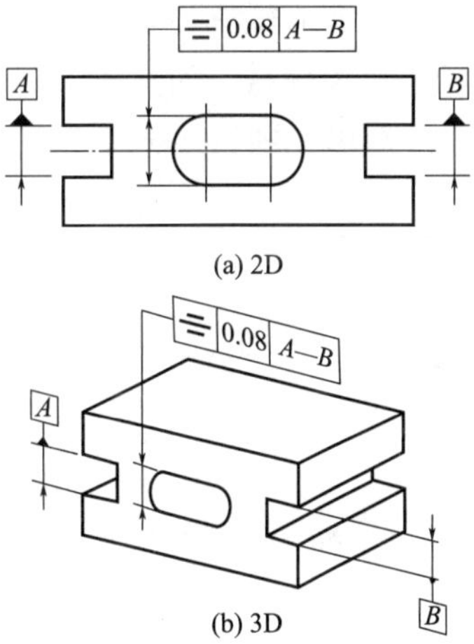 (a) 2D (b) 3D 图 23
线轮廓度 ⌒	相对于基准体系的线轮廓度公差	公差带为直径等于公差值 t，圆心位于由基准平面 A 和基准平面 B 确定的被测要素理论正确几何形状上一系列圆的两包络线所限定的区域，见图 24 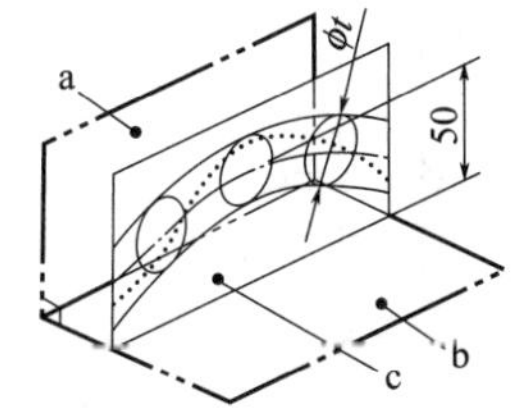 a—基准 A；b—基准 B；c—平行于基准 A 的平面 图 24	在任一由相交平面框格规定的平行于基准平面 A 的截面内，提取轮廓线应限定在直径等于 0.04、圆心位于由基准平面 A 和基准平面 B 确定的被测要素理论正确几何形状上的一系列圆的两等距离包络线之间，见图 25 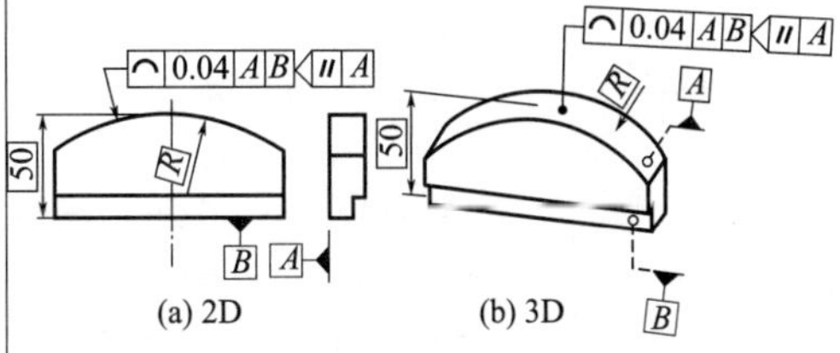 (a) 2D (b) 3D 图 25

续表

几何特征及符号		公差带的定义	标注示例及解释
面轮廓度 ⌒	相对于基准的面轮廓度公差	公差带为直径等于公差值 t，球心位于由基准平面 A 确定的被测要素理论正确几何形状上的一系列圆球的两包络面所限定的区域，见图26 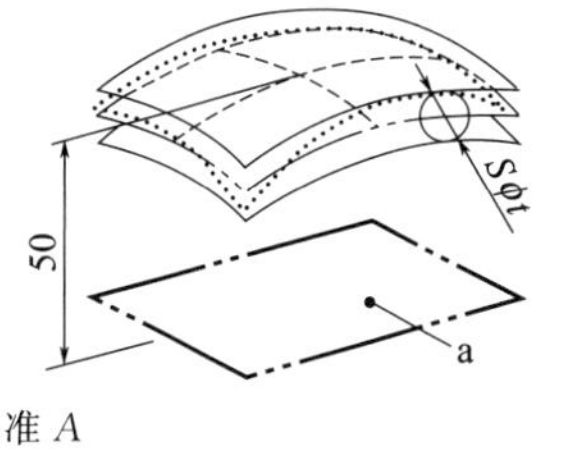 a—基准 A 图26	提取轮廓面应限定在直径等于0.1，球心位于由基准平面 A 确定的被测要素理论正确几何形状上的一系列圆球的两等距包络面之间，见图27 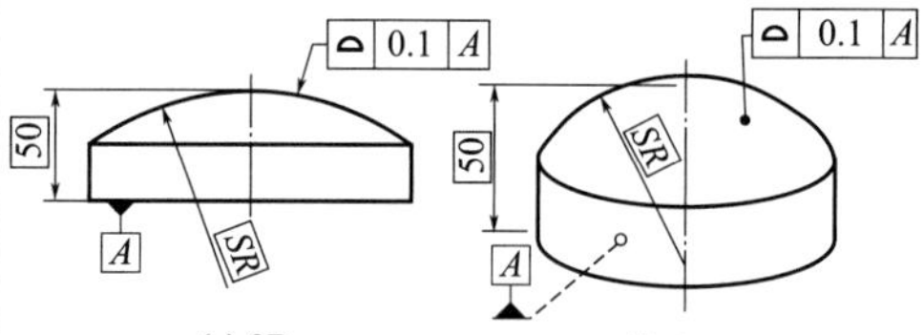 (a) 2D　　(b) 3D 图27

跳动公差具有综合控制被测要素几何误差的功能，且测量方法简便，在设计时，常被用来代替一些公差项目，如圆柱度、同轴度等。

表3-6列出了跳动公差带定义、标注示例及解释，仅供参考。

表3-6　跳动公差带的定义、标注及解释（摘自 GB/T 1182—2018）

几何特征及符号		公差带的定义	标注示例及解释
圆跳动 ↗	径向圆跳动公差	公差带为在任一垂直于基准轴线的横截面内、半径差等于公差值 t，圆心在基准轴线上的两同心圆所限定的区域，见图1 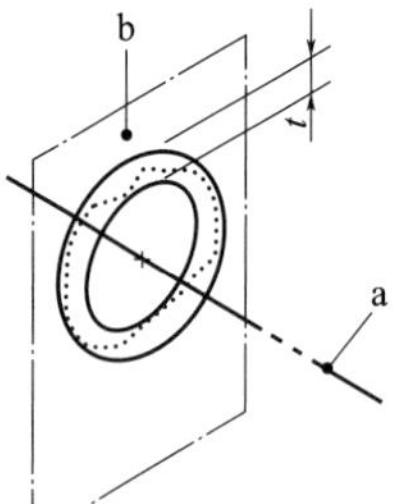 a—基准 A（图2）； 　垂直于基准 B 的第二基准 A（图3）； 　基准 A—B（图4）。 b—垂直于基准 A 的横截面（图2）； 　平行于基准 B 的横截面（图3）； 　垂直于基准 A—B 的横截面（图4） 图1	在任一垂直于基准轴线 A 的横截面内，提取圆应限定在半径差等于0.1，圆心在基准轴线 A 上的两共面同心圆之间，见图2 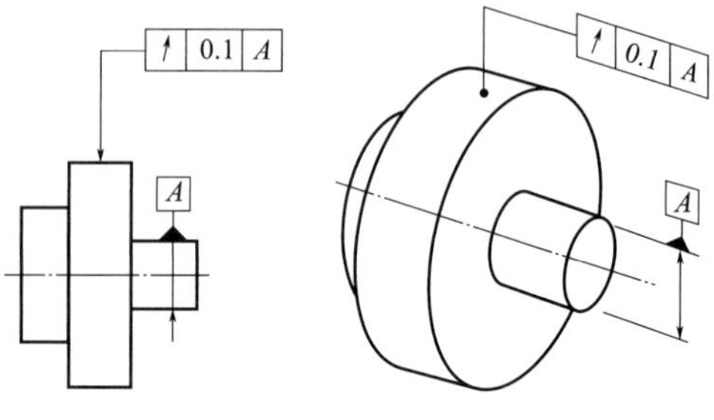 (a) 2D　　(b) 3D 图2

续表

几何特征及符号	公差带的定义	标注示例及解释
圆跳动 ↗	**径向圆跳动公差** 公差带为在任一垂直于基准轴线的横截面内、半径差等于公差值 t、圆心在基准轴线上的两同心圆所限定的区域，见图 1 a—基准 A（图 2）； 　垂直于基准 B 的第二基准 A（图 3）； 　基准 A—B（图 4）。 b—垂直于基准 A 的横截面（图 2）； 　平行于基准 B 的横截面（图 3）； 　垂直于基准 A—B 的横截面（图 4） 图 1	在任一平行于基准平面 B、垂直于基准轴线 A 的横截面内，提取圆应限定在半径差等于 0.1，圆心在基准轴线 A 上的两共面同心圆之间，见图 3 (a) 2D　　(b) 3D 图 3 在任一垂直于公共基准 A—B 的横截面内，提取圆应限定在半径差等于 0.1，圆心在基准轴线 A—B 上的两共面同心圆之间，见图 4 (a) 2D (b) 3D 图 4 在任一垂直于基准轴线 A 的横截面内，提取圆弧应限定在半径差等于 0.2 的共面同心圆之间，见图 5 (a) 2D　　(b) 3D 图 5

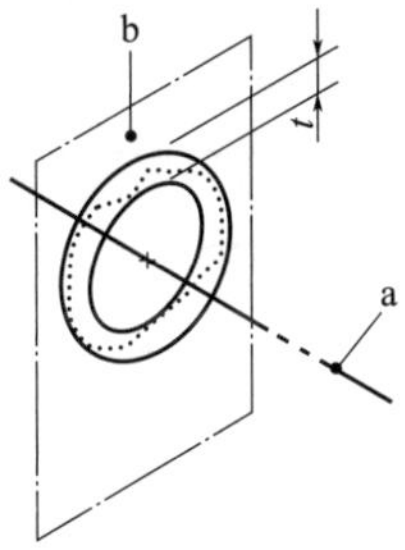

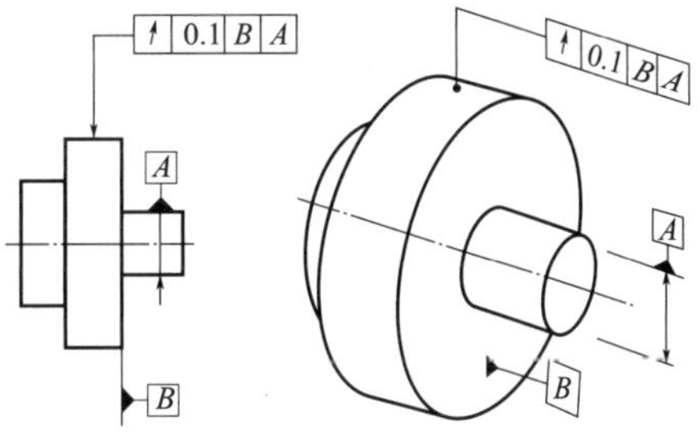

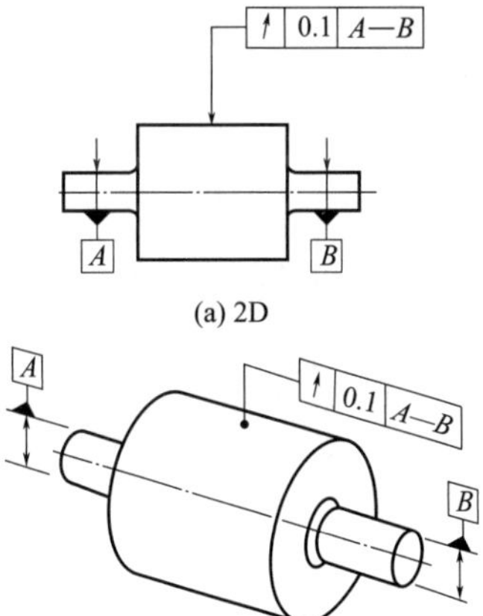

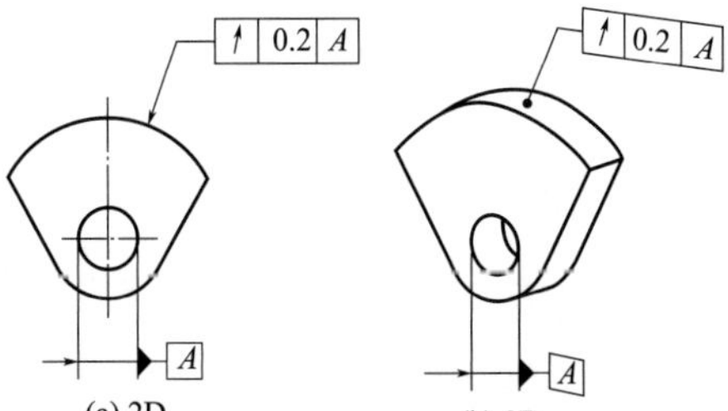

续表

几何特征及符号		公差带的定义	标注示例及解释
圆跳动	轴向圆跳动公差	公差带为与基准轴线同轴的任一半径的圆柱截面上,轴向距离等于公差值 t 的两圆所限定的圆柱面区域,见图 6 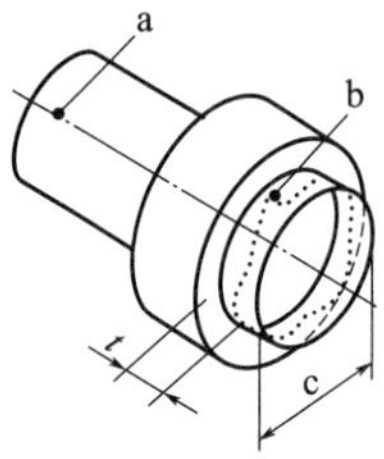 a—基准 D;b—公差带;c—与基准 D 同轴的任意直径 图 6	在与基准轴线 D 同轴的任一圆柱形截面上,提取圆应限定在轴向距离等于 0.1 的两个等圆之间,见图 7 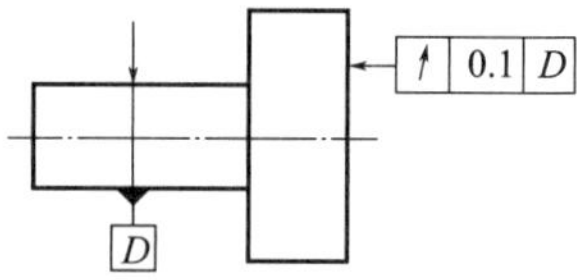 (a) 2D 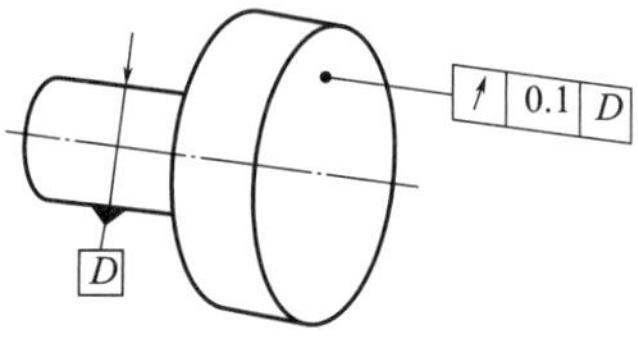 (b) 3D 图 7
	斜向圆跳动公差	公差带为与基准轴线同轴的某一圆锥截面上,间距等于公差值 t 的两圆所限定的圆锥面区域,见图 8 除非另有规定,测量方向应沿被测表面的法向 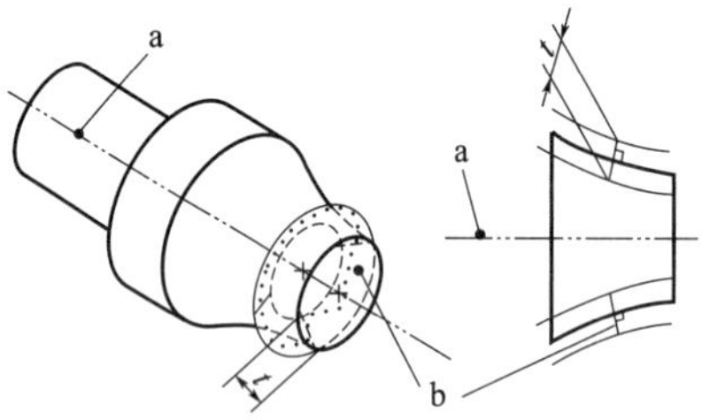 a—基准 C;b—公差带 图 8	在与基准轴线 C 同轴的任一圆锥截面上,提取线应限定在素线方向间距等于 0.1 的两个不等圆之间,并且截面的锥角与被测要素垂直,见图 9 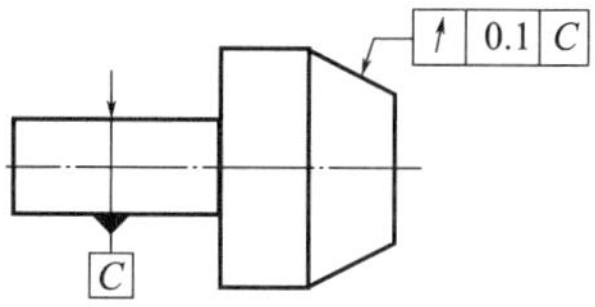 (a) 2D 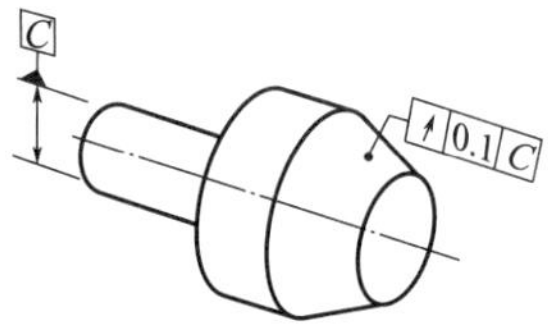 (b) 3D 图 9 当被测要素的素线不是直线时,圆锥截面的锥角要随所测圆的实际位置而改变,以保持与被测要素垂直,见图 8 右图及图 10 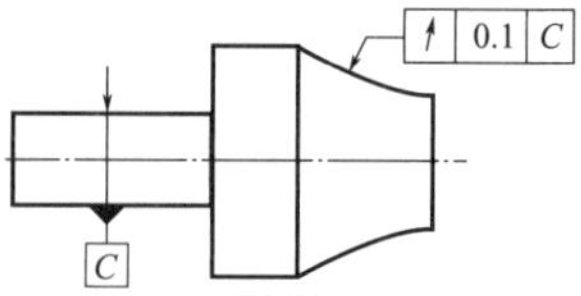 (a) 2D 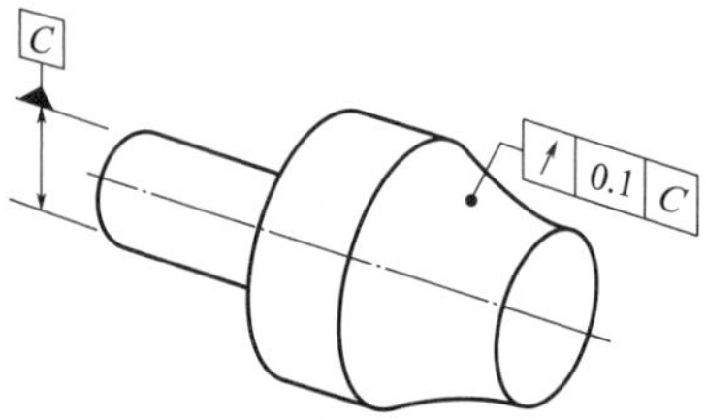 (b) 3D 图 10

续表

几何特征及符号	公差带的定义	标注示例及解释
圆跳动 ↗	**给定方向的圆跳动公差** 公差带为与基准轴线同轴的、具有给定锥角的任一圆锥截面上,间距等于公差值 t 的两个不等圆所限定的区域,见图 11 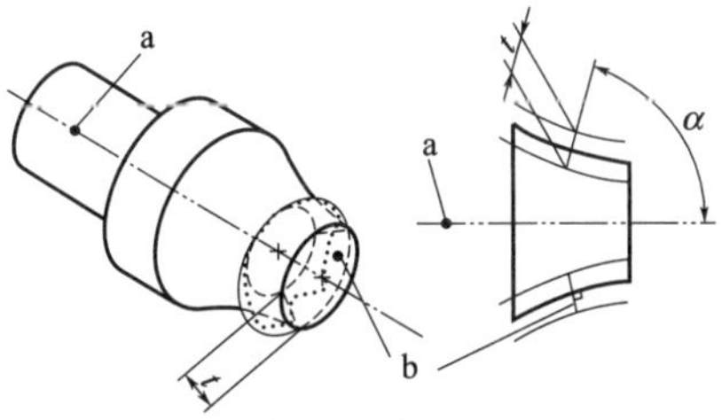 a—基准 C;b—公差带 图 11	在相对于方向要素(给定角度 $\alpha°$)的任一圆锥截面上,提取圆应限定在圆锥截面内间距等于 0.1 的两圆之间,见图 12 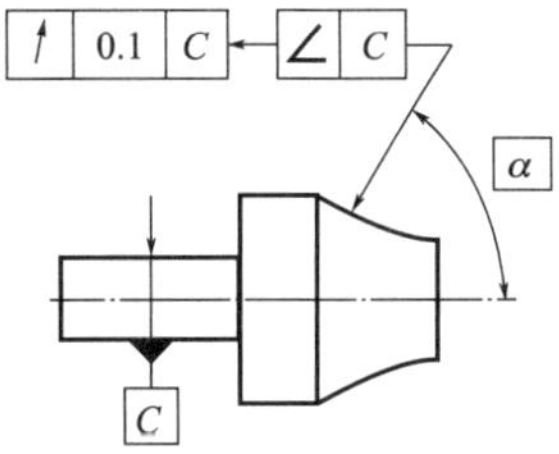 (a) 2D 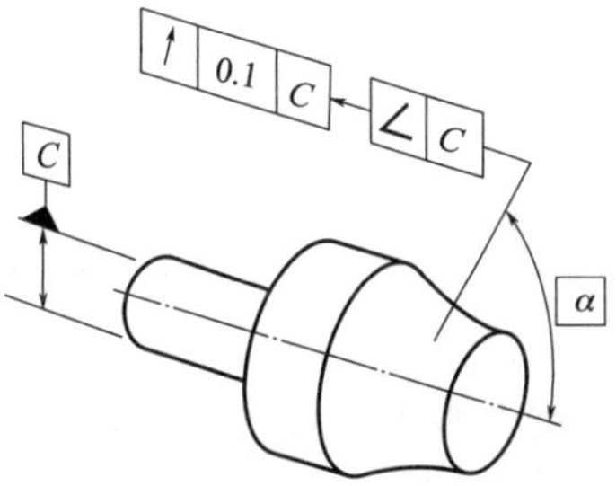 (b) 3D 图 12
全跳动 ↗↗	**径向的全跳动公差** 公差带为半径差等于公差值 t,与基准轴线同轴的两圆柱面所限定的区域,见图 13 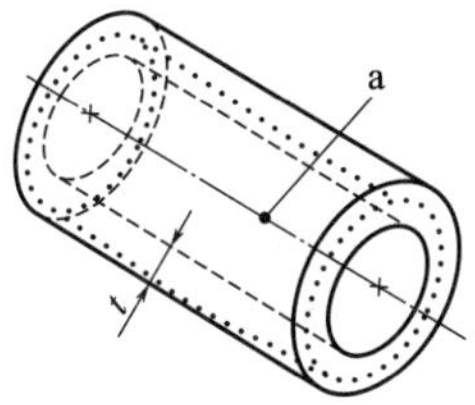 a—公共基准 A—B 图 13	提取表面应限定在半径差等于 0.1 与公共基准轴线 A—B 同轴的两圆柱面之间,见图 14 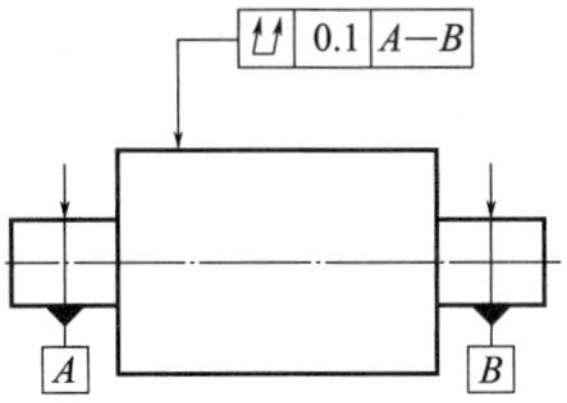 (a) 2D 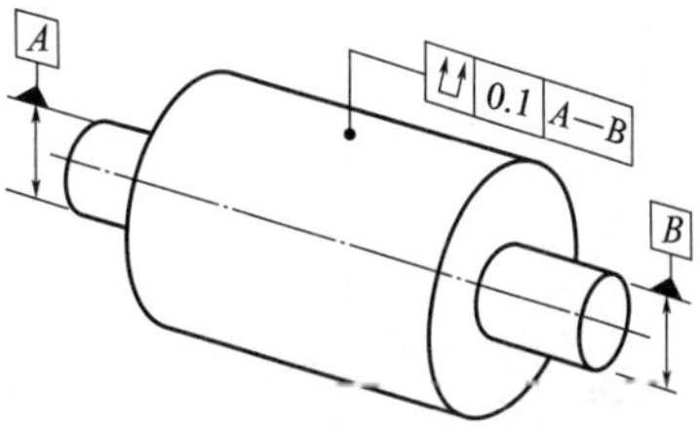 (b) 3D 图 14

续表

几何特征及符号	公差带的定义	标注示例及解释
全跳动 ⌰	轴向的全跳动公差：公差带为间距等于公差值 t，且垂直于基准轴线的两平行平面所限定的区域，见图15 a—基准 D；b—提取表面 图15	提取表面应限定在间距等于0.1，且垂直于基准轴线 D 的两两平行平面之间，见图16 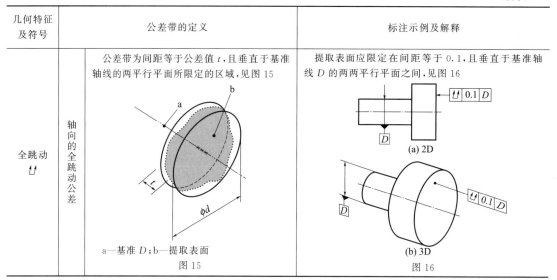 图16

3.4 尺寸公差与几何公差的关系

在机械零件的设计过程中，根据零件的功能要求，对其重要的几何要素，往往需要同时给出尺寸公差和几何公差，零件上几何要素的实际状态是由要素的尺寸偏差和几何误差综合作用的结果。因此，应该明确尺寸公差和几何公差之间的关系。

确定两者之间是彼此独立关系的原则，称为独立原则；确定两者之间在某些特定条件下是可以相互补偿关系的原则，称为公差原则。

3.4.1 有关术语及定义

（1）作用尺寸

① 体外作用尺寸 在被测要素的给定长度上，与实际内表面孔体外相接的最大理想面的尺寸或与实际外表面轴体外相接的最小理想面的尺寸。对于单一要素的体外作用尺寸，如图3-21(a) 所示；而对于关联要素的体外作用尺寸，此时该理想面的轴线或中心平面必须与基准保持图样上给定的几何关系，如图3-21(b) 所示。内、外表面的体外作用尺寸分别用 D_{fe} 和 d_{fe} 表示。

拓展阅读
作用尺寸与
实效尺寸

② 体内作用尺寸 在被测要素的给定长度上，与实际内表面孔体内相接的最小理想面的尺寸或与实际外表面轴体内相接的最大理想面的尺寸。对于单一要素的体内作用尺寸，如图3-22(a) 所示；而对于关联要素的体内作用尺寸，此时该理想面的轴线或中心平面必须与基准保持图样上给定的几何关系，如图3-22(b) 所示。内、外表面的体内作用尺寸分别用 D_{fi} 和 d_{fi} 表示。

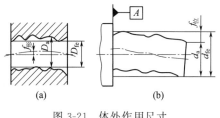

图3-21 体外作用尺寸

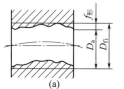 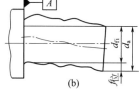

图3-22 体内作用尺寸

（2）最大实体状态（MMC）和最大实体尺寸（MMS）

最大实体状态是指在被测要素的给定长度上，处处位于尺寸极限之内，且使其具有材料量最多（此时实体最大）时的状态。最大实体状态下的尺寸，称为最大实体尺寸。对外表面轴来说，该尺寸为上极限尺寸，用 d_M 表示；对内表面孔来说，该尺寸为下极限尺寸，用 D_M 表示。即：

$$d_M = d_{max} \qquad D_M = D_{min} \tag{3-1}$$

（3）最小实体状态（LMC）和最小实体尺寸（LMS）

最小实体状态是指在被测要素的给定长度上，处处位于尺寸极限之内，且使其具有材料量最少（此时实体最小）时的状态。最小实体状态下的尺寸，称为最小实体尺寸。对外表面轴来说，该尺寸为下极限尺寸，用 d_L 表示；对内表面孔来说，该尺寸为上极限尺寸，用 D_L 表示。即：

$$d_L = d_{min} \qquad D_L = D_{max} \tag{3-2}$$

（4）最大实体实效状态（MMVC）和最大实体实效尺寸（MMVS）

最大实体实效状态是指在给定长度上，被测要素处在最大实体状态且其导出要素的几何误差等于给出的几何公差值时的综合极限状态。

最大实体实效尺寸是指最大实体实效状态下的体外作用尺寸，轴、孔的最大实体实效尺寸分别用 d_{MV} 和 D_{MV} 表示。对于外表面轴来说，该尺寸为最大实体尺寸加上给定的几何公差值（后面加注符号Ⓜ的）；对于内表面孔来说，该尺寸为最大实体尺寸减去给定的几何公差值（后面加注符号Ⓜ的），用公式可表示为：

$$d_{MV} = d_M + t_Ⓜ \tag{3-3}$$
$$D_{MV} = D_M - t_Ⓜ \tag{3-4}$$

（5）最小实体实效状态（LMVC）和最小实体实效尺寸（LMVS）

最小实体实效状态是指在给定长度上，被测要素处在最小实体状态且其导出要素的几何误差等于给出的几何公差值时的综合极限状态。

最小实体实效尺寸是指最小实体实效状态下的体内作用尺寸，轴、孔的最小实体实效尺寸用分别用 d_{LV} 和 D_{LV} 表示。对于外表面轴来说，该尺寸为最小实体尺寸减去给定的几何公差值（后面加注符号Ⓛ的）；对于内表面孔来说，该尺寸为最小实体尺寸加上给定的几何公差值（后面加注符号Ⓛ的），用公式可表示为：

$$d_{LV} = d_L - t_Ⓛ \tag{3-5}$$
$$D_{LV} = D_L + t_Ⓛ \tag{3-6}$$

如图3-23(a)所示的轴，当轴分别处于最大实体状态［如图3-23(b)所示］和最小实体状态［如图3-23(c)所示］，且其中心线的直线度误差正好等于给出的直线度公差 $\phi 0.012$mm 时，此时轴分别处于最大、最小实体实效状态。轴的最大实体实效尺寸 $d_{MV} = d_M + t = 20 + 0.012 = 20.012$（mm）；最小实体实效尺寸 $d_{LV} = d_L - t = 19.967 - 0.012 = 19.955$（mm）。

再如图3-24(a)所示的孔，当孔分别处于最大实体状态［如图3-24(b)所示］和最小

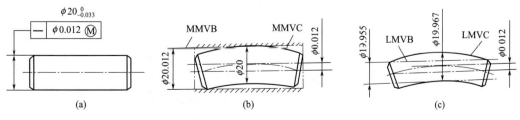

图 3-23 单一要素的实效状态

实体状态[如图3-24(c)所示]，且其中心线对基准平面A的垂直度误差正好等于给出的垂直度公差$\phi 0.02$mm时，此时孔分别处于最大、最小实体实效状态。孔的关联最大实体实效尺寸$D_{MV}=D_M-t=15-0.02=14.98$（mm）；关联最小实体实效尺寸$D_{LV}=D_L+t=15.05+0.02=15.07$（mm）。

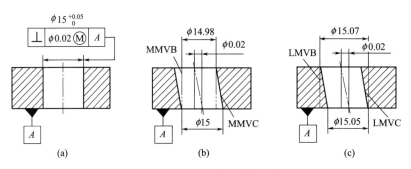

图3-24 关联要素的实效状态

（6）边界

边界是指设计给定的具有理想形状的极限包容面（如圆柱面或两平行平面）。该包容面的直径或距离称为边界尺寸。

由于零件的实际要素总存在尺寸偏差和几何误差，故其功能将取决于二者的综合效果。边界的作用就是综合控制实际要素的尺寸偏差和几何误差。对于关联要素，边界除具有一定的尺寸大小和正确几何形状之外，还必须与基准保持图样上给定的几何关系。

根据零件的功能和经济性要求，可定义以下几种不同的边界。

① 最大实体边界（MMB） 最大实体边界是指尺寸为最大实体尺寸的边界，且具有正确几何形状的理想包容面。对于关联要素的关联最大实体边界，此时该极限包容面必须与基准保持图样上给定的几何关系。

如图3-25所示，分别示出了孔和轴的最大实体边界和关联最大实体边界（图中任意曲线S为被测要素的实际轮廓，双点画线为最大实体边界）。

② 最小实体边界（LMB） 最小实体边界是指尺寸为最小实体尺寸的边界，且具有正确几何形状的理想包容面。对于关联要素的关联最小实体边界，此时该极限包容面必须与基准保持图样上给定的几何关系。

如图3-26所示，分别示出了孔和轴的最小实体边界和关联最小实体边界（图中任意曲线S为被测要素的实际轮廓，双点画线为最小实体边界）。

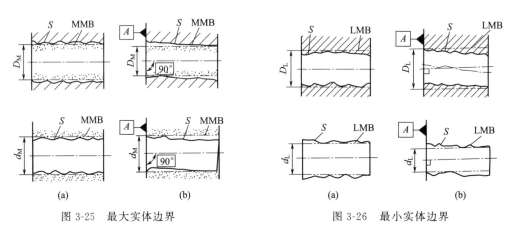

图3-25 最大实体边界　　　　　图3-26 最小实体边界

③ 最大实体实效边界（MMVB） 最大实体实效边界是指尺寸为最大实体实效尺寸的边界，且具有正确几何形状的理想包容面。对于关联要素的最大实体实效边界，此时该极限的理想包容面必须与基准保持图样上给定的几何关系。

如图 3-23(b) 和图 3-24(b) 所示，分别示出了轴的最大实体实效边界和孔的关联最大实体实效边界。

④ 最小实体实效边界（LMVB） 最小实体实效边界是指尺寸为最小实体实效尺寸的边界，且具有正确几何形状的理想包容面。对于关联要素的最小实体实效边界，此时该极限的理想包容面必须与基准保持图样上给定的几何关系。

图 3-23(c) 和图 3-24(c) 分别示出了轴的最小实体实效边界和孔的关联最小实体实效边界。

3.4.2 独立原则

独立原则是指图样上给定的每一个尺寸要求和几何（形状、方向、位置和跳动）要求均是独立的，并应分别满足要求。也就是当遵守独立原则时，图样上给出的尺寸公差仅控制被测要素实际尺寸的变动量，而不控制要素的几何误差；同时图样上给出几何公差，只控制被测要素的几何误差，与要素的实际尺寸无关。

独立原则是零件尺寸公差和几何公差相互关系的基本原则，应用非常广泛。当采用独立原则时，图纸上没有任何附加符号。

如图 3-27 所示的零件是单一要素遵守独立原则，该轴在加工完后的实际尺寸必须在 $\phi 49.950 \sim 49.975$mm 之间，并且无论轴的实际尺寸是多少，中心线的直线度误差都不得大于图样上给定的直线度公差值 $\phi 0.012$mm。只有同时满足上述两个条件，轴才合格。

如图 3-28 所示的零件是关联要素遵守独立原则，该零件加工完后的实际尺寸必须在 $\phi 9.972 \sim 9.987$mm 之间，中心线对基准平面 A 的垂直度误差不得大于图样上给定的垂直度公差值 $\phi 0.01$mm。只有同时满足上述两个条件，零件才合格。

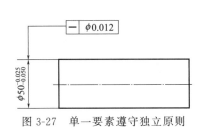

图 3-27 单一要素遵守独立原则

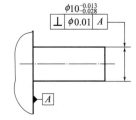

图 3-28 关联要素遵守独立原则

3.4.3 公差原则

当图样上给定的尺寸公差与几何公差之间存在着一定的相互关系，这种相互关系所遵循的规则称为公差原则。公差原则包括包容要求、最大实体要求、最小实体要求和可逆要求等。当零件的尺寸公差和几何公差彼此相关，即它们可以互相影响或单向补偿或互相补偿时，需采用适当的公差原则，以确保零件满足其特定功能要求。

（1）包容要求

包容要求是控制被测要素的实际轮廓处处不得超越最大实体边界，且其局部实际尺寸不得超出最小实体尺寸的一种公差要求。包容要求仅适用于处理单一要素的尺寸公差与几何公差的相互关系。当采用包容要求时，应在被测要素的尺寸极限偏差或公差带代号之后加注符号 Ⓔ。

如图 3-29(a) 所示，被测尺寸要素应用包容要求，其尺寸要素的提取要素必须遵守最大实体边界，形状公差与尺寸公差相关。该零件提取的圆柱面应在最大实体边界之内，该边界的尺寸为最大实体尺寸 MMS=ϕ150mm，其实际设计尺寸不得小于 LMS=ϕ149.96mm，见图 3-29(b)～(e) 所示。当实际尺寸为 LMS 时，其形状误差可以有 0.04mm 的补偿。当实际尺寸为 MMS 时，圆柱表面应具有理想的形状。

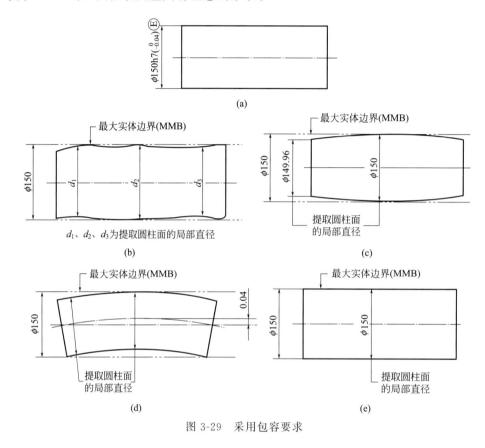

图 3-29 采用包容要求

包容要求的实质是当要素的实际尺寸偏离最大实体尺寸时，允许其形状误差增大。它反映了尺寸公差对形状公差单向的补偿关系。采用包容要求，尺寸公差不仅限制了实际要素的尺寸，还控制了要素的形状误差。

包容要求主要用于有配合要求且必须保证配合性质的场合，特别是配合公差较小的精密配合，用最大实体边界来保证所要求的最小间隙或最大过盈，用最小实体尺寸来防止间隙过大或过盈过小。

（2）最大实体要求（MMR）

最大实体要求是控制被测要素的实际轮廓处处不得超越最大实体实效边界，且其局部实际尺寸不得超出最大实体和最小实体尺寸的一种公差要求。

在应用最大实体要求时，要求被测要素的实际轮廓在给定的长度上处于最大实体实效边界之内。当其实际尺寸偏离最大实体尺寸时，允许其几何误差值超出图样上给定的公差值，同时实际尺寸应在最大实体尺寸和最小实体尺寸之间。

最大实体要求仅适用于导出要素，既可应用于被测要素，又可应用于基准要素。

① 最大实体要求应用于被测要素　最大实体要求应用于被测要素时，应在公差框格内的几何公差值后加注符号Ⓜ。

a. 如图 3-30 所示的零件，被测轴线有直线度规范要求，并采用最大实体要求。

ⅰ. 被测轴的提取要素不得违反其最大实体实效状态（MMVC），其直径为 MMVS＝MMS＋0.1＝35.1mm。

ⅱ. 被测轴的提取要素各处的实际直径应大于 LMS＝34.9mm，且应小于 MMS＝35.0mm。

ⅲ. MMVC 的方向和位置无约束。

ⅳ. 若轴的实际尺寸为 LMS 时，其轴线的直线度误差最大允许值为图样上给定的直线度公差值与尺寸公差值之和 0.2mm。

ⅴ. 若轴的实际尺寸为 MMS 时，其轴线的直线度误差最大允许值为图样上给定的直线度公差值 0.1mm。

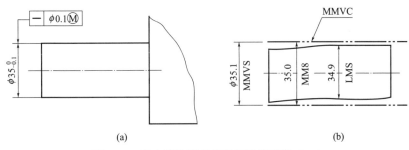

图 3-30　最大实体要求应用于被测要素（一）

b. 如图 3-31 所示的零件，被测轴线有垂直度规范要求，并采用最大实体要求。

ⅰ. 被测孔的提取要素不得违反其最大实体实效状态（MMVC），其直径为 MMVS＝MMS－0.1＝35.1mm。

ⅱ. 被测孔的提取要素各处的实际直径应小于 LMS＝35.3mm，且应大于 MMS＝35.2mm。

ⅲ. MMVC 的方向与基准 A 垂直，但其位置无约束。

ⅳ. 若孔的实际尺寸为 LMS 时，其轴线的垂直度误差最大允许值为图样上给定的垂直度公差值与尺寸公差值之和 0.2mm。

ⅴ. 若孔的实际尺寸为 MMS 时，其轴线的垂直度误差最大允许值为图样上给定的垂直度公差值 0.1mm。

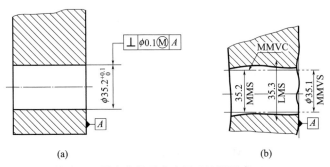

图 3-31　最大实体要求应用于被测要素（二）

c. 如图 3-32 所示的零件，被测轴线对基准体系 A 和 B 有位置度规范要求，并采用最大实体要求。

ⅰ. 被测轴的提取要素不得违反其最大实体实效状态（MMVC），其直径为 MMVS＝MMS＋0.1＝35.1mm。

ⅱ. 被测轴的提取要素各处的实际直径应大于 LMS=34.9mm，且应小于 MMS=35.0mm。

ⅲ. MMVC 的方向与基准 A 垂直，其位置在与基准 B 相距 35mm 的理论正确位置上。

ⅳ. 若轴的实际尺寸为 LMS 时，其轴线的位置度误差最大允许值为图样上给定的位置度公差值与尺寸公差值之和 0.2mm。

ⅴ. 若轴的实际尺寸为 MMS 时，其轴线的位置度误差最大允许值为图样上给定的位置度公差值 0.1mm。

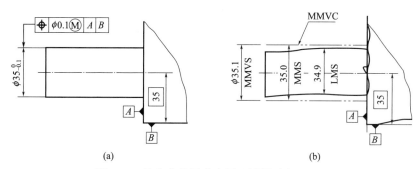

图 3-32　最大实体要求应用于被测要素（三）

② 最大实体要求应用于被测要素和基准要素　最大实体要求同时应用于被测要素和基准要素时，应在公差框格内的公差值后面及基准字母后加注符号Ⓜ。被测要素的要求同上述内容，基准要素应遵守相应的边界。若基准要素的实际轮廓偏离其相应的边界，即其体外作用尺寸偏离其相应的边界尺寸，则允许基准要素在一定的范围内浮动，其浮动范围等于基准要素的体外作用尺寸与其相应的边界尺寸之差。

基准要素的边界与其本身是否采用最大实体要求有关。当基准要素本身采用最大实体要求时，则其相应的边界为最大实体实效边界，即被测要素的几何公差是在基准要素处于最大实体实效状态时给定的；当基准要素本身不采用最大实体要求，其边界为最大实体边界。

a. 基准要素本身没有几何规范要求。如图 3-33 所示的零件，被测尺寸要素孔 φ35.2，其轴线有同轴度规范要求，并采用最大实体要求。

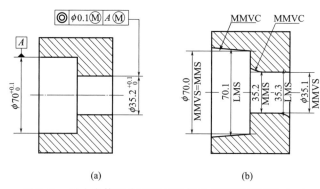

图 3-33　最大实体要求应用于被测要素和基准要素（一）

ⅰ. 被测孔的提取要素不得违反其最大实体实效状态（MMVC），其直径为 MMVS=MMS−0.1=35.1mm。

ⅱ. 被测孔的提取要素各处的实际直径应小于 LMS=35.3mm，且应大于 MMS=35.2mm。

ⅲ. MMVC 的位置和基准要素 A 的 MMVC 同轴。

ⅳ. 若孔的实际尺寸为 LMS 时，其轴线的同轴度误差最大允许值为图样上给定的同轴度公差值与尺寸公差值之和 0.2mm。

ⅴ. 若孔的实际尺寸为 MMS 时，其轴线的同轴度误差最大允许值为图样上给定的同轴度公差值 0.1mm。

基准要素孔 $\phi70$，其轴线采用最大实体要求，但没有标注几何规范要求。

ⅰ. 基准要素的提取要素不得违反其最大实体实效状态（MMVC），其直径为 MMVS＝MMS＝70.0mm。

ⅱ. 基准要素的提取要素各处的实际直径应小于 LMS＝70.1mm，且应大于 MMS＝70.0mm。

ⅲ. MMVC 的方向和位置无约束。

ⅳ. 若孔的实际尺寸为 LMS 时，该孔可以有最大 0.1mm 的形状误差值。

ⅴ. 若孔的实际尺寸为 MMS 时，该孔的形状允许误差值为 0，即孔应该具有理想的形状。

b. 基准要素本身有几何规范要求。如图 3-34 所示的零件，被测尺寸要素轴 $\phi35$，其轴线有同轴度规范要求，并采用最大实体要求。

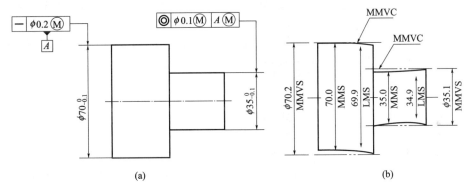

图 3-34 最大实体要求应用于被测要素和基准要素（二）

ⅰ. 被测轴的提取要素不得违反其最大实体实效状态（MMVC），其直径为 MMVS＝MMS＋0.1＝35.1mm。

ⅱ. 被测轴的提取要素各处的实际直径应大于 LMS＝34.9mm，且应小于 MMS＝35.0mm。

ⅲ. MMVC 的位置和基准要素 A 的 MMVC 同轴。

ⅳ. 若轴的实际尺寸为 LMS 时，其轴线的同轴度误差最大允许值为图样上给定的同轴度公差值与尺寸公差值之和 0.2mm。

ⅴ. 若轴的实际尺寸为 MMS 时，其轴线的同轴度误差最大允许值为图样上给定的同轴度公差值 0.1mm。

基准要素轴 $\phi70$，其轴线有直线度规范要求，并采用最大实体要求。

ⅰ. 基准要素的提取要素不得违反其最大实体实效状态（MMVC），其直径为 MMVS＝MMS＋0.2＝70.2mm。

ⅱ. 基准要素的提取要素各处的实际直径应大于 LMS＝69.9mm，且应小于 MMS＝70.0mm。

ⅲ. MMVC 的方向和位置无约束。

ⅳ. 若轴的实际尺寸为 LMS 时,其轴线的直线度误差最大允许值为图样上给定的直线度公差值与尺寸公差值之和 0.3mm。

ⅴ. 若轴的实际尺寸为 MMS 时,其轴线的直线度误差最大允许值为图样上给定的直线度公差值 0.2mm。

③ 最大实体要求的应用　最大实体要求主要用于精度要求不高、仅要求可自由装配的场合。

最大实体要求与包容要求相比,由于实际要素的几何公差可以不分割尺寸公差值,因而在相同尺寸公差的前提下,采用最大实体要求的实际要素的几何精度更低些,比采用包容要求可以得到较大的尺寸制造公差与几何制造公差,并且具有良好的工艺性和经济性。

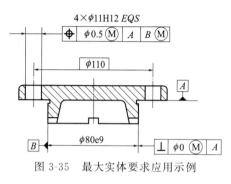

图 3-35　最大实体要求应用示例

如图 3-35 所示为减速器的轴承盖,用四个螺钉把它紧固在箱体上,轴承盖上四个通孔的位置只要求满足可装配性,因此位置公差采用了最大实体要求。另外,基准 B 虽然起到一定的定位作用,但在保证轴承盖端面(基准 A)与箱体孔端面紧密贴合的前提下,基准 B 的位置略有变动并不会影响轴承盖的可装配性,故基准 B 也采用了最大实体要求。而基准轴线 B 对基准平面 A 的垂直度公差值为零,这是为了保证轴承盖的凸台与箱体孔的配合性质,同时又使基准 B 对基准 A 保持一定的位置关系,以保证基准 B 能够起到应有的定位作用。

(3) 最小实体要求(LMR)

最小实体要求是控制被测要素的实际轮廓处处不得超越最小实体实效边界,当其实际尺寸偏离最小实体尺寸时,允许其几何误差值超出图样上给定的公差值,而要素的实际尺寸应在最大实体尺寸和最小实体尺寸之间的一种公差要求。

最小实体要求仅适用于导出要素,既可用于被测要素,又可用于基准要素。

① 最小实体要求应用于被测要素　最小实体要求应用于被测要素时,应在公差框格内的几何公差值后加注符号Ⓛ。

如图 3-36 所示的零件,被测轴线有同轴度规范要求,并采用最小实体要求。

a. 被测孔的提取要素不得违反其最小实体实效状态(LMVC),其直径为 LMVS＝LMS＋0.1＝35.2mm。

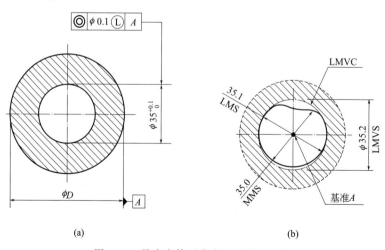

图 3-36　最小实体要求应用于被测要素

b. 被测孔的提取要素各处的实际直径应小于 LMS=35.1mm，且应大于 MMS=35.0mm。

c. LMVC 的方向与基准 A 平行，并且其位置在和基准 A 同轴的理论正确位置上。

d. 若孔的实际尺寸为 LMS 时，其轴线的同轴度误差最大允许值为图样上给定的同轴度公差值 0.1mm。

e. 若孔的实际尺寸为 MMS 时，其轴线的同轴度误差最大允许值为图样上给定的同轴度公差值和尺寸公差值之和 0.2mm。

② 最小实体要求应用于被测要素和基准要素　最小实体要求应用于被测要素和基准要素时，应在公差框格内的几何公差值后面及基准字母后加注符号Ⓛ。被测要素的要求同上述内容，基准要素应遵守相应的边界。若基准要素的实际轮廓偏离其相应的边界，即其体内作用尺寸偏离其相应的边界尺寸，则允许基准要素在一定的范围内浮动，其浮动范围等于基准要素的体内作用尺寸与其相应的边界尺寸之差。

基准要素的边界与其本身是否采用最小实体要求有关。当基准要素本身采用最小实体要求时，则其相应的边界为最小实体实效边界；当不采用最小实体要求时，则相应的边界为最小实体边界。由此可见，当基准要素本身采用最小实体要求时，基准要素的最大浮动范围为其尺寸公差和几何公差之和；否则，其最大浮动范围仅为自身的尺寸公差。

如图 3-37 所示的零件。

a. 被测轴 $\phi 70$，其轴线有同轴度规范要求，并采用最小实体要求。

ⅰ. 被测轴的提取要素不得违反其最小实体实效状态（LMVC），其直径为 LMVS=LMS−0.1=69.8mm。

ⅱ. 被测轴的提取要素各处的实际直径应大于 LMS=69.9mm，且应小于 MMS=70mm。

ⅲ. LMVC 在基准要素 A 轴线的理论正确位置上。

ⅳ. 若轴的实际尺寸为 LMS 时，其轴线的同轴度误差最大允许值为图样上给定的同轴度公差值 0.1mm。

ⅴ. 若轴的实际尺寸为 MMS 时，其轴线的同轴度误差最大允许值为图样上给定的同轴度公差值和尺寸公差值之和 0.2mm。

b. 基准要素孔 $\phi 35$，其轴线采用最小实体要求，但没有几何规范要求。

ⅰ. 基准要素孔的提取要素不得违反其最小实体实效状态（LMVC），其直径为 LMVS=LMS=35.1mm。

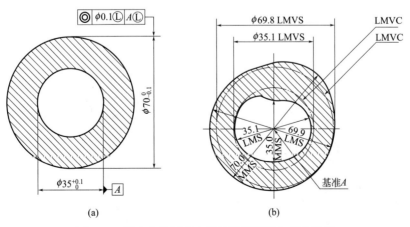

图 3-37　最小实体要求应用于被测要素和基准要素

ⅱ．基准要素的提取要素各处的实际直径应小于 LMS＝35.1mm，且应大于 MMS＝35mm。

ⅲ．LMVC 的方向和位置无约束。

ⅳ．若孔的实际尺寸为 LMS 时，该孔形状误差的允许值为 0，即具有理想的形状。

ⅴ．若孔的实际尺寸为 MMS 时，该孔可以有 0.1mm 的形状误差值。

③ 最小实体要求的应用 最小实体要求控制要素的体内作用尺寸：对于孔类零件，体内作用尺寸将孔件的壁厚减薄；而对于轴类零件，体内作用尺寸将使轴的直径变小。因此，最小实体要求可用于保证孔件的最小壁厚和轴件的最小设计强度。在零件设计中，对薄壁结构和强度要求高的轴件，应考虑合理地应用最小实体要求以保证产品质量。

（4）可逆要求（RPR）

可逆要求是当导出要素的几何误差小于给出的几何公差时，允许在满足零件功能要求的前提下扩大尺寸公差的一种公差要求。如前所述，最大实体要求和最小实体要求是指实际尺寸偏离最大或最小实体尺寸时，允许尺寸公差补偿给几何公差，使得允许的几何公差值增大。可逆要求是反过来用几何公差补偿尺寸公差，即允许相应的尺寸公差增大。

可逆要求不能单独使用，应与最大实体要求或最小实体要求一起使用。可逆要求并未改变原本遵守的极限边界，只是在原有尺寸公差补偿几何公差这一关系的基础上，增加几何公差补偿尺寸公差的关系，为加工时根据需要分配尺寸公差和几何公差提供方便。

① 可逆要求应用于最大实体要求 可逆要求应用于最大实体要求时，应在公差框格内公差值后的符号Ⓜ后面加注符号Ⓡ。此时被测要素的实际轮廓应遵守最大实体实效边界，当其实际尺寸偏离最大实体尺寸时，允许其几何误差值超出在最大实体状态下给出的几何公差值；当几何公差值小于给出的几何公差值时，也允许其实际尺寸超出最大实体尺寸。

如图 3-38 所示的零件，两个销柱对基准 A 有位置度规范要求，并采用最大实体要求和可逆要求。

a. 被测销柱轴线的位置度公差是该轴为最大实体状态时给定的，因此两销柱的提取要素不得违反其最大实体实效状态，其直径为 MMVS＝MMS＋0.3＝10.3mm。

b. 销柱的提取要素各处的实际直径应大于 LMS＝9.8mm，可逆要求允许尺寸上限增加

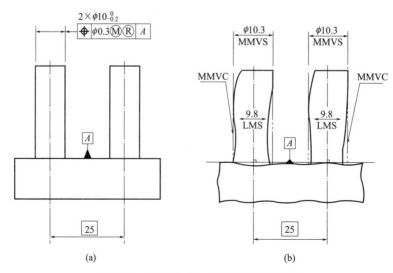

图 3-38 可逆要求应用于最大实体要求

到 MMS 以上（即局部直径可大于 10mm，增加到 MMVS）。

c. 两个销柱 MMVC 的位置处于其轴线彼此相距为理论正确尺寸 25mm，且和基准 A 保持理论正确位置上。

d. 若轴的实际尺寸为 LMS 时，其轴线的位置度误差最大允许值为图样上给定的位置度公差值和尺寸公差值之和 0.5mm。

e. 若轴的实际尺寸为 MMS 时，其轴线的位置度误差最大允许值为图样上给定的位置度公差值 0.3mm。

f. 若轴的位置度误差小于图样上给定的位置度公差值 0.3mm，可逆要求允许轴的局部实际尺寸得到补偿；当轴的位置度误差值为 0，轴的实际尺寸得到最大补偿值 0.3mm，此时轴的实际尺寸为 MMS+0.3（补偿值）=MMVS=10.3mm。

② 可逆要求应用于最小实体要求　可逆要求应用于最小实体要求时，应在公差框格内公差值后的符号Ⓛ后面加注符号Ⓡ。此时被测要素的实际轮廓应遵守最小实体实效边界，当其实际尺寸偏离最小实体尺寸时，允许其几何误差值超出在最小实体状态下给出的几何公差值；当几何公差值小于给出的几何公差值时，也允许其实际尺寸超出最小实体尺寸。

如图 3-39 所示的零件，被测孔 $\phi35$，其轴线对基准 A 有位置度规范要求，并采用最小实体要求和可逆要求。

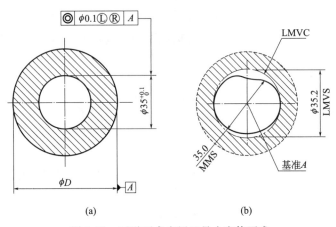

图 3-39　可逆要求应用于最小实体要求

a. 被测孔轴线的位置度公差是该孔为最小实体状态时给定的，因此其最小实体实效状态应完全约束在材料内部，其直径为 LMVS=LMS+0.1=35.2mm。

b. 孔的提取要素各处的实际直径应大于 MMS=35mm，可逆要求允许尺寸上限增加到 LMS 以上（即实际直径可大于 35.1mm，增加到 LMVS）。

c. LMVC 的方向平行于基准，且其位置在和基准 A 同轴的理论正确位置上。

d. 若孔的实际尺寸为 LMS 时，其轴线的位置度误差最大允许值为图样上给定的位置度公差值 0.1mm。

e. 若孔的实际尺寸为 MMS 时，其轴线的位置度误差最大允许值为图样上给定的位置度公差值和尺寸公差值之和 0.2mm。

f. 若孔的位置度误差小于图样上给定的位置度公差值 0.1mm，可逆要求允许孔的实际尺寸得到补偿；当孔的位置度误差值为 0，孔的实际尺寸得到最大补偿值 0.1mm，此时孔的实际尺寸为 LMS+0.1（补偿值）=LMVS=35.2mm。

3.5 几何公差的选择

几何公差对零部件的使用性能有着重要影响，正确地选用几何公差不仅能够显著提高产品的质量，还能有效降低制造成本，对于推动企业的高质量发展具有十分重要的意义。在选择几何公差时，需综合考虑几何特征项目、基准、公差原则和公差等级等多种因素。

3.5.1 几何特征项目的选择

在选择几何特征项目时，应考虑以下几个方面。

（1）零件的结构特征

零件的结构特征是选择被测要素几何特征项目的基本依据。例如，圆柱形零件的外圆会出现圆度、圆柱度误差；平面零件会出现平面度误差；阶梯轴、孔类零件会有同轴度误差；孔、槽类零件会有位置度误差或对称度误差，等等。

（2）零件的功能要求

零件的使用要求不同，对几何公差的选用也不同，因此应该分析几何误差对零件功能的影响。例如，车床前后轴颈的圆柱度误差和同轴度误差会影响主轴工作精度；车床导轨的直线度误差会影响溜板箱运动精度；与滚动轴承内圈配合的轴颈圆柱度误差和轴肩轴向圆跳动误差，会影响轴颈与轴承内圈的配合性质及轴承的旋转精度；减速器箱体上各轴承孔的中心线之间的平行度误差，会影响减速器中齿轮的接触精度和齿侧间隙的均匀性。

（3）几何特征项目的控制功能

几何特征项目的控制功能各不相同。单一控制项目有：直线度、平面度、圆度等；综合控制项目有：圆柱度、位置度、全跳动等。选择几何特征项目时，应充分发挥综合控制项目的功能，以减少图样上给出的几何特征项目，从而减少需检测的几何误差数。例如，位置公差可以同时控制与之有关的方向误差和形状误差，一般情况下，方向公差和形状公差不需标出。

（4）检测条件的方便性

确定几何特征项目，必须与检测条件相结合，考虑现有条件的可能性与经济性。在满足零件使用要求的前提下，选用检测项目应尽量少且方便，以获得较好的经济效益。例如，跳动公差检测方便，且具有综合控制功能，对轴类零件可用径向全跳动综合控制圆柱度、同轴度。用径向全跳动代替同轴度时，给出的径向全跳动公差值应略大于同轴度公差值，否则会要求过严；用轴向圆跳动可近似代替端面对轴线的垂直度；而轴向全跳动公差带与端面对轴线的垂直度公差带完全相同，可以等价代替。

3.5.2 基准的选择

选择基准时，主要应根据零件的功能和设计要求，并兼顾到基准统一原则和零件结构特征，通常考虑基准部位、基准数量和基准顺序几个方面。

（1）基准部位

① 根据零件功能要求及结构特征选择基准，如轴套类零件的支承轴颈或支承孔、盘盖类零件的轴线、箱体类零件的底面或侧面等。

② 根据装配关系选择基准。应选择零件相互配合或相互接触的表面作为基准，以保证零件的正确装配，如轴套类零件的轴肩、盘盖类零件的端平面等。

③ 根据尽量保证加工和检验基准统一选择。加工零件时，通常选择夹具定位要素作为基准，并考虑这些要素作为基准时是否便于工装和夹具的设计。例如，加工叉架类零件或箱体类零件时，一般选长度较长、面积较大的面作为加工基准，同时可以作为测量、检验基准。

(2) 基准数量

应根据几何特征项目来确定基准的数量,方向公差大多只需一个基准,位置公差需要一个或多个基准。例如,平行度、垂直度、同轴度和对称度,一般只用一条轴线或一个平面作为基准;位置度通常会用到两个或三个基准。

(3) 基准顺序

当采用两个或三个基准时,应选择对被测要素影响最大或定位最稳的平面作为第一基准。基准顺序不同,所表达的设计意图不同。在加工、装配和检验时,应首先满足第一基准的要求。以哪一个基准作为第一基准,应根据需要来定。

3.5.3 尺寸公差和几何公差关系的选择

在机械设计和制造过程中,对于同一零件的同一几何要素,既要考虑尺寸公差又要考虑几何公差,如何合理选择它们之间的关系是确保零件质量和功能的关键。公差原则的选择应以被测要素的功能要求为依据,同时还要充分考虑可行性和经济性,以实现最佳的设计效果。

尺寸公差和几何公差的合理选择,不仅是技术上的考量,还体现了科学严谨的工作态度和对产品质量的高度负责。

(1) 独立原则

选择独立原则应考虑以下几点问题:

① 当零件上的尺寸精度与几何精度需要分别满足要求时采用。如齿轮箱体孔的尺寸精度与两孔中心线的平行度;连杆活塞销孔的尺寸精度与圆柱度;滚动轴承内、外圈滚道的尺寸精度与形状精度。

② 当零件上的尺寸精度与几何精度要求相差较大时采用。如滚筒类零件的尺寸精度要求较低,形状精度要求较高;平板的形状精度要求较高,尺寸精度无要求;冲模架的下模座无尺寸精度要求,平行度要求较高;通油孔的尺寸精度有一定的要求,形状精度无要求。

③ 当零件上的尺寸精度与几何精度无联系时采用。如滚子链条的套筒或滚子内、外圆柱面的中心线的同轴度与尺寸精度;齿轮箱体孔的尺寸精度与两孔中心线间的位置精度;发动机连杆上孔的尺寸精度与孔中心线间的位置精度。

④ 零件上未注公差的要素采用。凡未注尺寸公差和未注几何公差的要素,都采用独立原则,如退刀槽、倒角、倒圆等非功能要素。

(2) 包容要求

包容要求主要用于需要严格保证配合性质的场合,特别是孔、轴间有相对运动且必须保证一定间隙以保持较高运动精度的配合面,如滑动轴承与轴颈、阀芯与阀体等。

(3) 最大实体要求

最大实体要求主要用于配合性质要求不高、仅要求可装配性的场合,如轴承盖、法兰盘上的孔的位置度等。

(4) 最小实体要求

最小实体要求主要用于需要保证零件强度和最小壁厚的场合。

(5) 可逆要求

可逆要求只能与最大、最小实体要求联用,能够充分利用公差带,扩大被测要素实际尺寸的范围,提高经济效益。

3.5.4 公差等级的选择

(1) 几何公差等级和公差值

零、部件的几何误差对机器或仪器的正常工作有很大影响,因此,合理、正确地选择几何公差值,对保证机器或仪器的功能要求、提高经济效益至关重要。几何公差的合理选用,不仅关乎产品的精度与质量,更是制造业核心竞争力的体现。

GB/T 1184—1996《形状和位置公差 未注公差值》中规定了各种几何公差等级和公差值（除了线、面轮廓度未规定之外），其中圆度和圆柱度公差为 13 个等级，即 0 级、1 级、2 级、…、12 级；其余各类几何公差分为 12 级，即 1 级、2 级、…、12 级。各个等级精度依次降低，各几何公差等级的公差值见表 3-7～表 3-10。而位置度公差只规定了数系，如表 3-11 所示。

表 3-7 直线度、平面度（摘自 GB/T 1184—1996）

主参数 L/mm	公差等级											
	1	2	3	4	5	6	7	8	9	10	11	12
	公差值/μm											
≤10	0.2	0.4	0.8	1.2	2	3	5	8	12	20	30	60
>10～16	0.25	0.5	1	1.5	2.5	4	6	10	15	25	40	80
>16～25	0.3	0.6	1.2	2	3	5	8	12	20	30	50	100
>25～40	0.4	0.8	1.5	2.5	4	6	10	15	25	40	60	120
>40～63	0.5	1	2	3	5	8	12	20	30	50	80	150
>63～100	0.6	1.2	2.5	4	6	10	15	25	40	60	100	200
>100～160	0.8	1.5	3	5	8	12	20	30	50	80	120	250
>160～250	1	2	4	6	10	15	25	40	60	100	150	300
>250～400	1.2	2.5	5	8	12	20	30	50	80	120	200	400
>400～630	1.5	3	6	10	15	25	40	60	100	150	250	500
>630～1000	2	4	8	12	20	30	50	80	120	200	300	600

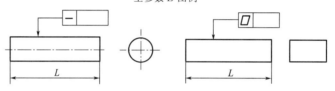

主参数 L 图例

表 3-8 圆度、圆柱度（摘自 GB/T 1184—1996）

主参数 d(D)/mm	公差等级												
	0	1	2	3	4	5	6	7	8	9	10	11	12
	公差值/μm												
≤3	0.1	0.2	0.3	0.5	0.8	1.2	2	3	4	6	10	14	25
>3～6	0.1	0.2	0.4	0.6	1	1.5	2.5	4	5	8	12	18	30
>6～10	0.12	0.25	0.4	0.6	1	1.5	2.5	4	6	9	15	22	36
>10～18	0.15	0.25	0.5	0.8	1.2	2	3	5	8	11	18	27	43
>18～30	0.2	0.3	0.6	1	1.5	2.5	4	6	9	13	21	33	52
>30～50	0.25	0.4	0.6	1	1.5	2.5	4	7	11	16	25	39	62
>50～80	0.3	0.5	0.8	1.2	2	3	5	8	13	19	30	46	74
>80～120	0.4	0.6	1	1.5	2.5	4	6	10	15	22	35	54	87
>120～180	0.6	1	1.2	2	3.5	5	8	12	18	25	40	63	100

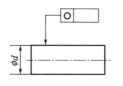 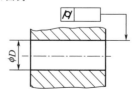

主参数 d(D) 图例

表 3-9　平行度、垂直度、倾斜度（摘自 GB/T 1184—1996）

主参数 $L,d(D)$/mm	公差等级											
	1	2	3	4	5	6	7	8	9	10	11	12
	公差值/μm											
≤10	0.4	0.8	1.5	3	5	8	12	20	30	50	80	120
>10~16	0.5	1	2	4	6	10	15	25	40	60	100	150
>16~25	0.6	1.2	2.5	5	8	12	20	30	50	80	120	200
>25~40	0.8	1.5	3	6	10	15	25	40	60	100	150	250
>40~63	1	2	4	8	12	20	30	50	80	120	200	300
>63~100	1.2	2.5	5	10	15	25	40	60	100	150	250	400
>100~160	1.5	3	6	12	20	30	50	80	120	200	300	500
>160~250	2	4	8	15	25	40	60	100	150	250	400	600
>250~400	2.5	5	10	20	30	50	80	120	200	300	500	800
>400~630	3	6	12	25	40	60	100	150	250	400	600	1000
>630~1000	4	8	15	30	50	80	120	200	300	500	800	1200

主参数 $L,d(D)$ 图例

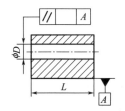 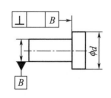 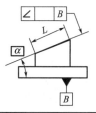

表 3-10　同轴度、对称度、圆跳动和全跳动（摘自 GB/T 1184—1996）

主参数 $d(D)$、B、L /mm	公差等级											
	1	2	3	4	5	6	7	8	9	10	11	12
	公差值/μm											
≤1	0.4	0.6	1.0	1.5	2.5	4	6	10	15	25	40	60
>1~3	0.4	0.6	1.0	1.5	2.5	4	6	10	20	40	60	120
>3~6	0.5	0.8	1.2	2	3	5	8	12	25	50	80	150
>6~10	0.6	1	1.5	2.5	4	6	10	15	30	60	100	200
>10~18	0.8	1.2	2	3	5	8	12	20	40	80	120	250
>18~30	1	1.5	2.5	4	6	10	15	25	50	100	150	300
>30~50	1.2	2	3	5	8	12	20	30	60	120	200	400
>50~120	1.5	2.5	4	6	10	15	25	40	80	150	250	500
>120~250	2	3	5	8	12	20	30	50	100	200	300	600
>250~500	2.5	4	6	10	15	25	40	60	120	250	400	800

主参数 $d(D)$、B、L 图例 [当被测要素为圆锥面时，取 $d=(d_1+d_2)/2$]

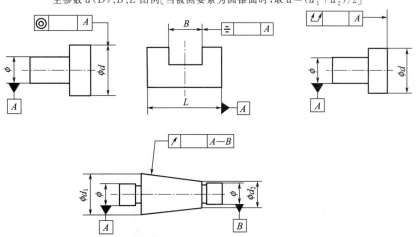

表 3-11　位置度公差值数系（摘自 GB/T 1184—1996）

1	1.2	1.5	2	2.5	3	4	5	6	8
1×10^n	1.2×10^n	1.5×10^n	2×10^n	2.5×10^n	3×10^n	4×10^n	5×10^n	6×10^n	8×10^n

注：n 为正整数。

（2）几何公差等级或公差值的选择

几何公差等级的选择原则是：在满足零件使用要求的前提下，尽量选取较低的公差等级。

选择方法常采用类比法，主要考虑以下几点：

① 几何公差和尺寸公差的关系。通常，同一要素所给出的各类公差之间关系应该满足：

形状公差＜方向公差＜位置公差＜跳动公差＜尺寸公差

例如，同一平面上，平面度公差值应小于该平面对基准的平行度公差值，平行度公差值应小于其相应的距离公差值。

② 形状公差与表面粗糙度的关系。一般来说，表面粗糙度参数（见第 4 章）Ra 值约占形状公差值的 $20\%\sim25\%$，即 $Ra=(0.2\sim0.25)t_{形}$。

③ 零件的结构特点。对于结构复杂、刚性较差（如细长轴、薄壁件等）或不易加工和测量的零件，在满足零件功能要求的前提下，可适当降低 1 到 2 级选用。

a. 细长比（长度与直径之比）较大的轴或孔；

b. 跨距较大的轴或孔；

c. 宽度较大（大于 1/2 长度）的零件表面。

④ 位置度公差值需由计算来确定。位置度公差常用于控制螺栓或螺钉连接中，孔距的位置精度要求，其公差值取决于螺栓与光孔之间的间隙。其位置度公差值的计算公式如下。

螺栓连接：$$t\leqslant kX_{\min}=k(D_{\min}-d_{\max}) \tag{3-7}$$

螺钉连接：$$t\leqslant 0.5kX_{\min}=k(D_{\min}-d_{\max}) \tag{3-8}$$

式中，k 为间隙利用系数。考虑到装配调整对间隙的需要，一般取 $k=0.6\sim0.8$；如果不需调整，取 $k=1$。

按式(3-7) 和式(3-8) 计算出公差值，经圆整后按表 3-11 选择位置度公差值。

表 3-12～表 3-15 列出了一些几何公差等级适用的场合，仅供读者参考。

表 3-12　直线度、平面度几何公差等级的应用

公差等级	应 用 举 例
5	1 级平板,2 级宽平尺,平面磨床的纵导轨、垂直导轨、立柱导轨以及工作台,液压龙门刨床和六角车床床身导轨,柴油机进气、排气阀门导杆
6	普通机床导轨面,如普通车床、龙门刨床、滚齿机、自动车床等的床身导轨、立柱导轨,柴油机壳体
7	2 级平板,机床主轴箱、摇臂钻床底座和工作台,镗床工作台,液压泵盖,减速器壳体结合面
8	机床传动箱体,交换齿轮箱体,车床溜板箱体,柴油机汽缸体,连杆分离面,缸盖结合面,汽车发动机缸盖、曲轴箱结合面,液压管件和法兰连接面
9	3 级平板,自动车床床身底面,摩托车曲轴箱体,汽车变速箱壳体,手动机械的支承面

表 3-13　圆度、圆柱度几何公差等级的应用

公差等级	应 用 举 例
5	一般计量仪器主轴、测杆外圆柱面,陀螺仪轴颈,一般机床主轴轴颈及主轴轴承孔,柴油机、汽油机活塞、活塞销,与 6 级滚动轴承配合的轴颈

公差等级	应用举例
6	仪表端盖外圆柱面，一般机床主轴及前轴承孔，泵、压缩机的活塞、汽缸，汽油发动机凸轮轴，纺机锭子，减速器转轴轴颈，高速船用柴油机，拖拉机曲轴主轴颈，与6级滚动轴承配合的外壳孔，与0级滚动轴承配合的轴颈
7	大功率低速柴油机曲轴轴颈、活塞、活塞销、连杆、汽缸，高速柴油机箱体轴承孔，千斤顶或压力油缸活塞，机床传动轴，水泵及通用减速器转轴轴颈，与0级滚动轴承配合的外壳孔
8	大功率低速发动机曲柄轴轴颈，压气机连杆盖、连杆体，拖拉机汽缸、活塞，炼胶机冷铸轴辊，印刷机传墨辊，内燃机曲轴轴颈、柴油机凸轮轴承孔、凸轮轴，拖拉机、小型船用柴油机汽缸套
9	空气压缩机缸体，液压传动筒，通用机械杠杆与连杆用套筒销子，拖拉机活塞环、套筒孔

表 3-14 平行度、垂直度、倾斜度和轴向跳动几何公差等级的应用

公差等级	应用举例
4,5	普通车床导轨、重要支承面，机床主轴孔对基准的平行度，精密机床重要零件，计量仪器、量具、模具的基准面和工作面，机床床头箱体重要孔，通用减速器壳体孔，齿轮泵的油孔端面，发动机轴和离合器的凸缘，汽缸支承端面，安装精密滚动轴承的壳体孔的凸肩
6,7,8	一般机床的基准面和工作面，压力机和锻锤的工作面，中等精度钻模的工作面，机床一般轴承孔对基准的平行度，变速器的壳体孔，主轴花键对定心直径部位轴线的平行度，重型机械滚动轴承端盖，卷扬机、手动传动装置中的传动轴，一般导轨，主轴箱体孔，刀架、砂轮架、汽缸配合面对基准轴线以及活塞销孔对活塞轴线的垂直度，滚动轴承内、外圈端面对轴线的垂直度
9,10	低精度零件，重型机械滚动轴承端盖，柴油机、煤气发动机箱体曲轴孔、曲轴轴颈，花键轴和轴肩端面，带式运输机法兰盘等端面对轴线的垂直度，手动卷扬机及传动装置中轴承孔的端面、减速器的壳体平面

表 3-15 同轴度、对称度、径向跳动几何公差等级的应用

公差等级	应用举例
5,6,7	应用范围广。用于形位精度要求较高、尺寸公差等级为IT8及高于IT8的零件。5级常用于机床主轴轴颈，计量仪器的测量杆，汽轮机主轴，柱塞油泵转子，高精度滚动轴承外圈，一般精度滚动轴承内圈。7级用于内燃机曲轴、凸轮轴、齿轮轴、水泵轴、汽车后轮的输出轴，电机转子，印刷机传墨辊的轴颈，键槽
8,9	常用于形位精度要求一般，尺寸公差等级IT9至IT11的零件。8级用于拖拉机发动机分配轴的轴颈，与9级精度以下齿轮相配的轴，水泵叶轮，离心泵体，棉花精梳机前后滚子，键槽等。9级用于内燃机汽缸套的配合面，自行车的中轴

(3) 未注几何公差的规定

图样上没有具体注明几何公差值的要素，其几何精度由未注几何公差来控制。国家标准将未注几何公差分为三个公差等级，即 H、K、L 级，精度依次降低。表 3-16～表 3-19 列出了未注几何公差值，仅供读者参考。

表 3-16 直线度、平面度未注几何公差值（摘自 GB/T 1184—1996） mm

公差等级	基本长度范围					
	≤10	>10~30	>30~100	>100~300	>300~1000	>1000~3000
H	0.02	0.05	0.1	0.2	0.3	0.4
K	0.05	0.1	0.2	0.4	0.6	0.6
L	0.1	0.2	0.4	0.8	1.2	1.6

表 3-17 垂直度未注几何公差值（摘自 GB/T 1184—1996）　　mm

公差等级	基本长度范围			
	≤100	>100~300	>300~1000	>1000~3000
H	0.2	0.3	0.4	0.5
K	0.4	0.6	0.8	1
L	0.6	1	1.5	2

表 3-18 对称度未注几何公差值（摘自 GB/T 1184—1996）　　mm

公差等级	基本长度范围			
	≤100	>100~300	>300~1000	>1000~3000
H	0.5			
K	0.6		0.8	1
L	0.6	1	1.5	2

表 3-19 圆跳动未注几何公差值（摘自 GB/T 1184—1996）　　mm

公差等级	公差值
H	0.1
K	0.2
L	0.5

3.5.5 几何公差的选择方法与举例

（1）选择方法

① 根据功能要求确定几何公差特征。

② 参考几何公差与尺寸公差、表面粗糙度、加工方法的关系，再结合实际情况，修正后确定出公差等级，并查表得出公差值。

③ 选择基准要素。

④ 选择标注方法。

（2）举例

【例 3-1】 试确定图 3-40 所示的齿轮油泵中齿轮轴两端轴颈 $\phi15f6$ 的几何公差，并选择合适的标注方法。

解：① 齿轮轴两端轴颈 $\phi15f6$ 几何公差的确定　由于齿轮轴处于较高转速下工作，两端轴颈与两端端盖轴承孔为间隙配合时，为了保证沿轴截面与正截面内各处的间隙均匀，防

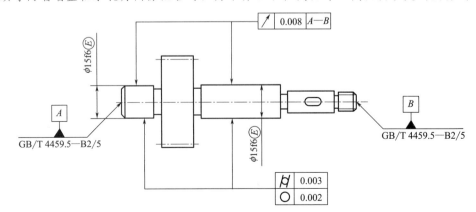

图 3-40 齿轮轴轴颈的几何公差

止磨损不一致,以及避免跳动过大,应严格控制其形状误差。因此,选择圆度和圆柱度几何特征。

a. 确定公差等级　参考表 3-13 可选用 6 级。由于圆柱度为综合公差,故可选用 6 级,而圆度公差选用 5 级。查表 3-8 可知圆度公差值为 $t=2\mu m$,圆柱度公差值为 $t=3\mu m$。

b. 选择公差原则　考虑到既要保证可装配性,又要保证对中精度与运转精度和齿轮接触良好等要求,可采用单一要素的包容要求。

② 齿轮轴两轴颈 $\phi15f6$ 位置公差的确定　为了可装配性和运动精度,应控制两轴颈的同轴度误差,但考虑到两轴颈的同轴度在生产中不便于检测,可用径向圆跳动公差来控制同轴度误差。

参考表 3-15 推荐同轴度公差等级可取 5~7 级,综合考虑取为 6 级较合适。

查表 3-10 可知,圆跳动公差值 $t=8\mu m$。

③ 基准的确定　从加工和检验的角度考虑,选择在夹具、检具中定位的相应要素为基准,以消除由于基准不重合引起的误差。故选择两端定位中心孔的公共轴线为基准。

④ 齿轮轴几何公差的标注　齿轮轴的几何公差的标注如图 3-40 所示。

【例 3-2】　按尺寸 $\phi 60_{-0.030}^{0}$ 加工一个轴,图样上该尺寸按包容要求加工。加工后测得该轴横截面形状正确,实际尺寸处处皆为 $\phi 59.97mm$,轴线直线度误差为 $\phi 0.020mm$。试述该轴的合格条件,并判断该轴是否合格。

解：① 轴的合格条件为：实际尺寸在最大、最小实体尺寸之间；实际轮廓在最大实体边界之内。

② 尺寸合格范围：$\phi 59.970 \leqslant d_a \leqslant \phi 60$。

实际尺寸 $\phi 59.970$ 在合格范围内,所以尺寸合格。

③ 最大实体边界尺寸：$d_M = d_{max} = 60$。

当尺寸处处为 $\phi 59.970mm$ 时,允许的最大变形为：$60-59.970=0.030(mm)$。

而实际变形为 $0.020mm$,因此实际轮廓在边界之内。

所以：该轴合格。

思考题与习题

本书配套资源

3-1　判断题

(1) 规定几何公差的目的是限制几何误差的大小,从而保证零件的使用性能。
(2) 在机械制造中,零件的几何误差是不可避免的。
(3) 形状公差带不涉及基准,其公差带的位置是浮动的,与基准无关。
(4) 最大实体实效边界是包容要求的理想边界。
(5) 某一实际圆柱面的实测径向圆跳动为 0.05mm,则它的圆度误差一定不超过 0.05mm。
(6) 径向圆跳动公差带与圆度公差带的形状相同,因此任何情况都可以用测量径向圆跳动误差代替测量圆度误差。
(7) 轴上有一键槽,对称度公差为 0.03mm,若该键槽实际中心平面对基准轴线的最大偏移量为 0.02mm,那么它是符合要求的。
(8) 包容要求仅适用于导出要素。
(9) 最大实体状态,就是零件尺寸最大时的状态。
(10) 图样上未标注几何公差的要素,即表示对几何误差无控制要求。

3-2 选择题

(1) 形状误差的评定应当符合（　　）。
　　A. 公差原则　　　　B. 包容要求　　　　C. 最小条件　　　　D. 相关要求

(2) 在三基面体系中，对于板类零件，（　　）应选择零件上面积大、定位稳的表面。
　　A. 第一基准　　　　B. 第二基准　　　　C. 第三基准　　　　D. 辅助基准

(3) 方向公差带可以控制被测要素的（　　）。
　　A. 形状误差和位置误差　　　　　　　　B. 形状误差和方向误差
　　C. 方向误差和位置误差　　　　　　　　D. 方向误差和尺寸偏差

(4) 如果轴的直径为 φ30mm，上极限偏差 0，下极限偏差为 −0.03mm，其轴线的直线度公差在图样上的给定值为 φ0.01mm，采用最大实体要求，那么直线度公差的最大允许值为（　　）mm。
　　A. φ0.01　　　　B. φ0.02　　　　C. φ0.03　　　　D. φ0.04

(5) 下列几何公差特征项目中，公差带可以有不同形状的为（　　）。
　　A. 直线度　　　　B. 平面度　　　　C. 圆度　　　　D. 同轴度

(6) 几何公差中，公差带形状是半径为公差值 t 的圆柱面内区域的有（　　）。
　　A. 同轴度　　　　B. 径向全跳动　　　　C. 任意方向直线度
　　D. 圆柱度　　　　E. 位置度

(7) 在直线度公差中，当被测要素是导出要素轴线，若给定一个方向要求，其公差带是（　　）区域；若任意方向要求，其公差带形状是（　　）区域。
　　A. 两平行平面　　　　B. 两同轴圆柱内　　　　C. 两同心圆　　　　D. 圆柱内

(8) 设计零件时，其几何公差数值选择的原则是（　　）。
　　A. 在满足零件功能要求的前提下，选择最经济的公差值
　　B. 公差值越小越好，因为能更好地满足使用功能要求
　　C. 公差值越大越好，因为可降低加工的成本
　　D. 尽量多地采用未注几何公差

(9) 选择公差原则时，在考虑的各种因素中，最主要的因素是（　　）。
　　A. 零件的使用要求　　　　　　　　B. 零件加工时的生产批量
　　C. 机床设备的精度状况　　　　　　D. 操作人员的技能水平

(10) 按同一图样加工一批孔，每个孔的体外作用尺寸（　　）。
　　A. 相同　　　　　　　　　　　　　B. 不一定相同
　　C. 等于最大实体尺寸　　　　　　　D. 小于最大实体尺寸

3-3 简答题

(1) 几何公差研究的对象是什么？
(2) 几何公差分几大类？每类中含有哪些几何特征？各个几何特征的符号怎样？
(3) 试述几何公差带与尺寸公差带的相同点与不同点？
(4) 比较下列几何公差带有何异同：
① 轴线直线度公差带（任意方向）和轴线对基准平面的垂直度公差带（任意方向）；
② 同一表面的平面度和平行度的公差带；
③ 圆度和圆柱度的公差带；
④ 圆度和径向圆跳动的公差带；
⑤ 端面对轴线的垂直度和轴向全跳动的公差带；
⑥ 圆柱度和径向全跳动的公差带。
(5) 确定几何公差值时，同一被测要素的形状公差值与其他几何公差值之间的关系如何处理？
(6) 被测要素的几何公差值前加字母 φ 的依据是什么？
(7) 什么是理论正确尺寸？在图样上如何表示？其功用是什么？
(8) 几何公差基准的含义是什么？在图样上怎样标注？在公差框格中如何表示？
(9) 说明独立原则、包容要求、最大实体要求、最小实体要求和可逆要求的含义。在图样上如何表示这些原则？设计时它们各适用于什么场合？
(10) 实际尺寸、作用尺寸和实体尺寸等尺寸之间有何区别与联系？

(11) 被测要素的几何精度设计中包括哪几方面的内容？

(12) 图样上未注几何公差的要素应如何理解？例如端面对轴线的垂直度公差未注出，如何理解？

3-4 将下列各项几何公差要求标注在题图 3-1 中。

(1) ϕ100h8 圆柱面对 ϕ40H7 孔轴线的径向圆跳动公差为 0.018mm。

(2) ϕ40H7 孔遵守包容要求，其圆柱度公差为 0.007mm。

(3) 左、右两凸台端面对 ϕ40H7 孔的轴线的轴向圆跳动公差均为 0.012mm。

(4) 轮毂键槽对称中心面对 ϕ40H7 孔的轴线的对称度公差为 0.002mm。

3-5 将下列各项几何公差要求标注在题图 3-2 中。

(1) $2\times\phi d$ 孔的轴线对其公共轴线的同轴度公差为 0.02mm。

(2) ϕD 孔的轴线对 $2\times\phi d$ 孔公共轴线的垂直度公差为 0.01/100mm。

(3) ϕD 孔的轴线对 $2\times\phi d$ 孔公共轴线的对称度公差为 0.02mm。

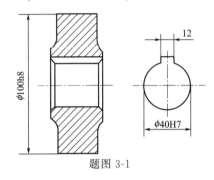

题图 3-1

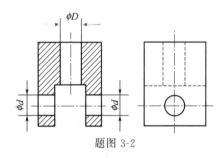

题图 3-2

3-6 将下列各项几何公差要求标注在题图 3-3 中。

(1) $\phi 32_{-0.030}^{0}$ 的圆柱面对 $\phi 20_{-0.021}^{0}$ 两段轴颈的公共轴线的径向圆跳动公差为 0.015mm。

(2) $\phi 20_{-0.021}^{0}$ 两段轴颈的圆柱度公差为 0.01mm。

(3) $\phi 32_{-0.030}^{0}$ 的左、右两轴肩对 $\phi 20_{-0.021}^{0}$ 的两段轴颈公共轴线的轴向圆跳动公差为 0.02mm。

(4) 键槽 $10_{-0.036}^{0}$ 的对称中心面对 $\phi 32_{-0.030}^{0}$ 圆柱轴线的对称度公差为 0.015mm。

3-7 将下列各项几何公差要求标注在题图 3-4 中。

(1) 左端面的平面度公差为 0.01mm。

(2) 右端面对左端面的平行度公差为 0.04mm。

(3) ϕ70 孔按 H7 遵守包容要求，ϕ210 外圆柱 h7 遵守独立原则。

(4) ϕ70 孔的轴线对左端面任意方向的垂直度公差为 0.02mm。

(5) ϕ210 外圆柱的轴线对 ϕ70 孔轴线的同轴度公差为 0.03mm。

(6) $4\times\phi$20H8 孔轴线对左端面（第一基准）及 ϕ70 孔的轴线给定方向的位置度公差为 0.15mm（要求均匀分布），被测轴线位置度公差与 ϕ20H8 孔尺寸公差的关系采用最大实体要求。

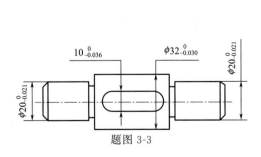

题图 3-3

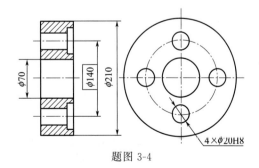

题图 3-4

3-8 如题图 3-5 所示，销轴的三种几何公差标注，说明它们的公差带有何不同？

3-9 如题图 3-6 所示，销轴的三种几何公差标注，说明它们的公差带有何不同？

3-10 改正题图 3-7 图样上的几何公差标注的错误。

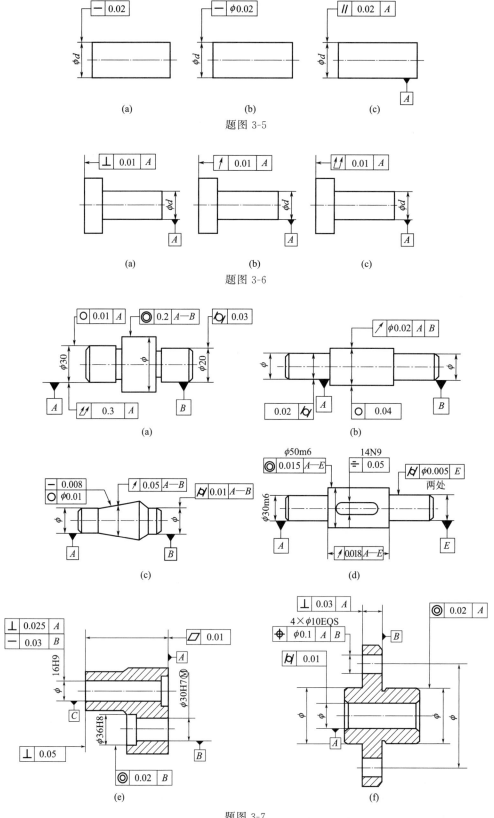

题图 3-5

题图 3-6

题图 3-7

3-11 题图 3-8 所示轴套的四种标注，试分析说明它们所表示的要求有何不同？按题表 3-1 的栏目分别填写。

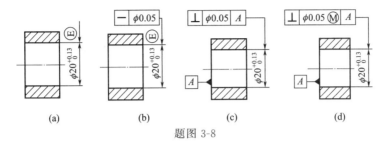

题图 3-8

题表 3-1

图样序号	采用的公差原则	理想边界名称及边界尺寸/mm	最大实体状态下允许的最大几何误差值/mm	最小实体状态下允许的最大几何误差值/mm	实际尺寸的合格范围/mm
（a）					
（b）					
（c）					
（d）					

3-12 在一零件图中，某孔的直径为 $\phi 80^{+0.030}_{\ 0}$ mm，其轴线标出的直线度公差代号中，公差值为 $\phi 0.010$ Ⓜ mm。若按此零件图加工出一孔，测得该孔横截面形状正确，实际尺寸处处皆为 $\phi 80.020$mm，轴线直线度误差为 $\phi 0.020$mm。试述该孔的合格条件，并判断该孔是否合格。

第4章 表面粗糙度

4.1 概 述

4.1.1 表面粗糙度的概念

在零件的加工过程中，由于机床和刀具的振动、刀具与零件表面之间的摩擦以及切屑分离时材料的塑性变形等原因，使得加工后的零件表面不可能完全是理想的光滑表面。通过放大镜或显微镜观察，可以看到零件表面存在着凹凸不平的状况，如图 4-1 所示。

这种加工后表面所呈现的微观几何形状特征称为表面粗糙度，也称为微观几何不平度；而表面上更大的几何形状误差称为形状误差，如平面度、圆柱度等；介于微观和宏观之间的几何形状误差称为表面波纹度。三者的划分可以依据波距 λ（波形起伏间距）的大小来确定，波距小于 1mm 的属于表面粗糙度，波距在 1～10mm 的属于表面波纹度，波距大于 10mm 的属于形状误差，如图 4-2 所示。

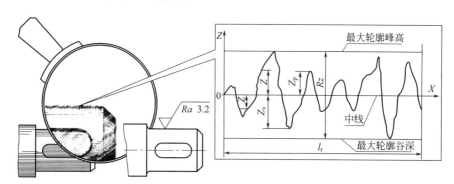

图 4-1 零件的表面

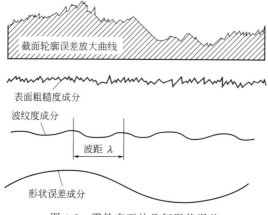

图 4-2 零件表面的几何形状误差

4.1.2 表面粗糙度对机械零件使用性能的影响

表面粗糙度是机械零件表面几何形状特征的重要评定参数之一,它直接影响零件的使用性能和寿命。尤其是在高温、高压和高速等极端条件下工作的机械零件,其性能表现更容易受到表面粗糙度的影响。以下是表面粗糙度对机械零件使用性能的主要影响方面。

(1) 对摩擦和磨损的影响

当两个零件相互接触并发生相对运动时,由于峰顶之间的接触作用会产生摩擦阻力,导致零件磨损。因此,零件表面越粗糙,摩擦阻力越大,两个相对运动的表面间有效接触面积越少,导致单位面积压力增大,磨损速度加快。

但值得注意的是,并非零件表面越光滑,其磨损量就一定越小。这是因为零件的耐磨性不仅与表面粗糙度有关,还与磨损下来的金属微粒的刻划作用、润滑条件以及分子间的吸附作用等因素有关。当零件的表面过于光滑时,不利于润滑油的储存,容易在相对运动表面之间形成半干摩擦或干摩擦,反而加剧磨损。实践表明,磨损量与评定参数 Ra 值之间存在一定的关系,如图 4-3 所示。这启示我们要在设计时合理选择表面粗糙度,达到既能降低摩擦,又能保持润滑效果的最佳状态。

(2) 对配合性能的影响

表面粗糙度直接影响配合性质的稳定性,从而影响机器或仪器的工作精度和可靠性。对于具有相对运动的间隙配合,粗糙度的峰尖会在运转时很快磨损,导致配合间隙增大,引起运动不平稳;对于过盈配合,粗糙表面的峰尖在装配时被挤平,使得实际有效过盈量减少,降低了连接强度。由此可见,选择适当的表面粗糙度对确保配合精度和稳定性非常重要。

(3) 对疲劳强度的影响

零件表面越粗糙,其表面的凹谷越深,波谷的曲率半径越小,易产生应力集中。在交变载荷作用下,应力集中会导致疲劳强度降低,增加零件疲劳损坏的可能性。长时间使用后,粗糙表面容易产生裂纹并最终导致零件损坏,如图 4-4 所示。因此,控制表面粗糙度以减少应力集中,对于提高零件的疲劳强度至关重要。

(4) 对接触刚度的影响

零件表面越粗糙,表面之间的实际接触面积就越小,单位面积受力增大,这会导致峰尖处的局部塑性变形加剧,接触刚度降低,从而影响机器的工作精度和抗震性。接触刚度是很多精密机械中关键的性能指标,必须通过合理的表面粗糙度设计来保证。

(5) 对抗腐蚀性的影响

零件表面越粗糙,凹谷越深,容易使腐蚀性物质附着在凹谷处,并渗入到金属内层,造成表面腐蚀加剧,如图 4-4 所示。因此,为了增强零件的抗腐蚀性,设计时应适当控制表面粗糙度,尤其是对于在腐蚀性环境中使用的零件。

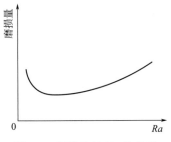

图 4-3 磨损量与 Ra 的关系

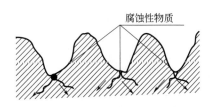

图 4-4 表面粗糙度对耐蚀性的影响

另外，表面粗糙度对零件结合面的密封性能、对流体流动的阻力、机器和仪器外观质量以及表面涂层的质量等都有很大影响。因此，在零件进行精度设计时，提出合理的表面粗糙度要求是非常必要的。

4.2 表面粗糙度的评定

4.2.1 有关基本术语（GB/T 3505—2009）

（1）轮廓滤波器

轮廓滤波器是指把轮廓分成长波和短波成分的滤波器。

（2）粗糙度轮廓

粗糙度轮廓是对原始轮廓采用中波（λ_c）滤波器抑制长波成分以后形成的轮廓。

（3）基准中线

基准中线是指具有理想特征的评定表面粗糙度参数值大小的一条基准线，有两种确定方法：轮廓最小二乘中线和轮廓算术平均中线，如图 4-5 所示。

拓展阅读
滤波器

① 轮廓最小二乘中线　是指在取样长度内，实际被测轮廓线上各点到该线的距离 Z（轮廓偏差）的平方和为最小的线。

② 轮廓算术平均中线　是指在取样长度内，将实际轮廓划分为上、下两部分，使上、下面积相等的线。

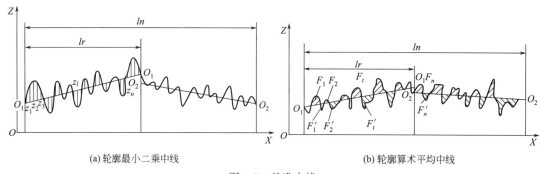

图 4-5　基准中线

（4）取样长度 lr

在 X 轴方向上用于判别被评定轮廓不规则特征的长度称为取样长度。评定粗糙度的取样长度 lr 在数值上与轮廓滤波器的标志波长相等。规定取样长度的目的在于限制和减弱其他形状误差，特别是表面波纹度轮廓对测量结果的影响。取样长度太长，有可能将表面波纹度的成分引入表面粗糙度结果中；太短，不能反映待测量表面的粗糙度情况。

（5）评定长度 ln

用于判别被评定轮廓的 X 轴方向上的长度称为评定长度。评定长度 ln 包含一个或几个取样长度。这是因为由于零件表面各部分的粗糙度不一定很均匀，在一个取样长度内往往不能合理地反映这些表面的粗糙度特征，故应在其连续几个取样长度内分别测量，取其平均值作为测量结果。常用的取样长度和评定长度与粗糙度高度参数数值的关系，如表 4-1 所示。

表 4-1 取样长度和评定长度与粗糙度高度参数数值的关系

参数及数值/μm		lr/mm	$ln(ln=5lr)$
Ra	Rz		
≥0.008~0.02	≥0.025~0.10	0.08	0.4
>0.02~0.1	>0.10~0.50	0.25	1.25
>0.1~2.0	>0.50~10.0	0.8	4.0
>2.0~10.0	>10.0~50.0	2.5	12.5
>10.0~80.0	>50.0~320	8.0	40.0

4.2.2 表面粗糙度的评定参数

为了满足对零件表面的不同功能要求,国家标准规定表面粗糙度的评定参数有幅度参数、间距参数和混合参数三种。

（1）幅度参数（即高度参数）

① 轮廓的算术平均偏差 Ra

Ra 是在一个取样长度 lr 内,轮廓的纵坐标值 $Z(x)$ 绝对值的算术平均值,如图 4-6 所示。

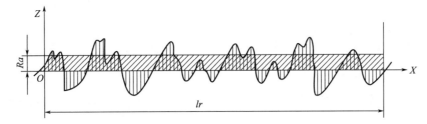

图 4-6 轮廓的算术平均偏差

$$Ra = \frac{1}{lr}\int_1^{lr} |Z(x)| dx \tag{4-1}$$

或

$$Ra = \frac{1}{n}\sum_{i=1}^{n}|Z_i| \tag{4-2}$$

Ra 值的大小能客观地反映被测表面微观几何特性：Ra 值越小,说明被测表面微小峰谷的幅度越小,表面越光滑；反之,Ra 值越大,表面越粗糙。

② 轮廓的最大高度 Rz

Rz 是在一个取样长度 lr 内,最大轮廓峰高 R_p 和最大轮廓谷深 R_v 之和,如图 4-7 所示。

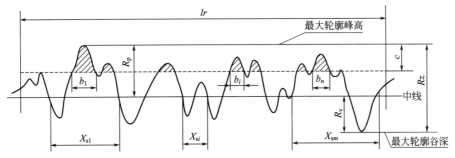

图 4-7 轮廓最大高度

在机械加工和工程设计中,表面粗糙度是评估零件表面质量的重要指标,而幅度参数作为表面粗糙度的基本参数，通常用于描述表面的起伏程度。然而，仅凭幅度参数还不足以全面反映出零件表面粗糙度的特性。如图 4-8 所示的粗糙度疏密度和图 4-9 所示的粗糙度轮廓形状就展现了这一点。在图 4-8 中，虽然图（a）和图（b）的幅度参数值相近，但由于波纹的疏密度不同，其表面特性也随之不同。例如，在密封性要求较高的场合，波纹密集的表面可能表现得更加优越。而图 4-9 中三个图形的幅度参数大致相同，但它们的耐磨性、抗腐蚀性却有所不同。这些差异提醒我们，幅度参数虽然重要，但并不足以单独表征表面粗糙度的所有特性。所以，当幅度参数不能满足零件表面粗糙度要求时，可根据需要选择附加参数来补充。

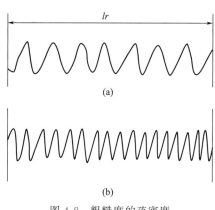

图 4-8 粗糙度的疏密度

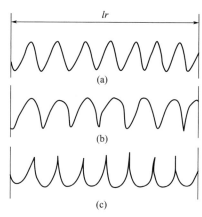

图 4-9 粗糙度的轮廓形状

（2）间距参数

间距参数用轮廓单元的平均宽度 Rsm 来表示，定义为：在一个取样长度内，轮廓单元宽度 X_s 的平均值。即：

$$Rsm = \frac{1}{m}\sum_{i=1}^{m} X_{si} \tag{4-3}$$

轮廓单元宽度是指含有一个轮廓峰和相邻轮廓谷的一段中线长度 X_{si}，如图 4-7 所示。轮廓峰是指在取样长度内，轮廓与中线相交，连接两相邻交点向外（从材料到周围介质）的轮廓部分；向内的轮廓部分称为轮廓谷。

Rsm 反映轮廓表面峰谷的疏密程度，其值越大，峰谷越稀，密封性越差。

（3）混合参数（即形状参数）

混合参数用轮廓支承长度率 $Rmr(c)$ 表示，定义为：在给定水平截距 c 内，轮廓的实体材料长度 $Ml(c)$ 与评定长度 ln 的比值。即：

$$Rmr(c) = \frac{Ml(c)}{ln} \times 100\% = \frac{1}{ln}\sum_{i=1}^{n} b_i \times 100\% \tag{4-4}$$

轮廓的实体材料长度 $Ml(c)$ 是指，平行于中线且与轮廓峰顶线相距为 c 的一条直线与轮廓相截所得到的各段截线 b_i（见图 4-7）之和。

轮廓支承长度率 $Rmr(c)$ 是反映零件表面耐磨性能的指标。当 c 一定时，其值越大表示零件表面实体材料部分越大，承载面积就越大，支承能力和耐磨性越好。

4.2.3 表面粗糙度的数值规定

国家标准中规定各个评定参数的数值如表 4-2～表 4-5 所示。表 4-2 列出了轮廓的算术平均偏差 Ra 的数值，它是由数系 R10/3（0.012～100μm）所组成。表 4-3 列出了轮廓的最大高度 Rz 的数值，它是由数系 R10/3（0.025～1600μm）所组成。表 4-4 列出了轮廓单元

的平均宽度 Rsm 的数值，它是由数系 R10/3（0.006～12.5mm）所组成。表 4-5 列出了轮廓支承长度率 $Rmr(c)$ 的数值。另外，国家标准对 Ra、Rz 和 Rsm 还规定有补充系列，这里不再阐述。

表 4-2　轮廓的算术平均偏差 Ra 的数值　　　　　　　　　　　　　　μm

Ra	0.012	0.2	3.2	50
	0.0025	0.4	6.3	100
	0.05	0.8	12.5	
	0.1	1.6	25	

表 4-3　轮廓的最大高度 Rz 的数值　　　　　　　　　　　　　　μm

Rz	0.025	0.4	6.3	100	1600
	0.05	0.8	12.5	200	
	0.1	1.6	25	400	
	0.2	3.2	50	800	

表 4-4　轮廓单元的平均宽度 Rsm 的数值　　　　　　　　　　　　　　mm

Rsm	0.006	0.1	1.6
	0.0125	0.2	3.2
	0.025	0.4	6.3
	0.050	0.8	12.5

表 4-5　轮廓的支承长度率 $Rmr(c)$ 的数值　　　　　　　　　　　　　　%

$Rmr(c)$	10	15	20	25	30	40	50	60	70	80	90

4.3　表面粗糙度的选择和标注

4.3.1　表面粗糙度评定参数及数值的选择

（1）评定参数的选择

在机械零件的表面粗糙度评定中，选择合适的评定参数至关重要。评定参数的选择直接影响零件的使用性能、生产工艺和经济效益。因此，工程师在选择和设计这些参数时，不仅要考虑技术需求，还应体现社会责任感和工匠精神，致力于提高产品质量，推动制造业的高质量发展。

① 幅度参数的选择　幅度参数是表面粗糙度评定中的基本参数，可以独立使用。当零件表面有粗糙度要求时，必须选用一个幅度参数。根据国家标准，当表面粗糙度在 0.025～6.3μm 范围内时，推荐优先选用参数 Ra。这是因为 Ra 值能够客观反映表面粗糙度的特征，并且在此范围内使用电动轮廓仪测量 Ra 比较方便。

在某些特殊情况下，例如零件表面较小时，或者表面不允许出现较深的加工痕迹以防止应力集中和疲劳破坏时，以及当表面过于粗糙或光滑时（$Ra<0.025$μm 或 $Ra>6.3$μm），则使用双管显微镜和干涉显微镜测量 Rz 参数更为适宜，因此可以选择参数 Rz。

② 附加参数的选择　附加参数不能单独使用，只有在评定具有特殊功能要求的表面时，才能在有幅度参数的前提下选用。例如，当零件表面有密封性、均匀性等功能要求时，可以

附加间距参数 Rsm；当表面有耐磨性、接触刚度要求时，可以附加混合参数 $Rmr(c)$。

（2）参数值的选择

表面粗糙度的评定参数值已经在国家标准中标准化，见表 4-2～表 4-5。一般来说，表面粗糙度参数值越小，零件的使用性能越好。但值得注意的是，选择越小的数值意味着加工工序越多，加工成本就越高，经济效益不佳。因此，选用参数值的原则是：在满足使用性能要求的前提下，应尽可能地选用较大的参数值［混合参数 $Rmr(c)$ 除外］。这种做法体现了在工业生产中坚持以质量和效益并重的原则。

在实际工作中，由于表面粗糙度和零件的功能关系非常复杂，根据零件表面的功能要求很难准确地选取粗糙度参数值，因此具体设计时可参照一些已验证的实例，多采用类比法来确定。对幅度参数来说，应遵循以下原则。

① 同一零件上，工作表面应比非工作表面的粗糙度参数值小。

② 摩擦表面应比非摩擦表面的粗糙度参数值小；滚动摩擦表面应比滑动摩擦表面的粗糙度参数值小；运动速度高、单位面积压力大的表面，以及受交变应力作用零件的圆角、沟槽的表面粗糙度参数值要小。

③ 配合性质要求越稳定（要求高的结合面、配合间隙小的配合表面以及过盈配合的表面），其配合表面的粗糙度参数值应越小；配合性质相同的零件尺寸越小，其表面粗糙度参数值应越小；同一公差等级的小尺寸比大尺寸、轴比孔的表面粗糙度参数值要小。

④ 表面粗糙度参数值应与尺寸公差及几何公差协调一致。尺寸公差和几何公差小的表面，其表面粗糙度参数值也应小。

⑤ 对密封性、耐蚀性要求高，以及外表要求美观的表面，其表面粗糙度参数值应小。

表 4-6 列出了表面粗糙度的表面特征、经济加工方法和应用实例，表 4-7 列出了轴和孔的表面粗糙度参数推荐值，仅供读者参考。

表 4-6 表面粗糙度的表面特征、经济加工方法及应用实例

	表面微观特性	$Ra/\mu m$	$Rz/\mu m$	加工方法	应用举例
粗糙表面	可见刀痕	≤20	≤80	粗车、粗刨、粗铣、钻、毛锉、锯断	半成品粗加工的表面，非配合的加工表面，如轴的端面、倒角、钻孔、齿轮带轮的侧面、键槽底面、垫圈接触面等
半光滑表面	微见刀痕	≤10	≤40	车、铣、刨、镗、钻、粗铰	轴上不安装轴承、齿轮处的非配合面，紧固件的自由装配面,轴和孔的退刀槽
	微见刀痕	≤5	≤20	车、刨、铣、镗、磨、拉、粗刮、液压	半精加工表面，箱体、支架、端盖、套筒等和其他零件结合而无配合要求的表面等
	看不见刀痕	≤2.5	≤10	车、铣、刨、磨、拉、刮、压、铣齿	接近于精加工表面，箱体上安装轴承的镗孔表面，齿轮的工作面
光滑表面	可辨加工痕迹方向	≤1.25	≤6.3	车、镗、磨、拉、刮、精铰、磨齿、滚压	圆柱销、圆锥销，与滚动轴承配合的表面，普通车床导轨面,内、外花键的定心表面
	微辨加工痕迹方向	≤0.63	≤3.2	精铰、精镗、磨、刮、滚压	要求配合性质稳定的表面，工作时受交变应力的重要零件的表面，较高精度车床的导轨面
	不可辨加工痕迹方向	≤0.32	≤1.6	精磨、珩磨、研磨、超精加工	精密机床主轴锥孔，顶尖圆锥面，发动机曲轴、凸轮轴工作表面，高精度齿轮的齿面

续表

表面微观特性		$Ra/\mu m$	$Rz/\mu m$	加工方法	应用举例
极光滑表面	暗光泽面	≤0.16	≤0.8	精磨、研磨、普通抛光	精密机床主轴轴颈表面,一般量具的工作表面,汽缸套内表面,活塞销表面
	亮光泽面	≤0.08	≤0.4	超精磨、精抛光、镜面磨削	精密机床主轴轴颈表面,滚动轴承的滚珠、高压油泵中柱塞和柱塞套配合的表面
	镜状光泽面	≤0.04	≤0.2		
	镜面	≤0.01	≤0.05	镜面磨削、超精研	高精度量仪、量块的工作表面,光学仪器中的金属镜面

表 4-7　轴和孔的表面粗糙度参数推荐值

表面特征	公差等级	表面	$Ra/\mu m$		
			公 称 尺 寸		
			≤50mm	>50～500mm	
轻度装卸零件的配合表面,如挂轮、滚刀等	5	轴	0.2	0.4	
		孔	0.4	0.8	
	6	轴	0.4	0.8	
		孔	0.4～0.8	0.8～1.6	
	7	轴	0.4～0.8	0.8～1.6	
		孔	0.8	1.6	
	8	轴	0.8	1.6	
		孔	0.8～1.6	1.6～3.2	

表面特征	公差等级	表面	公 称 尺 寸		
			≤50mm	>50～120mm	>120～500mm
过盈配合的配合表面 ①装配按机械压入法 ②装配按热处理法	5	轴	0.1～0.2	0.4	0.4
		孔	0.2～0.4	0.8	0.8
	6、7	轴	0.4	0.8	1.6
		孔	0.8	1.6	1.6
	8	轴	0.8	0.8～1.6	1.6～3.2
		孔	1.6	1.6～3.2	1.6～3.2
	—	轴	1.6		
		孔	1.6～3.2		

表面特征	表面	径向跳动公差/μm					
精密定心用配合的零件表面		2.5	4	6	10	16	25
		$Ra/\mu m$ 不大于					
	轴	0.05	0.1	0.1	0.2	0.4	0.8
	孔	0.1	0.2	0.2	0.4	0.8	1.6

表面特征	表面	公 差 等 级		液体湿摩擦条件
滑动轴承的配合表面		6～9	10～12	
		$Ra/\mu m$ 不大于		
	轴	0.4～0.8	0.8～3.2	0.1～0.4
	孔	0.8～1.6	1.6～3.2	0.2～0.8

4.3.2 表面结构要求在图样上的标注

国家标准 GB/T 131—2006《产品几何技术规范（GPS）技术产品文件中表面结构的表示法》中规定，表面结构是表面粗糙度、表面波纹度、表面缺陷和表面纹理等的总称。表面结构完整图形符号的组成，除了标注出表面结构参数和数值外，必要时需注出补充要求，如取样长度、加工工艺、表面纹理及方向、加工余量等。

(1) 表面结构要求的注写位置和图形符号、代号及画法

零件图上要标注表面结构图形符号，用以说明该表面完工后须达到的表面特征。表面结构图形符号及意义，如表 4-8 所示。

表 4-8 表面结构图形符号及意义

图形符号	意义及说明
∨	基本图形符号：表示表面可用任何方法获得。当不加注粗糙度参数值或有关的说明（如表面处理、局部热处理状况等）时，仅适用于简化代号标注
∇	扩展图形符号：在基本图形符号上加一短横，表示指定表面是用去除材料的方法获得的，例如，车、铣、钻、磨、剪切、抛光、腐蚀、电火花加工、气割等
∨○	扩展图形符号：在基本图形符号上加一个圆圈，表示指定表面是用不去除材料的方法获得的，例如，铸、锻、冲压变形、热轧、冷轧、粉末冶金等。也可用于保持上道工序形成的表面，不管这种状况是通过去除材料或不去除材料形成的
三种符号加横线	完整图形符号：在上述三种符号的长边上均可加一横线，用于标注有关参数和说明
三种符号加圆圈	当在图样的某个视图上构成封闭轮廓的各表面有相同的表面结构要求时，在上述三种符号上均可加一个小圆圈，标注在图形中零件的封闭轮廓线上（参见图 4-12）。但如果标注会引起歧义，各表面还是应分别标注

① 表面结构图形符号的画法 图形符号和附加标注尺寸如表 4-9 所示，画法如图 4-10 所示。

表 4-9 表面结构图形符号和附加标注尺寸   mm

数字和字母高度 h（见 GB/T 14690）	2.5	3.5	5	7	10	14	20
符号线宽 d' 和字母线宽 d	0.25	0.35	0.5	0.7	1	1.4	2
高度 H_1	3.5	5	7	10	14	20	28
高度 H_2（最小值）[①]	7.5	10.5	15	21	30	42	60

① H_2 取决于标注内容。

② 表面结构图形代号中参数代号、有关规定在图形符号中注写的位置 如图 4-11 所示。分别介绍如下：

a. 位置 a：注写表面结构的单一要求，其形式是：传输带或取样长度值/表面结构参数代号评定长度评定规划 极限值。

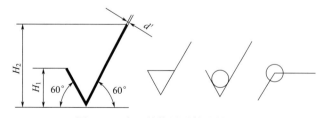

图 4-10 表面结构图形符号的画法

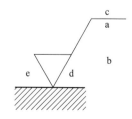

图 4-11 表面结构图形符号的位置

必须注意以下几点。

ⅰ. 粗糙度轮廓的传输带是由短波轮廓滤波器和中波轮廓滤波器来限定的。传输带的标注为轮廓滤波器的截止波长（mm）范围，短波滤波器（λs）截止波长在前，中波滤波器（λc）截止波长在后，并用连字号"—"隔开。如，$0.008-2.5/Rz$ 6.3。国家标准 GB/T 18778.1 中规定，默认传输带的定义是截止波长值 $\lambda c=0.8$mm（中波滤波器）和 $\lambda s=0.0025$mm（短波滤波器），可以省略不标注；标准还指出，中波滤波器的截止波长同时也是取样长度值。传输带波长应标注在参数代号的前面，并用"/"隔开。如，$-0.8/Rz$ 6.3，其中 0.8 既是中波滤波器的截止波长又是取样长度值，单位为 mm。

ⅱ. 当评定长度为默认值（5 个取样长度）时，不需标注评定长度；否则，应在参数代号后面标注其取样长度的个数。如，$Ra3$ 3.2，其中要求评定长度为 3 个取样长度。

ⅲ. 为了避免评定长度与极限值引起误解，在参数代号或评定长度等和极限值之间应插入空格。

ⅳ. 当表面结构应用最大规则（GB/T 10610—2009）时，应在参数代号之后标注 "max"。如，Ramax 0.8 和 Rz1max 3.2。否则，应用 16% 规则（是指所有表面结构要求的默认规则，见 GB/T 10610—2009）。如，Ra 0.8 和 Rz1 3.2。

ⅴ. 当表面结构参数只标注参数代号、参数值和传输带时，它们应默认为参数的单向上极限值（16% 规则或最大规则的极限值）；当只标注参数代号、参数值和传输带作为参数的单向下极限值（16% 规则或最大规则的极限值）时，参数代号前应加注 "L"。如，L Ra 3.2。

ⅵ. 当在完整符号中表示表面结构参数的双向极限时，应标注极限代号。上极限值注写在上方用 "U" 表示，下极限值注写在下方用 "L" 表示，上、下极限值为 16% 规则或最大规则。如果同一参数具有双向极限要求时，在不引起误解的情况下，可以不注写 "U" 和 "L"。

b. 位置 a 和 b：注写两个或多个表面结构要求。当注写多个表面结构要求时，图形符号应在垂直方向上扩大，以空出足够的空间进行标注。

c. 位置 c：注写加工方法、表面处理、涂层或其他加工工艺要求等，如车、磨、镀等加工表面。

d. 位置 d：注写表面加工纹理和方向的符号，如 "="表示纹理平行于视图所在的投影面，"⊥"表示纹理垂直于视图所在的投影面，"×"表示纹理呈两斜向交叉且与视图所在的投影面相交，"M"表示纹理呈多方向，"C"表示纹理呈近似同心圆且与表面中心相关，"R"表示纹理呈近似放射状且与表面圆心相关，"P"表示纹理无方向。

拓展阅读
表面加工
纹理符号

e. 位置 e：注写加工余量（单位为 mm）。

③ 完整图形符号的应用　如图 4-12 所示。应注意：图中的表面结构图形符号是指对图形中封闭轮廓的所有表面，即 1～6 个面有共同要求（不包括前后面）。

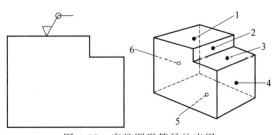

图 4-12　完整图形符号的应用

（2）表面结构代号的含义及解释

一些常见的表面结构参数代号及其含义，如表 4-10 所示。

表 4-10 常见的表面结构参数代号及其含义

符　号	含义及解释
∇ $Rz\ 0.4$	表示表面不允许去除材料，单向上极限值，默认传输带，表面粗糙度轮廓的最大高度为 $0.4\mu m$，评定长度为默认的 5 个取样长度，默认的 16% 规则
∇ $Rzmax\ 0.2$	表示表面去除材料，单向上极限值，默认传输带，表面粗糙度轮廓的最大高度为 $0.2\mu m$，评定长度为默认的 5 个取样长度，最大规则
∇ $0.008-0.8/Ra\ 6.3$	表示表面去除材料，单向上极限值，传输带为 $0.008\sim0.8mm$，表面粗糙度轮廓的算术平均偏差值为 $6.3\mu m$，评定长度为默认的 5 个取样长度，默认的 16% 规则
∇ $-0.8/Ra3\ 6.3$	表示表面去除材料，单向上极限值，传输带的中波波长即取样长度值为 $0.8mm$（默认 λs 为 $0.0025mm$），表面粗糙度轮廓的算术平均偏差值为 $6.3\mu m$，评定长度为（$3\times0.8=2.4mm$）3 个取样长度，默认的 16% 规则
∇ U $Ramax\ 3.2$ L $Ra\ 0.8$	表示表面不允许去除材料，双向极限值，两极限值均使用默认传输带。表面粗糙度轮廓的算术平均偏差：上极限值为 $3.2\mu m$，评定长度为默认的 5 个取样长度，最大规则；下极限值为 $0.8\mu m$，评定长度为默认的 5 个取样长度，默认的 16% 规则

（3）表面结构要求在图样上的标注

国家标准 GB/T 131 中规定的表面结构要求很多，这里仅介绍表面结构中幅度参数（Ra 和 Rz）在图样上的标注。

当给出表面结构要求时，应标注其参数代号和相应数值。表面结构要求对每一个表面一般只注写一次，并尽可能地注写在相应的尺寸及其公差的同一视图上。所标注的表面结构要求是对完工零件表面的要求。

① 表面结构符号、代号的标注位置与方向。总的原则是使表面结构的注写和读取方向与尺寸的注写和读取方向一致，如图 4-13 所示。代号的注写方向有两种，即水平注写和垂直注写（倒角、倒圆和中心孔等结构除外）。垂直注写是在水平注写的基础上逆时针旋转 90°；对于零件的右侧面和下底面的轮廓线，必须采用带箭头指引线引出水平折线的注写方式。

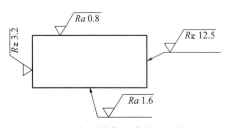

图 4-13 表面结构要求的注写方向

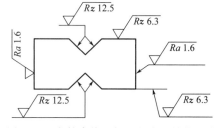

图 4-14 在轮廓线上标注的表面结构要求

② 表面结构要求在零件图上的标注。

a. 在轮廓线上或指引线上的标注。表面结构要求可直接标注在轮廓线上，其符号的尖端应从材料外指向零件的表面,并与零件的表面接触。必要时表面结构符号也可用带箭头或黑点的指引线引出水平折线标注,对于零件的轮廓线采用端部为箭头形式的指引线,若是零件的表面则用端部为黑点形式的指引线,如图 4-14 和图 4-15 所示。

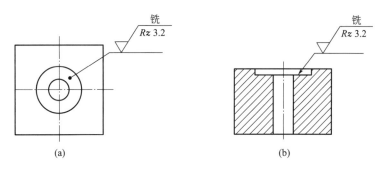

图 4-15 用指引线引出标注的表面结构要求

b. 在尺寸线上的标注。在不致引起误解时,表面结构要求可以标注在给定的尺寸线(常用于小尺寸)上,如图 4-16 所示的键槽两侧面的表面结构要求,图 4-17 所示的倒圆的表面结构要求。

c. 在几何公差的框格上的标注。表面结构要求可以标注在几何公差框格的上方,如图 4-18 和图 4-19 所示。

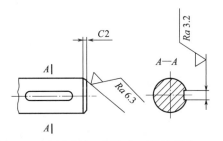 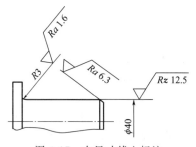

图 4-16 在尺寸线上标注表面结构要求(一)　　图 4-17 在尺寸线上标注表面结构要求(二)

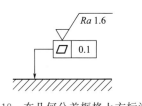 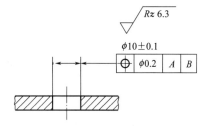

图 4-18 在几何公差框格上方标注表面结构要求(一)　　图 4-19 在几何公差框格上方标注表面结构要求(二)

d. 在延长线上的标注。表面结构要求可以直接标注在零件轮廓线的延长线或尺寸界线上,也可用带箭头的指引线引出水平折线标注,如图 4-14、图 4-17 和图 4-20 所示。

e. 在圆柱或棱柱表面上的标注。圆柱和棱柱表面的表面结构要求只注写一次,如果每个棱柱表面有不同的表面结构要求时,则应分别单独注出,如图 4-21 所示。

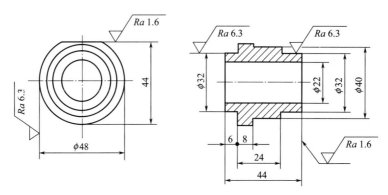

图 4-20 在延长线上标注表面结构要求

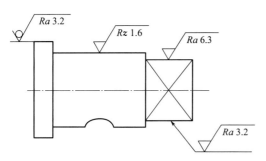

图 4-21 在圆柱和棱柱表面上标注表面结构要求

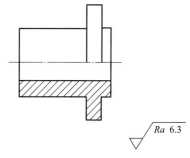

图 4-22 所有表面有相同表面结构要求的标注

必须指出：对于棱柱棱面的表面结构要求一样只注一次，是指注在棱面具有封闭轮廓的某个视图中。

③ 表面结构要求的简化标注。

a. 所有表面有相同表面结构要求的简化标注。当零件全部表面有相同的表面结构要求，其相同的表面结构要求可统一标注在图样的标题栏附近或图形的右下方，与文字说明的技术要求注写位置相同，如图 4-22 所示。

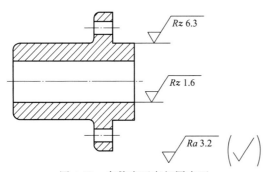

图 4-23 多数表面有相同表面结构要求的简化标注（一）

b. 多数表面有相同要求的简化标注。当零件的多数表面有相同的表面结构要求，把不同的表面结构要求直接标注在图形中，其相同的表面结构要求可统一标注在图样的标题栏附近或图形的右下方。同时，表面结构要求的符号后面应有下面两种形式之一：在圆括号内给出无任何其他标注的基本图形符号，如图 4-23 所示；或者在圆括号内给出不同的表面结构要求，如图 4-24 所示。

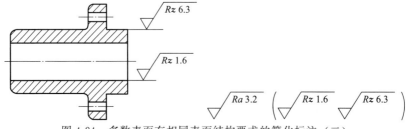

图 4-24 多数表面有相同表面结构要求的简化标注（二）

c. 用带字母的完整符号的简化标注。当多数表面有相同的表面结构要求或图纸空间有限时，对有相同的表面结构要求的表面，可用带字母的完整符号，并以等式的形式注在图形或标题栏附近，如图 4-25 所示。

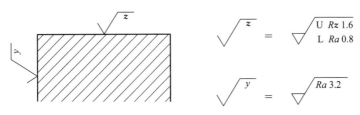

图 4-25　图纸空间有限时的简化标注

d. 只用表面结构符号的简化标注。可用基本图形符号或扩展图形符号，以等式的形式给出对多个表面相同的表面结构要求，如图 4-26 所示。

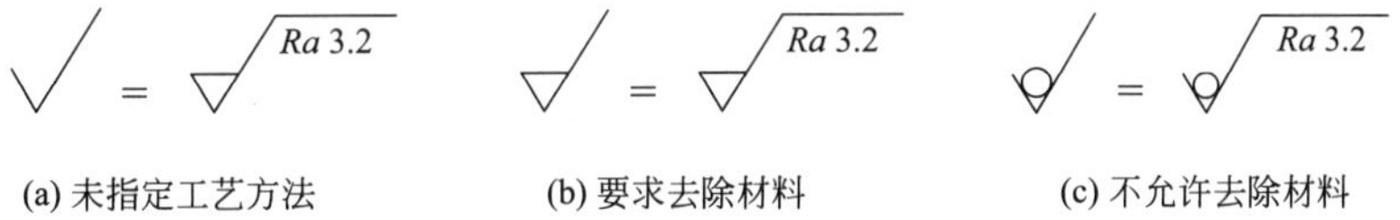

（a）未指定工艺方法　　　　（b）要求去除材料　　　　（c）不允许去除材料

图 4-26　只用表面结构符号的简化标注

④ 两种或多种工艺获得的同一表面的注法。由几种不同的工艺方法获得的同一表面，当需要明确每种工艺方法的表面结构要求时，可注在其表示线（粗虚线或粗点画线）上，如图 4-27 和图 4-28 所示。

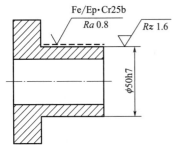

图 4-27　同时给出镀覆前后表面
结构要求的标注

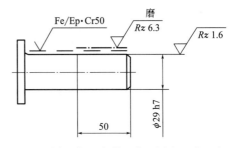

图 4-28　同一表面多道工序（图中三道）表面
结构要求的标注

⑤ 同一表面上有不同的表面结构要求时，需用细实线画出其分界线，并注出相应的表面结构代号和尺寸范围，如图 4-28 和图 4-29 所示。

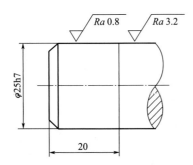

图 4-29　同一表面有不同表面结构要求的标注

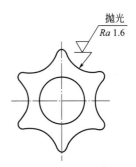

图 4-30　连续表面的表面结构要求的标注

⑥ 零件上连续表面（如手轮）或重复要素（如孔、槽、齿等）的表面，只标注一个代号，如图 4-30 和图 4-31 所示；不连续的同一表面用细实线连接，只标注一个代号，如图 4-32 所示支座的下底面。

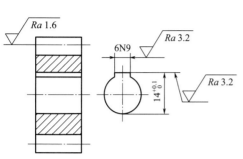

图 4-31　重复表面的表面结构要求的标注

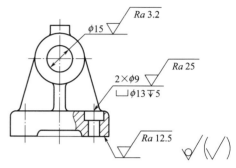

图 4-32　不连续的同一表面结构要求的标注

注意：齿轮齿面的表面结构代号须注写在分度线上，见图 4-31。

⑦ 沉孔的表面结构要求标注，可以采用图 4-32 所示的形式。

⑧ 螺纹的表面结构要求，可以直接标注在螺纹的尺寸线上，如图 4-33 所示。

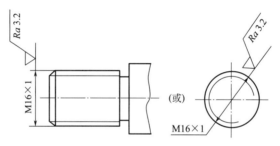

图 4-33　螺纹表面的表面结构要求的标注

4.4　表面粗糙度的测量简介

表面粗糙度的测量方法主要有：比较法、光切法、干涉法和针描法四种。

4.4.1　比较法

比较法是将被测要素表面与表面粗糙度样板（图 4-34）直接进行比较，两者的加工方法和材料应尽可能相同，从而用视觉或触觉来直接判断被加工表面的粗糙度。这种方法简

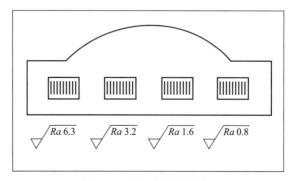

图 4-34　表面粗糙度样板

单,适用于现场车间使用。但评定的可靠性很大程度上取决于检测人员的经验,仅适用于评定表面粗糙度要求不高的零件。

4.4.2 光切法

光切法是利用光切原理来测量表面粗糙度的 Rz 值。常用的仪器是光切显微镜(又称双管显微镜),图4-35所示为双管显微镜外形图。它可用于测量车、铣、刨及其他类似方法加工的零件表面,也可用于观察木材、纸张、塑料、电镀层等表面的粗糙度。对于大型零件的内表面,可以采用印模法(即用石蜡、塑料或低熔点合金,将被测表面印模下来)印制表面模型,再用光切显微镜对其表面模型进行测量。

4.4.3 干涉法

干涉法是利用光波干涉的原理测量表面粗糙度的一种方法。被测表面直接参与光路,用它与标准反射镜比较,以光波波长来度量干涉条纹弯曲程度,从而测得该表面的粗糙度。该方法常用于测量表面粗糙度的 Rz 值,其测量范围是 $0.025\sim0.8\mu m$。常用的仪器是干涉显微镜,图4-36所示为6JA型干涉显微镜外形图。

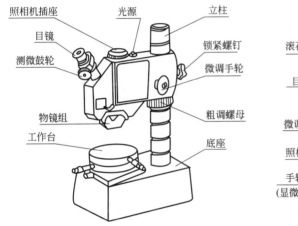

图 4-35 双管显微镜外形图

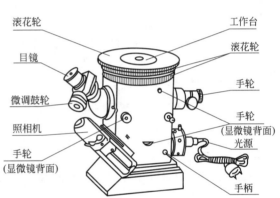

图 4-36 6JA 型干涉显微镜外形图

4.4.4 针描法

针描法是利用触针直接在被测量零件表面上轻轻划过,从而测量出零件表面粗糙度的一种方法。最常用的仪器是电动轮廓仪,图4-37所示为BCJ-2型电动轮廓仪的外形图。其原理是将被测量零件放在工作台的V形块上,调整零件或驱动箱的倾斜角度,使零件被测表面平行于传感器的滑行方向。调整传感器及触针(材料为金刚石)的高度,使触针与被测零件表面适当接触,利用驱动器以一定的速度带动传感器,此时触针在零件被测表面上滑行,

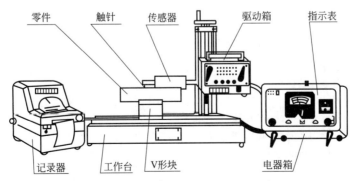

图 4-37 BCJ-2 型电动轮廓仪的外形图

使触针在滑行的同时还沿着轮廓的垂直方向上下运动,触针的运动情况反映了被测零件表面轮廓的情况。这时触针运动的微小变化通过传感器转换成电信号,并经计算和放大处理后由指示表直接显示出表面粗糙度 Ra 值的大小。

针描法测量表面粗糙度的最大优点是可以直接读取 Ra 值,测量效率高。此外,它还能完成平面、内(外)圆柱面、圆锥面、球面、任意曲面以及小孔、槽等形状的零件表面的测量。但由于触针与被测零件表面接触应可靠,故需要适当的测量力,这对材料较软或粗糙度 Ra 值很小的零件表面容易产生划痕,且过于光滑的被测表面,由于表面凹谷细小,针尖难以触及凹谷底部,而测量不出轮廓的真实情况。另外,由于触针的针尖圆弧半径的限制,测量过于粗糙的零件表面,会损伤触针。所以针描法测量零件表面粗糙度 Ra 值的范围一般在 $0.02\sim5\mu m$。

本书配套资源

思考题与习题

4-1 判断题

(1) 在评定表面粗糙度轮廓的参数值时,取样长度可以任意选定。
(2) 光切法测量表面粗糙度轮廓的实验中,用目估法确定的中线是轮廓的最小二乘中线。
(3) 一般情况下,在 Ra 和 Rz 两个参数中优先选用 Ra。
(4) 圆柱度公差不同的两表面,圆柱度公差值小的表面粗糙度轮廓高度参数值小。
(5) 表面粗糙度轮廓标注 中,上极限值和下极限值判断规则是不同的。
(6) 选择表面粗糙度评定参数值时都应尽量小。

4-2 选择题

(1) 表面粗糙度轮廓的微小峰谷间距 λ 应为( )。
    A. <1mm   B. 1~10mm   C. >10mm   D. >20mm
(2) 取样长度是指用于评定表面粗糙度轮廓的不规则特征的一段( )长度。
    A. 基准线   B. 中线   C. 测量
(3) 当零件表面用铣削方法获得时,标注表面粗糙度应采用( )符号表示。
    A. √   B. √   C. √   D. √
(4) 在下列描述中,( )不属于表面粗糙度对零件使用性能的影响。
    A. 配合性质   B. 韧性   C. 抗腐蚀性   D. 耐磨性
(5) 选择表面粗糙度轮廓高度参数评定时,下列说法正确的是( )。
    A. 同一零件上,工作表面应比非工作表面参数值大
    B. 摩擦表面应比非摩擦表面的参数值小
    C. 配合质量要求高,参数值应大
    D. 受交变载荷的表面,参数值小
(6) 在下列表面粗糙度轮廓测量法中,属于非接触测量的有( )。
    A. 针描法   B. 光切法   C. 干涉法   D. 电动轮廓仪法

4-3 表面结构中粗糙度轮廓的含义是什么?它与形状误差有何区别?
4-4 简述表面粗糙度对零件的使用性能有何影响。
4-5 在表面粗糙度轮廓标准中,为什么要规定取样长度和评定长度?二者有何关系?
4-6 表面粗糙度高度参数允许值的选用原则是什么?
4-7 判断下列各组配合使用性能相同时,哪个孔的表面粗糙度要求高?并说明理由。
    ① $\phi 60H7/g6$ 和 $\phi 60H7/h6$
    ② $\phi 30H7/g6$ 和 $\phi 30H7/s6$
4-8 判断下列各组孔或轴,一般情况下,哪一个应选用较小的表面粗糙度高度参数值?并说明理由。

① $\phi 70H7$ 和 $\phi 20H7$
② $\phi 80f7$ 和 $\phi 20f7$
③ $30H7$ 和 $\phi 30h7$
④ 圆柱度公差分别为 0.01mm 和 0.02mm 的两个 $\phi 50H7$ 的孔

4-9 解释题图 4-1 所标注的表面结构代号的含义。

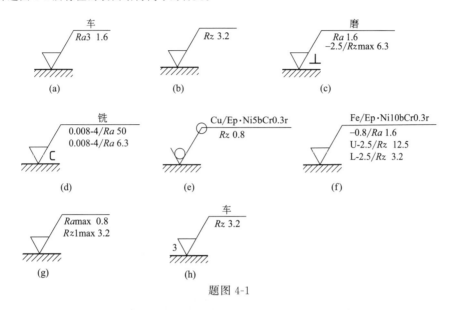

题图 4-1

4-10 将下列表面粗糙度要求标注在题图 4-2 所示的零件图样上。

(1) ϕD_1 孔的表面去除材料，单向上极限值，表面粗糙度的算术平均偏差 Ra 为 $3.2\mu m$，最大规则，传输带中波波长 0.8mm，评定长度为 3 个取样长度。

(2) ϕD_2 孔的表面去除材料，双向极限值，表面粗糙度的算术平均偏差 Ra 上极限值为 $6.3\mu m$，下极限值为 $3.2\mu m$。

(3) 零件右端面采用铣削加工，单向上极限值，表面粗糙度的最大高度 Rz 为 $6.3\mu m$，加工纹理呈近似放射形。

(4) ϕd_1 圆柱面去除材料加工，单向上极限值，表面粗糙度的最大高度 Rz 为 $25\mu m$。

(5) 其余表面去除材料加工，单向上极限值，表面粗糙度的最大高度 Ra 为 $12.5\mu m$。

4-11 改正题图 4-3 所示的表面粗糙度标注的错误。

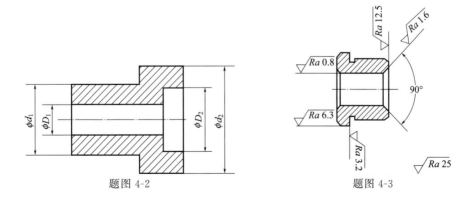

题图 4-2　　题图 4-3

第 5 章 常用标准件的互换性

5.1 滚动轴承与孔轴结合的互换性

5.1.1 滚动轴承的组成和形式

滚动轴承作为标准件在现代机器中广泛应用，它是依靠主要元件间的滚动接触来支承转动零件的。滚动轴承具有摩擦力小、消耗功率低、启动容易以及更换简便等优点。

滚动轴承一般由内圈、外圈（或上圈、下圈）、滚动体和保持架组成，如图 5-1 所示。内圈与轴颈装配，外圈与轴承座孔装配。滚动体是承载并使轴承形成滚动摩擦的元件，它们的尺寸、形状和数量由承载能力和载荷方向等因素决定。保持架的作用是将轴承内滚动体均匀地分开，使每个滚动体轮流承受相等的载荷，并使滚动体在轴承内、外圈滚道间正常滚动。

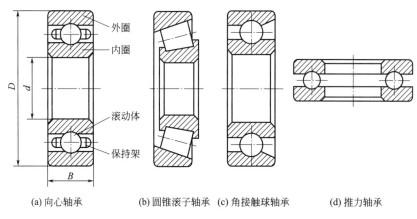

图 5-1 滚动轴承

滚动轴承的形式很多。按滚动体的形状不同，可分为球轴承和滚子轴承；按承受载荷的方向不同，可分为向心轴承和推力轴承。

滚动轴承是具有两种互换性的标准件。滚动轴承内圈与轴颈的配合及滚动轴承外圈与轴承座孔的配合应为完全互换，以便于在机器上安装或更换新轴承。考虑到降低加工成本，对滚动轴承内部四个组成部分之间的配合采用不完全互换。

滚动轴承的工作性能和使用寿命，不仅取决于滚动轴承本身的制造精度，还取决于滚动轴承与轴颈和轴承座孔的配合性质，以及轴颈和轴承座孔的尺寸公差、几何公差、表面粗糙度等因素。

5.1.2 滚动轴承的精度等级及应用

根据 GB/T 307.3—2017《滚动轴承 通用技术规则》按其公称尺寸精度和旋转精度，向心轴承分为普通级、6、5、4、2 五个公差等级，依次由低到高，普通级精度最低，2 级精度最高；圆锥滚子轴承分为普通级、6X、5、4 四个公差等级；推力轴承分为普通级、6、5、4 四个公差等级。

滚动轴承的公称尺寸精度是指轴承内径 d、外径 D、宽度 B 等的制造精度；旋转精度是指轴承内、外圈的径向跳动和轴向跳动，内圈基准端面对内孔的跳动等。

滚动轴承各级公差应用情况如下。

① 普通级轴承　在机械工程中应用最广。它应用于旋转精度要求不高、中等负荷、中等转速的一般机构中，如普通电动机、水泵、压缩机、减速器的旋转机构，普通机床、汽车、拖拉机的变速机构等。

② 6 级轴承　应用于旋转精度和转速较高的旋转机构中，如普通机床的主轴轴承，精密机床传动轴使用的轴承等。

③ 5、4 级轴承　应用于旋转精度高、转速高的旋转机构中，如精密机床、精密丝杠车床的主轴轴承，精密仪器和机械使用的轴承等。

④ 2 级轴承　应用于旋转精度和转速很高的旋转机构中，如精密坐标镗床和高精度齿轮磨床的主轴轴承等。

5.1.3　滚动轴承与轴颈、轴承座孔的配合特点及选择

(1) 滚动轴承内、外径的公差带及其特点

① 滚动轴承配合的基准制　由于滚动轴承是标准件，为了便于互换，国家标准规定：滚动轴承的内圈与轴颈采用基孔制配合，滚动轴承的外圈与轴承座孔采用基轴制配合。

② 滚动轴承内径的公差带及其特点　滚动轴承内圈通常与轴一起旋转。为防止内圈和轴颈发生相对滑动，要求其配合必须有一定的过盈量，但由于内圈是薄壁零件，容易弹性变形胀大，且一定时间后又要拆换，故过盈量不能太大。

如果采用基孔制的过盈配合，过盈量太大；而采用过渡配合，又可能出现间隙，不能保证具有一定的过盈量，因而不能满足轴承的工作需要；若采用非标准配合，则又违反了标准化和互换性原则。因此，GB/T 307.1—2017《滚动轴承　向心轴承　产品几何技术规范（GPS）和公差值》规定：滚动轴承内圈公差带上极限偏差为零，下极限偏差为负值，如图 5-2 所示。这样，轴承内圈与标准中推荐的轴公差带相结合，其配合性质将不同程度地变紧，能够较好地满足使用要求。

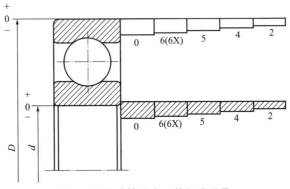

图 5-2　滚动轴承内、外径公差带

③ 滚动轴承外径的公差带及其特点　滚动轴承的外圈与轴承座孔的配合采用基轴制，但公差值与一般基准轴不同。原因是为了补偿轴承由于工作引起的热膨胀而产生的轴向移动，轴承一般设计为游动支撑，故外圈与轴承座孔之间的结合不能太紧。因此，作为基准轴的轴承外圈公差带与一般基准轴的公差带位置相同，上极限偏差为零，下极限偏差为负值，如图 5-2 所示。

（2）轴颈和轴承座孔的公差带

由于轴承内径和外径本身的公差带在轴承制造时已确定，因此轴承内圈和轴颈、外圈和轴承座孔的配合性质，要由轴颈和轴承座孔的公差带决定，即轴承配合的选择实际上是确定轴颈和轴承座孔的公差带。GB/T 275—2015《滚动轴承　配合》对与普通级和6(6X)级轴承配合的轴颈规定了 17 种公差带，对轴承座孔规定了 16 种公差带，如图 5-3 所示。与各级精度滚动轴承相配合的轴颈和轴承座孔的公差带，见表 5-1。

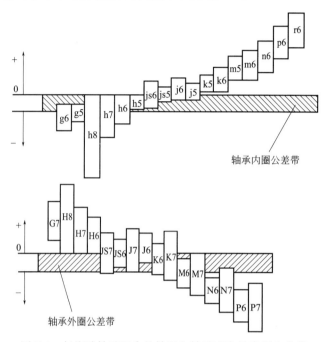

图 5-3　与滚动轴承配合的轴颈和轴承座孔的常用公差带

表 5-1　与各级精度滚动轴承相配合的轴颈和轴承座孔的公差带

公差等级	轴颈公差带		轴承座孔的公差带		
	过渡配合	过盈配合	间隙配合	过渡配合	过盈配合
普通级	h9 h8 g6、h6、j6、js6 g5、h5、j5	r7 k6、m6、n6、p6、r6 k5、m5	H8 G7、H7 H6	J7、JS7、K7、M7、N7 J6、JS6、K6、M6、N6	P7 P6
6	g6、h6、j6、js6 g5、h5、j5	r7 k6、m6、n6、p6、r6 k5、m5	H8 G7、H7 H6	J7、JS7、K7、M7、N7 J6、JS6、K6、M6、N6	P7 P6
5	h5、j5、js5	k6、m6 k5、m5	G6、H6	JS6、K6、M6 JS5、K5、M5	
4	h5、js5 h4、js4	k5、m5 k4	H5	K6 JS5、K5、M5	
2	h3、js3		H4 H3	JS4、K4 JS3	

注：1. 孔 N6 与普通级轴承（外径 $D<150$ mm）和 6 级轴承（外径 $D<315$ mm）的配合为过盈配合。
　　2. 轴 r6 用于内径 120 mm$<d\leqslant$500 mm；轴 r7 用于内径 180 mm$<d\leqslant$500 mm。

由图 5-3 可以看出，轴承内圈与轴颈的配合比《线性尺寸公差 ISO 代号体系》国家标准中基孔制同名配合偏紧一些，轴承外圈与轴承座孔的配合与国家标准中的基轴制同名配合相比，配合性质没有改变，但也不完全相同。

（3）滚动轴承配合的选择

滚动轴承配合的选择在机械设计中至关重要，影响到机器的运行稳定性、精度和使用寿命。合理选择轴承的配合方式，需要综合考虑多种因素，如载荷类型、载荷大小、轴承尺寸、旋转精度及速度等，做到在满足使用要求的同时兼顾生产经济性。

① 轴承承受载荷的类型　根据作用于轴承的合成径向载荷对套圈（内圈和外圈）的相对运动情况不同，将载荷分为固定载荷、旋转载荷和方向不定载荷三种类型，如图 5-4 所示。这些载荷类型的不同会直接影响轴承的配合要求，从而对轴承的设计和选用提出不同的技术挑战。

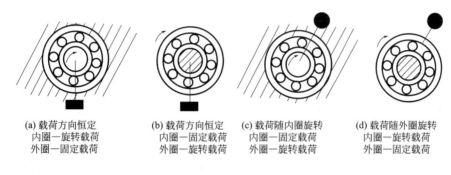

图 5-4　轴承套圈承受的载荷类型

a. 固定载荷。作用于轴承上的合成径向载荷与套圈相对静止，即载荷始终作用在套圈滚道的局部区域上，这种载荷称为固定载荷。如图 5-4(a) 所示的不旋转的外圈和图 5-4(b) 所示的不旋转的内圈，它们均受到方向恒定的径向载荷 F_r 的作用。如减速器转轴两端的滚动轴承的外圈，汽车、拖拉机车轮轮毂中滚动轴承的内圈，都是承受固定载荷的典型实例。

固定载荷的受力特点是载荷作用集中，套圈滚道局部区域容易产生磨损。为了保证套圈滚道的磨损均匀，当套圈承受固定载荷时，该套圈与轴颈或轴承座孔的配合应稍松些，可选较松的过渡配合或间隙较小的间隙配合，以便在摩擦力矩的带动下，它们之间可以做非常缓慢的相对滑动，从而避免套圈滚道局部磨损，延长轴承的使用寿命。

b. 旋转载荷。作用于轴承上的合成径向载荷与套圈相对旋转，即合成载荷依次作用在套圈滚道的整个圆周上，这种载荷称为旋转载荷。如图 5-4(a) 所示的旋转的内圈和图 5-4(b) 所示的旋转的外圈，都承受旋转载荷。如减速器转轴两端滚动轴承的内圈，汽车、拖拉机车轮轮毂中滚动轴承的外圈，都是承受旋转载荷的典型实例。

旋转载荷的受力特点是载荷连续作用，套圈滚道产生均匀磨损。因此，承受旋转载荷的套圈与轴颈或轴承座孔的配合应稍紧一些，可选过盈配合或较紧的过渡配合，保证它们能固定成一体，以避免它们之间产生相对滑动，使配合面发热加快磨损。其过盈量的大小，以不使套圈与轴颈或轴承座孔的配合表面间产生"爬行现象"为原则。

c. 方向不定载荷。指作用于轴承上的合成径向载荷随其中一个套圈旋转，而对另一个套圈是沿径向变化，这种载荷称为方向不定载荷。如图 5-4(c) 所示载荷随内圈旋转和图 5-4(d) 所示载荷随外圈旋转，载荷与旋转的套圈相对静止，旋转的套圈都承受方向不定的固定载荷，而固定不动的套圈承受方向不定的旋转载荷。如离心机、振动机械中滚动轴承，载荷随内圈旋转；回转式破碎机中滚动轴承，载荷随外圈旋转，旋转的套圈都是承受固定载荷，但此固定载荷方向是不恒定的。

② 载荷的大小　滚动轴承套圈与轴颈和轴承座孔的配合，与轴承套圈所承受的载荷大小有关。国家标准 GB/T 275 中规定，对向心轴承，根据轴承径向当量动载荷 P_r 与径向额定动载荷 C_r 的比值大小关系，将径向当量动载荷 P_r 分为轻载荷、正常载荷和重载荷三种类型。当 $P_r \leqslant 0.06C_r$ 时，称为轻载荷；当 $0.06C_r < P_r \leqslant 0.12C_r$ 时，称为正常载荷；当 $P_r > 0.12C_r$ 时，称为重载荷。

轴承在重载荷和冲击载荷的作用下，套圈容易产生变形，使配合面受力不均匀，引起配合松动，影响轴承的工作性能。因此，载荷越大，选择的配合过盈量应越大。当承受重载荷或冲击载荷时，一般应选择比轻载荷、正常载荷时更紧的配合。

③ 工作温度的影响　轴承工作时，因摩擦发热及其他热源的影响，套圈的温度会高于相配件的温度，内圈的热膨胀使之与轴颈的配合变松，而外圈的热膨胀则使之与轴承座孔的配合变紧。因此，当轴承工作温度高于 100℃ 时，应对所选的配合进行适当的修正，以保证轴承的正常运转。

④ 轴承工作时的微量轴向移动　轴承组件在运转过程中易受热而使轴产生微量伸长。为了避免安装着不可分离型轴承的轴因受热伸长而产生弯曲，轴承外圈与轴承座孔的配合应松一些，使轴受热后能够自由地轴向移动。并且，在轴承外圈端面与端盖端面之间留有适当的轴向间隙，以允许轴带动轴承一起做微量的轴向移动。

⑤ 轴承径向游隙的大小　轴承内、外圈滚道与滚动体之间的间隙称为游隙。即，当一个套圈固定时，另一个套圈沿径向和轴向的最大位移量，分别称为径向游隙和轴向游隙，如图 5-5 所示。

GB/T 4604.1—2012《滚动轴承 游隙 第 1 部分：向心轴承的径向游隙》规定，轴承的径向游隙分为五组：2 组、N 组、3 组、4 组和 5 组，游隙依次由小到大。

在轴承设计时，应选用合适的游隙大小。如果游隙过大，会使轴发生径向与轴向跳动，还会使轴承产生振动和噪音。反过来，如果游隙过小，会使轴承滚动体与套圈产生较大的接触应力，轴承摩擦生热，从而降低轴承的使用寿命。

对于一般的运转条件下，一般选用 N 组径向游隙值。配合越紧，温差越大，轴的挠曲变形越大，游隙也应越大。

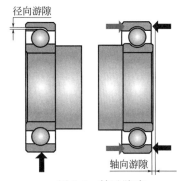

图 5-5　轴承游隙

⑥ 其他因素的影响

a. 轴承尺寸的大小。随着轴承尺寸的增大，采用过盈配合时，过盈量应适当增大；采用间隙配合时，间隙量也应适当增大。合理考虑尺寸因素，不仅可以确保机器运转的稳定性和安全性，还能体现节约材料、降低成本的经济理念。

b. 旋转精度及旋转速度的影响。对于载荷较大且旋转精度要求较高的轴承，为消除弹性变形和振动的影响，旋转套圈应避免采用间隙配合，但也不宜过紧；当轴承的旋转速度较高且又在冲击载荷下工作时，轴承与轴颈及轴承座孔的配合最好都选用具有较小过盈的配合。轴承转速越高，配合应越紧，以保障运行的平稳性和安全性。精确选用配合参数，体现了精益求精的工匠精神和科学严谨的工程态度。

c. 轴承的安装与拆卸。为了方便轴承的安装与拆卸，应考虑采用较松的配合。如要求装拆方便但又要有较紧的配合时，可采用分离式轴承，或内圈带锥孔、带紧定套或退卸衬套的轴承。这种设计思路不仅提高了生产效率，也降低了维护和更换成本，符合绿色制造的理念。

d. 公差等级的协调。当机器要求有较高的旋转精度时，要选择较高公差等级的轴承，与轴承配合的轴颈和轴承座孔也要选择较高的公差等级。例如，与普通级轴承配合的轴颈一般选 IT6，轴承座孔一般选 IT7；对旋转精度和运转平稳性有较高要求的场合（如电动机），使用 6 级轴承时，轴颈一般选 IT5，轴承座孔一般选 IT6。严格的公差配合体现了质量至上的原则，也是对企业品牌和信誉的保护。

综上所述，滚动轴承配合的选择涉及诸多因素，通常难以通过精确计算确定，所以实际生产中，可采用类比法选择轴承的配合。这种方法依据经验数据和实际使用条件来确定轴颈和轴承座孔的公差带，便于企业快速、高效地完成设计任务，避免盲目追求精度而导致的资源浪费。类比法确定轴颈和轴承座孔的公差带时，可参照表 5-2～表 5-5 所列条件进行选择。

表 5-2 向心轴承和轴的配合 轴公差带（摘自 GB/T 275—2015）

载荷情况		举例	深沟球轴承、调心轴承和角接触轴承	圆柱滚子轴承和圆锥滚子轴承	调心滚子轴承	公差带
圆柱孔轴承						
			轴承公称内径/mm			
内圈承受旋转载荷或方向不定载荷		轻载荷	输送机、轻载齿轮箱	≤18 >18～100 >100～200 —	— ≤40 >40～140 >140～200	— ≤40 >40～140 >140～200	h5 j6① k6① m6①
		正常载荷	一般通用机械、电动机、泵、内燃机、正齿轮传动装置	≤18 >18～100 >100～140 >140～200 >200～280 — —	— ≤40 >40～100 >100～140 >140～200 >200～400 —	— ≤40 >40～65 >65～100 >100～140 >140～280 >280～500	j5、js5 k5② m5② m6 n6 p6③ r6
		重载荷	铁路机车车辆轴箱、牵引电机、破碎机等		>50～140 >140～200 >200 —	>50～100 >100～140 >140～200 >200	n6 p6 r6 r7
内圈承受固定载荷	所有载荷	内圈需在轴向易移动	非旋转轴上的各种轮子	所有尺寸			f6 g6①
		内圈不需在轴向易移动	张紧轮、绳轮				h6 j6
仅有轴向载荷				所有尺寸			j6、js6
圆锥孔轴承						
所有载荷		铁路机车车辆轴箱等	装在退卸套上的所有尺寸				h8(IT6)④⑤
		一般机械传动	装在紧定套上的所有尺寸				h9(IT7)④⑤

① 对精度有较高要求的场合，应选用 j5、k5…分别代替 j6、k6…。
② 圆锥滚子轴承和单列角接触轴承配合对游隙影响不大，可用 k6、m6 分别代替 k5、m5。
③ 重载荷下轴承游隙应选大于 N 组。
④ 凡有较高精度或转速要求的场合，应选用 h7（IT5）代替 h8（IT6）。
⑤ IT6、IT7 表示圆柱度公差数值。

表 5-3 向心轴承和轴承座孔的配合 孔公差带（摘自 GB/T 275—2015）

载荷情况		举例	其他状况	公差带[①]	
				球轴承	滚子轴承
外圈承受固定载荷	轻、正常、重	一般机械、铁路机车车辆轴箱	轴向易移动，可采用剖分式轴承座	H7、G7[②]	
	冲击		轴向能移动，可采用整体或剖分式轴承座	J7、JS7	
外圈承受方向不定载荷	轻、正常	电机、泵、曲轴主轴承			
	正常、重			K7	
	重、冲击	牵引电机		M7	
外圈承受旋转载荷	轻	皮带张紧轮	轴向不移动，采用整体式轴承座	J7	K7
	正常	轮毂轴承		K7、M7	M7、N7
	重				N7、P7

① 并列公差带随尺寸的增大从左至右选择，对旋转精度要求较高时，可相应提高一个公差等级。
② 不适用于剖分式轴承座。

表 5-4 推力轴承和轴的配合 轴公差带（摘自 GB/T 275—2015）

载荷情况		轴承类型	轴承公称内径/mm	公差带
仅有轴向载荷		推力球和推力圆柱滚子轴承	所有尺寸	j6、js6
径向和轴向联合载荷	轴圈承受固定载荷	推力调心滚子轴承、推力角接触球轴承、推力圆锥滚子轴承	≤250	j6
			>250	js6
	轴圈承受旋转载荷或方向不定载荷		≤200	k6[①]
			>200~400	m6
			>400	n6

注：要求较小过盈时，可用 j6、k6、m6 分别代替 k6、m6、n6。

表 5-5 推力轴承和轴承座孔的配合 孔公差带（摘自 GB/T 275—2015）

载荷情况		轴承类型	公差带
仅有轴向载荷		推力球轴承	H8
		推力圆柱、圆锥滚子轴承	H7
		推力调心滚子轴承	—[①]
径向和轴向联合负荷	座圈承受固定载荷	推力角接触球轴承、推力调心滚子轴承、推力圆锥滚子轴承	H7
	座圈承受旋转载荷或方向不定载荷		K7[②]
			M7[③]

① 轴承座孔与座圈间间隙为 0.001D（D 为轴承公称外径）。
② 一般工作条件。
③ 有较大径向载荷时。

(4) 配合表面及端面的几何公差和表面粗糙度

轴颈和轴承座孔的公差带确定以后，为了保证轴承的工作性能，还应对它们分别规定几何公差和表面粗糙度要求，具体数值可以参照表 5-6 和表 5-7 选取。

① 配合表面及端面的几何公差 因轴承套圈为薄壁件，装配后靠轴颈和轴承座孔来矫正。无论轴颈或轴承座孔，若存在较大的形状误差，则轴承与它们安装后，套圈会因此而产生变形。为保证轴承正常工作，应对轴颈和轴承座孔提出圆柱度公差要求。

轴肩和轴承座孔肩的端面是安装轴承的轴向定位面，若它们存在较大的轴向跳动，轴承安装后会产生歪斜。因而导致滚动体与滚道接触不良,轴承旋转时引起噪声和振动,影响运动精度,造成局部磨损,所以应规定轴肩和轴承座孔肩端面对基准轴线的轴向圆跳动公差。

表 5-6　轴颈和轴承座孔的几何公差（摘自 GB/T 275—2015）

公称尺寸/mm		圆柱度 t				轴向圆跳动 t_1			
		轴颈		轴承座孔		轴肩		轴承座孔肩	
		轴承公差等级							
		普通级	6(6X)	普通级	6(6X)	普通级	6(6X)	普通级	6(6X)
大于	至	公差值/μm							
—	6	2.5	1.5	4	2.5	5	3	8	5
6	10	2.5	1.5	4	2.5	6	4	10	6
10	18	3.0	2.0	5	3.0	8	5	12	8
18	30	4.0	2.5	6	4.0	10	6	15	10
30	50	4.0	2.5	7	4.0	12	8	20	12
50	80	5.0	3.0	8	5.0	15	10	25	15
80	120	6.0	4.0	10	6.0	15	10	25	15
120	180	8.0	5.0	12	8.0	20	12	30	20
180	250	10.0	7.0	14	10.0	20	12	30	20
250	315	12.0	8.0	16	12.0	25	15	40	25
315	400	13.0	9.0	18	13.0	25	15	40	25
400	500	15.0	10.0	20	15.0	25	15	40	25

表 5-7　配合表面及端面的表面粗糙度（摘自 GB/T 275—2015）

轴或轴承座孔直径/mm		轴或轴承座孔配合表面直径公差等级					
		IT7		IT6		IT5	
		表面粗糙度 Ra/μm					
大于	至	磨	车	磨	车	磨	车
—	80	1.6	3.2	0.8	1.6	0.4	0.8
80	500	1.6	3.2	1.6	3.2	0.8	1.6
500	1250	3.2	6.3	1.6	3.2	1.6	3.2
端面		3.2	6.3	3.2	6.3	1.6	3.2

② 配合表面及端面的表面粗糙度　表面粗糙度的大小直接影响配合的性质和连接强度。因此,凡是与轴承内、外圈配合的表面通常都有较高的粗糙度要求。

【例 5-1】 如图 5-6 所示,有一普通级 6211 深沟球轴承（内径 $\phi55$mm,外径 $\phi100$mm,径向额定动载荷 $C_r=19700$N）应用于闭式传动的减速器中。其工作情况为：外圈固定不动,内圈随轴旋转,承受方向恒定的径向当量动载荷 $P_r=1000$N。试确定轴颈和轴承座孔的公差带、几何公差、表面粗糙度,并在图样上标出。

解： ① 因为该减速器选用的是普通级 6211 深沟球轴承,径向额定动载荷 $C_r=19700$N,径向当量动载荷 $P_r=1000$N$<0.06C_r=1182$N,所以轴承承受轻载荷。

参考表 5-2、表 5-3 查得：轴颈公差为 $\phi55$j6,轴承座孔公差带为 $\phi100$H7,装配图上的标注如图 5-7 所示。

② 查表 1-2 和表 1-3 得：轴颈为 $\phi55$j6 $\left(^{+0.012}_{-0.007}\right)$,轴承座孔为 $\phi100$H7 $\left(^{+0.035}_{0}\right)$。

由表 5-6 查得：轴颈的圆柱度公差值为 0.005mm,轴肩的圆跳动公差为 0.015mm,轴承座孔的圆柱度公差值为 0.010mm，孔肩的圆跳动公差为 0.025mm。

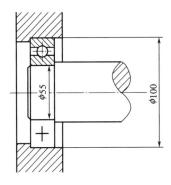

图 5-6 轴承装配图

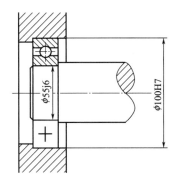

图 5-7 轴承装配图上标注示例

由表 5-7 查得：轴颈 $Ra \leqslant 0.8\mu m$，轴承座孔 $Ra \leqslant 1.6\mu m$，轴肩端面 $Ra \leqslant 3.2\mu m$，孔肩端面 $Ra \leqslant 3.2\mu m$。

标注如图 5-8 和图 5-9 所示。

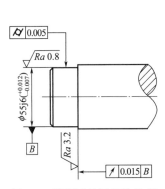

图 5-8 轴颈零件图标注示例

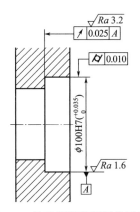

图 5-9 轴承座零件图标注示例

5.2 螺纹连接的互换性

5.2.1 概述

(1) 螺纹的分类及使用要求

螺纹连接在工业生产和日常生活中应用极为广泛，互换程度要求较高。螺纹按用途可分为如下三类。

① 紧固螺纹　主要用于连接和紧固各种机械零件，如米制普通螺纹、螺母等。其主要的使用要求是良好的旋合性和足够的连接强度。

② 传动螺纹　主要用于传递动力和位移，如机床传动丝杠、千斤顶的起重螺杆等。其主要的使用要求是传递动力可靠和传动比稳定。

③ 紧密螺纹　主要用于使两个零件紧密连接而无泄漏地结合，如管螺纹。其主要的使用要求是结合紧密和密封性好。

(2) 螺纹的基本牙型及主要几何参数

按国家标准 GB/T 192—2003《普通螺纹　基本牙型》规定，米制普通螺纹的基本牙型，如图 5-10 所示（图中粗实线）。普通螺纹的基本牙型是在高为 H 的正三角形（即原始三角形）上截去顶部（$H/8$）和底部（$H/4$）而形成的。基本牙型是普通螺纹的理论牙型，该牙型的尺寸都是基本尺寸。

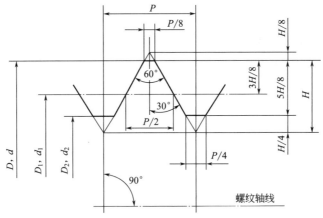

图 5-10　普通螺纹的基本牙型

普通螺纹的主要几何参数如下。

① 基本大径 D（d）　即公称直径，是指与外螺纹牙顶或内螺纹牙底相切假想圆柱的直径，内、外螺纹基本大径的尺寸分别用符号 D 和 d 表示。

② 基本小径 D_1（d_1）　是指与外螺纹牙底或内螺纹牙顶相切假想圆柱的直径。内、外螺纹基本小径的尺寸分别用 D_1 和 d_1 表示，外螺纹的基本大径和内螺纹的基本小径统称顶径，外螺纹的基本小径和内螺纹的基本大径统称底径。

③ 基本中径 D_2（d_2）　是在基本大径和基本小径之间的假想圆柱的直径，该圆柱的母线通过牙型上沟槽和凸起宽度相等的地方，如图 5-11 所示。该假想圆柱称为中径圆柱，内、外螺纹基本中径的尺寸分别用符号 D_2 和 d_2 表示，基本中径在螺纹公差中是一个重要的参数。

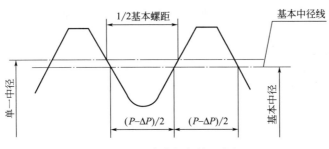

图 5-11　基本中径与单一中径
P—基本螺距；ΔP—螺距误差

④ 单一中径　也是一个假想圆柱的直径，该圆柱的母线通过牙型上沟槽的宽度等于 1/2 基本螺距的地方，如图 5-11 所示。

当螺距无误差时，基本中径等于单一中径；如螺距有误差，则二者不相等。通常把单一中径近似看作实际中径。

⑤ 螺距 P 和导程 Ph　螺距是指螺纹相邻两牙在中径线上对应两点间的轴向距离。导程是指同一条螺旋线上的相邻两牙在中径线上对应两点间的轴向距离。对单线螺纹，导程等于螺距，即 $Ph=P$；对多线螺纹，导程等于线数（代号为 n）乘以螺距，即 $Ph=nP$。

⑥ 牙型角 α 和牙型半角 $\alpha/2$　牙型角是指在螺纹牙型上，相邻两牙侧间的夹角。对于米制普通螺纹，牙型角 $\alpha=60°$；牙型半角是指在螺纹牙型上，牙侧与螺纹轴线垂线间的夹角（图 5-10）。

⑦ 螺纹的旋合长度　是指两个相互旋合的内、外螺纹沿螺纹轴线方向相互旋合部分的长度。

5.2.2　影响螺纹互换性的因素及中径合格条件

螺纹连接广泛应用于机械制造、建筑工程等领域，其互换性不仅关乎零部件的装配效率，更影响产品的整体质量和使用安全。因此，螺纹的互换性要求必须保证良好的旋合性和足够的连接强度，这是实现高质量生产的重要保障。

拓展阅读
螺纹最大、最小实体牙型

（1）影响螺纹互换性的因素

从互换性的角度来看，影响螺纹互换性的主要几何参数有：大径、中径、小径、螺距和牙型半角等 5 个参数。对于普通螺纹，在内外螺纹旋合时，大径和小径留有一定的空隙，因此通常不会直接影响配合的性质。但中径处的接触情况决定了螺纹的旋合性和配合质量。因此螺纹互换性的主要影响因素为中径误差、螺距误差和牙型半角误差。

拓展阅读
螺纹几何参数公差原则的选用

① 中径误差　是指螺纹中径的实际值与公称值之间的代数差。若内螺纹的中径过小、外螺纹的中径过大，会导致旋合困难，影响装配效率；反之，则可能导致连接强度不足，影响使用安全。

② 螺距误差　是指螺距的实际值与公称值的代数差，分为单个螺距误差和累计螺距误差两种。尤其是累计螺距误差对螺纹旋合的影响更为显著，随着旋合长度的增加，螺纹之间可能会出现干涉，导致旋合不顺畅。

③ 牙型半角误差　是指牙型半角的实际值与公称值之间的代数差。这种误差会引起螺纹牙侧相对于螺纹轴线的位置偏差，直接影响螺纹的旋合性和连接强度，进而影响螺纹的互换性。

（2）螺纹的作用中径

螺纹的作用中径是指在规定的旋合长度内，恰好包容实际螺纹的一个假想螺纹的中径。这一参数是螺距误差和牙型半角误差共同作用的结果，是螺纹旋合时真正起作用的中径。

① 假设内螺纹为理想牙型，当与产生螺距误差和牙型半角误差的外螺纹旋合时，使旋合变紧，其效果好像是外螺纹增大了。这个增大的中径就是与内螺纹旋合时起作用的中径，如图 5-12 所示，它等于外螺纹的实际中径 $d_{2实际}$ 与螺距偏差 f_p、牙型半角误差的中径当量值 $f_{\alpha/2}$ 之和，即

$$d_{2作用} = d_{2实际} + (f_p + f_{\alpha/2}) \tag{5-1}$$

② 假设外螺纹为理想牙型，当与产生螺距误差和牙型半角误差的内螺纹旋合时，使旋合也变紧，其效果好像是内螺纹减小了。这个减小的中径就是与外螺纹旋合时起作用的中径，它等于内螺纹的实际中径 $D_{2实际}$ 与螺距偏差 f_p、牙型半角误差的中径当量值 $f_{\alpha/2}$ 之差，即

$$D_{2作用} = D_{2实际} - (f_p + f_{\alpha/2}) \tag{5-2}$$

③ 为了使内外螺纹能够自由旋合，应保证 $D_{2作用} \geqslant d_{2作用}$。

（3）中径合格条件

螺纹中径的作用直接关系到螺纹的旋合性和连接可靠性，因此其合格性条件至关重要。国家标准规定中径合格性条件应遵循泰勒原则，即螺纹的作用中径不能超越最大实体中径，任意位置的实际中径不能超越最小实体中径。这一原则体现了"质量第一"的理念，确保产品在生产过程中不仅符合标准，还要具备稳定可靠的质量。

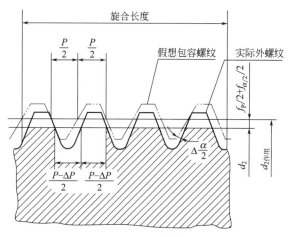

图 5-12 外螺纹的作用中径

5.2.3 普通螺纹的公差与配合

普通螺纹的配合由内、外螺纹公差带组合而成，国家标准 GB/T 197—2018《普通螺纹公差》规定了螺纹顶径和中径公差带。

(1) 普通螺纹的公差带

① 螺纹的公差等级 如表 5-8 所示，其中 6 级是基本级，3 级公差值最小，精度最高，9 级精度最低，各级公差值见表 5-9 和表 5-10。在同一公差等级中，由于内螺纹的加工比较困难，内螺纹顶径公差比外螺纹顶径公差大 25%～32%，内螺纹中径公差比外螺纹中径公差大 32% 左右，以满足工艺等价原则。

表 5-8 螺纹公差等级（摘自 GB/T 197—2018）

螺纹直径	公差等级	螺纹直径	公差等级
内螺纹基本小径 D_1	4,5,6,7,8	外螺纹基本中径 d_2	3,4,5,6,7,8,9
内螺纹基本中径 D_2	4,5,6,7,8	外螺纹基本大径 d	4,6,8

表 5-9 普通螺纹的顶径公差（摘自 GB/T 197—2018） μm

螺距 P/mm	内螺纹小径公差 T_{D_1}					外螺纹大径公差 T_d		
	公差等级					公差等级		
	4	5	6	7	8	4	6	8
1	150	190	236	300	375	112	180	280
1.25	170	212	265	335	425	132	212	335
1.5	190	236	300	375	485	150	236	375
1.75	212	265	335	425	530	170	265	425
2	236	300	375	475	600	180	280	450
2.5	280	355	450	560	710	212	335	530
3	315	400	500	630	800	236	375	600
3.5	355	450	560	710	900	265	425	670
4	375	475	600	750	950	300	475	750

表 5-10 普通螺纹的中径公差（摘自 GB/T 197—2018）　　μm

基本大径 D /mm		螺距 P/mm	内螺纹中径公差 T_{D_2}					外螺纹中径公差 T_{d_2}					
			公差等级					公差等级					
大于	小于等于		4	5	6	7	8	3	4	5	6	7	8	9
5.6	11.2	0.75	85	106	132	170	—	50	63	80	100	125	—	—
		1	95	118	150	190	236	56	71	90	112	140	180	224
		1.25	100	125	160	200	250	60	75	95	118	150	190	236
		1.5	112	140	180	224	280	67	85	106	132	170	212	295
11.2	22.4	1	100	125	160	200	250	60	75	95	118	150	190	236
		1.25	112	140	180	224	280	67	85	106	132	170	212	265
		1.5	118	150	190	236	300	71	90	112	140	180	224	280
		1.75	125	160	200	250	315	75	95	118	150	190	236	300
		2	132	170	212	265	335	80	100	125	160	200	250	315
		2.5	140	180	224	280	355	85	106	132	170	212	265	335
22.4	45	1	106	132	170	212	—	63	80	100	125	160	200	250
		1.5	125	160	200	250	315	75	95	118	150	190	236	300
		2	140	180	224	280	355	85	106	132	170	212	265	335
		3	170	212	265	335	425	100	125	160	200	250	315	400
		3.5	180	224	280	355	450	106	132	170	212	265	335	425
		4	190	236	300	375	475	112	140	180	224	280	355	450
		4.5	200	250	315	400	500	118	150	190	236	300	375	475

② **螺纹的基本偏差**　是指最接近螺纹公称直径的那个极限偏差。GB/T 197 对内螺纹规定了 G、H 两种基本偏差标示符，其中，G 的基本偏差（EI）为正值，H 的基本偏差（EI）为零，如图 5-13 所示。国家标准对外螺纹规定了 a、b、c、d、e、f、g、h 八种基本偏差标示符，其中 a、b、c、d、e、f、g 其基本偏差（es）为负值，h 其基本偏差（es）为零，如图 5-14 所示。各基本偏差的数值如表 5-11 所示。

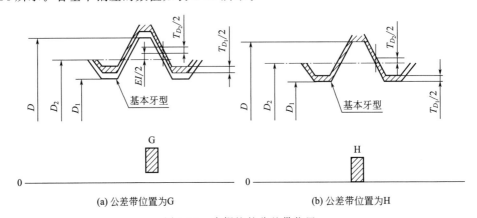

(a) 公差带位置为 G　　　　　　　(b) 公差带位置为 H

图 5-13　内螺纹的公差带位置

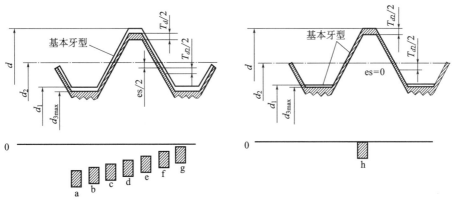

(a) 公差带位置为a、b、c、d、e、f和g　　　　(b) 公差带位置为h

图 5-14　外螺纹的公差带位置

表 5-11　普通螺纹的基本偏差（摘自 GB/T 197—2018）　　　　　　　　　μm

螺距 P/mm	内螺纹的基本偏差 EI		外螺纹的基本偏差 es							
	G	H	a	b	c	d	e	f	g	h
1	+26		-290	-200	-130	-85	-60	-40	-26	
1.25	+28		-295	-205	-135	-90	-63	-42	-28	
1.5	+32		-300	-212	-140	-95	-67	-45	-32	
1.75	+34		-310	-220	-145	-100	-71	-48	-34	
2	+38	0	-315	-225	-150	-105	-71	-52	-38	0
2.5	+42		-325	-235	-160	-110	-80	-58	-42	
3	+48		-335	-245	-170	-115	-85	-63	-48	
3.5	+53		-345	-255	-180	-125	-90	-70	-53	
4	+60		-355	-265	-190	-130	-95	-75	-60	

普通螺纹的公差带代号由表示公差等级的数字和基本偏差标示符组成，按螺纹的公差等级和基本偏差标示符可以组成很多公差带，如 6h、5G 等。必须指出，螺纹的公差带代号与一般的尺寸公差带代号不同，其公差等级数在前，基本偏差标示符在后。普通螺纹的公差带其大小由公差等级确定，而位置由基本偏差标示符确定。选取公差带位置时，一般考虑螺纹表面涂镀层厚度和螺纹配合间隙因素。

③ 螺纹公差带的选用　在机械制造和装配过程中，螺纹作为连接和传递力的重要部件，其公差带的合理选择关系到零件的互换性、配合性能和使用寿命。为了减少刀具、量具的规格和种类，简化生产流程，提高生产效率，国家标准中规定了既能满足当前需要，又数量有限的常用公差带，如表 5-12 和表 5-13 所示。这种标准化的制定体现了工业生产中对资源合理利用和效率提升的综合考量。

a. 公差带的选用原则。在国家标准中，优先选用的公差带顺序为：粗字体公差带、一般字体公差带、括号内公差带。其中，带方框的粗字体公差带常用于大量生产的紧固件螺纹，具有较好的通用性和经济性，因为它们能够确保加工精度的同时，简化生产工序，降低成本，提升生产效率。这种选择体现了精益生产的理念，既保证产品质量，又优化了成本控制。

除了特殊需要外,一般不应选择国家标准规定以外的公差带。这一规定充分体现了标准化生产的重要性,减少了因公差带多样化而带来的加工、检验和装配的复杂性,提高了工业生产的整体效率和产品的稳定性。

b. 涂镀前后的螺纹公差要求。如无其他特殊说明,推荐公差带适用于涂镀前的螺纹,且为薄涂镀层的螺纹,如电镀螺纹等。涂镀后的螺纹仍需满足规定的公差带要求,这意味着涂镀层应均匀而不影响螺纹的实际牙型尺寸和配合性能。具体而言,涂镀后,螺纹实际牙型轮廓上的任何点不应超越按公差位置 H 或 h 所确定的最大实体牙型。这样的规定确保了螺纹在不同表面处理条件下的精度一致性和互换性。

表 5-12 内螺纹的推荐公差带（摘自 GB/T 197—2018）

公差精度	公差带位置 G			公差带位置 H		
	S	N	L	S	N	L
精密	—	—	—	4H	5H	6H
中等	(5G)	**6G**	(7G)	**5H**	6H	**7H**
粗糙	—	(7G)	(8G)	—	7H	8H

表 5-13 外螺纹的推荐公差带（摘自 GB/T 197—2018）

公差精度	公差带位置 e			公差带位置 f			公差带位置 g			公差带位置 h		
	S	N	L	S	N	L	S	N	L	S	N	L
精密	—	—	—	—	—	—	—	(4g)	(5g4g)	(3h4h)	**4h**	(5h4h)
中等	—	**6e**	(7e6e)	—	**6f**	—	(5g6g)	6g	(7g6g)	(5h6h)	6h	(7h6h)
粗糙	—	(8e)	(9e8e)	—	—	—	—	8g	(9g8g)	—	—	—

（2）螺纹公差带的组成及其选用原则

在工业生产过程中,螺纹公差带是依据螺纹公差精度和旋合长度组别确定,具体选用原则如下:

① 螺纹公差精度的选用　按国家标准 GB/T 197 的规定,根据使用场合不同,螺纹的公差精度分精密级、中等级和粗糙级三个等级。选择适当的公差精度有助于确保螺纹连接的性能和可靠性。

a. 精密级主要用于要求配合性能稳定的螺纹,适用于精密机械设备和对螺纹连接质量要求高的场合。

b. 中等级主要用于一般用途的螺纹,是最常用的公差精度,以中等组旋合长度下的 6 级公差等级为中等公差精度的基准,它兼顾了制造成本和装配性能。

c. 粗糙级主要用于不重要或难以制造的螺纹,例如在热轧棒料上和深盲孔内加工的螺纹,满足一定的功能要求即可。

这种分类方式体现了国家在不同使用场景下对资源优化配置和生产效率的考量,符合精益生产的理念。

② 螺纹旋合长度组别的选用　螺纹旋合长度直接影响螺纹连接件的配合精度和互换性。国家标准规定了短组、中组和长组三组旋合长度,分别用 S、N、L 表示,如表 5-14 所示。短件易于加工和装配,而长件加工和装配难度大。因此,在标准螺栓和常见螺纹连接中,通常推荐按中等组别（N）确定螺纹公差带。

从表 5-12 和表 5-13 可以看出，在同一公差精度等级中，对不同的旋合长度，其中径所采用的公差等级也不相同。这是因为螺纹的螺距累积误差会随旋合长度的增加而增大，不同的旋合长度对螺纹的加工精度要求不同，这就要求我们在生产设计中根据具体情况选用合适的旋合长度组别。这种规范化的设计和选用不仅提高了生产效率，还提升了产品质量的稳定性。

③ 螺纹公差等级和基本偏差的选用　根据公差精度和旋合长度，选用适当的公差等级和基本偏差标示符，其中有些标示符带有两个等级，分别用于中径和顶径。公差等级确定以后，根据基本大径和螺距从表 5-9 和表 5-10 可以查得相应的公差值。根据基本偏差标示符和螺距，从表 5-11 可以查得相应的基本偏差值。这种基于标准的选用方法，有助于设计人员准确确定螺纹的配合形式，确保产品在不同应用场景下的互换性和可靠性，同时也是工业生产标准化和精细化的体现。

表 5-14　螺纹的旋合长度（摘自 GB/T 197—2018）

基本大径 D、d		螺距 P	旋合长度			
大于	小于等于		S	N		L
			小于等于	大于	小于等于	大于
5.6	11.2	0.75	2.4	2.4	7.1	7.1
		1	3	3	9	9
		1.25	4	4	12	12
		1.5			15	15
11.2	22.4	1	3.8	3.8	11	11
		1.25	4.5	4.5	13	13
		1.5	5.6	5.6	16	16
		1.75	6	6	18	18
		2	8	8	24	24
		2.5	10	10	30	30

④ 螺纹配合的选用　内、外螺纹的公差带可以根据实际需求进行多种组合，选择适当的配合方式以满足特定的使用要求。例如：

a. H/h 配合：适用于要求保证螺母和螺栓旋合后具有良好同轴度和足够连接强度的场合，此配合形式下最小间隙为零。

b. H/g 和 G/h 配合：用于需要便于拆装和改善螺纹疲劳强度的场合，提供适度的间隙以便于操作和延长使用寿命。

c. 5H/6h 和 4H/6h 配合：适用于公称直径小于或等于 1.4mm 的螺纹，这类螺纹要求较高的制造精度和配合性能。

d. 涂镀螺纹的配合：对于需要涂镀保护层的螺纹，其配合间隙的选择应考虑涂层厚度。例如，涂层厚度为 5μm 时选用 6H/6g；涂层厚度为 10μm 时选用 6H/6e；若内、外均有保护层，选用 6G/6e。

通过合理选择配合方式，可以在保证机械性能的基础上，优化螺纹的制造和装配过程，提高生产效率和产品质量。

(3) 普通螺纹的标记

普通螺纹的完整标记由螺纹特征代号、尺寸代号、公差带代号、旋合长度代号及旋向代号五部分组成。其格式如下：

螺纹特征代号尺寸代号-公差带代号-旋合长度代号-旋向代号。

① 螺纹特征代号　普通螺纹特征代号为 M。

② 普通螺纹尺寸代号　形式为：公称直径×Ph 导程 P 螺距。

普通螺纹按螺距的大小又分为粗牙和细牙两种。

在标记时，螺纹标准 GB/T 197—2018 中有如下规定。

a. 粗牙普通螺纹其螺距不注出，细牙螺纹注写螺距。

b. 单线普通螺纹的尺寸代号为"公称直径×螺距"，此时无须注写"Ph"和"P"字样。而多线螺纹，如果没有误解风险，可以省略导程代号 Ph。

例如：

M24 表示公称直径为 24mm 的单线粗牙普通螺纹；

M24×2 表示公称直径为 24mm，螺距为 2mm 的单线细牙普通螺纹；

M16×Ph6P2 表示公称直径为 16mm，导程为 6mm，螺距为 2mm 的三线细牙普通螺纹。

③ 普通螺纹公差带代号　由中径及顶径的公差等级代号（数字）和基本偏差标示符（字母）两部分组成，可查阅有关的国家标准。

在标记时，GB/T 197—2018 螺纹标准中有如下规定。

a. 如果中径和顶径的公差带代号相同时，可注写一个代号。

b. 公差带代号中的大写字母表示内螺纹，小写字母表示外螺纹。

例如：

M8×1-5g6g 表示公称直径为 8mm，螺距为 1mm，中径及顶径公差带代号分别为 5g、6g 的单线细牙普通外螺纹；

M16×3P1.5-6H 表示公称直径为 16mm，导程为 3mm，螺距为 1.5mm，中径和顶径公差带为 6H 的双线细牙普通内螺纹。

为更加清晰地标记多线螺纹，可以在螺距后面增加括号，用英文说明螺纹的线数，如 M16×Ph3 P1.5（two starts）-6H。

螺纹副（内、外螺纹旋合在一起）标记中的内、外螺纹公差带代号用斜分式表示，分子和分母分别表示内、外螺纹的中顶径公差带代号，如 M20×2-6H/5g6g。

④ 旋合长度代号　分别用大写字母 S、N、L 表示。相应的长度可根据螺纹公称直径及螺距从标准中查出，螺纹标准中规定当旋合长度为中等组时，代号"N"不标注。

例如，M20×2-5H-S 表示短旋合长度组的内螺纹。M6 表示中等旋合长度组的内螺纹或外螺纹。

螺纹的公差带按短组、中等组、长组三组旋合长度，给出了精密级、中等级和粗糙级三种公差精度，可按国家标准 GB/T 197—2018 来选用，一般情况下多采用中等级。在下列情况下，中等公差精度螺纹的公差带代号可以省略：

a. 内螺纹：5H—公称直径小于或等于 1.4mm 时；6H—公称直径大于或等于 1.6mm 时。

b. 外螺纹：6h—公称直径小于或等于 1.4mm 时；6g—公称直径大于或等于 1.6mm 时。

例如，M10 表示公称直径为 10mm，中径及顶径公差带代号为 6H 的中等公差精度的粗牙内螺纹，或中径及顶径公差带代号为 6g 的中等公差精度的粗牙外螺纹。

注意：普通螺纹的上述简化标记规定，同样适用于内外螺纹旋合（即螺纹副）的标记。例如，公称直径为 20mm 的粗牙普通螺纹，内螺纹的公差带代号为 6H，外螺纹的公差带代号为 6g，则其螺纹副的标记为 M20；当内、外螺纹的公差带代号并非同为中等公差精度时，则应同时注出公差带代号，并用斜线将两个代号隔开。

⑤ 旋向代号　在标记时，螺纹标准中规定右旋螺纹其旋向不注出，左

拓展阅读

涂镀螺纹的标记

旋螺纹注写大写字母"LH"。

例如 M24×2-7H-S-LH 表示公称直径为 24mm，螺距为 2mm，中径及顶径公差带代号均为 7H 的单线细牙普通内螺纹，短的旋合长度组，左旋。

5.2.4 普通螺纹的检测

普通螺纹有两类检测方法：综合检验和单项测量。应根据螺纹的不同使用场合及螺纹加工条件，由产品设计者自己决定采用何种螺纹检验手段。

（1）综合检验

普通螺纹的综合检验是指一次同时检验螺纹的几个参数，以几个参数的综合误差来判断螺纹的合格性。对螺纹进行综合检验时，使用光滑极限量规和螺纹量规，它们都是由通规（通端）和止规（止端）组成的。

光滑极限量规用于检验内螺纹和外螺纹实际顶径的合格性。

螺纹通规用于控制被测螺纹的作用中径不超出最大实体牙型的中径（$d_{2\max}$ 或 $D_{2\min}$），同时控制外螺纹小径和内螺纹大径不超出其最大实体尺寸（$d_{1\max}$ 或 $D_{1\min}$）。通规应具有完整的牙型，并且螺纹的长度要接近于被测螺纹的旋合长度。

螺纹止规用于控制被测螺纹的单一中径不超出最小实体牙型的中径（$d_{2\min}$ 或 $D_{2\max}$）。止规采用截短牙型，并且只有 2~3 个螺距的螺纹长度，以减少牙侧角误差和螺距偏差对检验结果的影响。

检验内螺纹用的螺纹量规称为螺纹塞规，检验外螺纹用的螺纹量规称为螺纹环规。图 5-15 所示为外螺纹的综合检验，图 5-16 为内螺纹的综合检验。

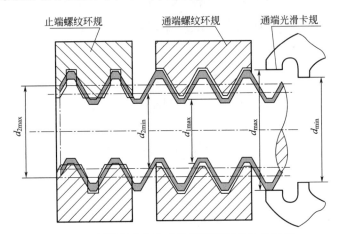

图 5-15 用螺纹塞规和光滑极限塞规检验外螺纹

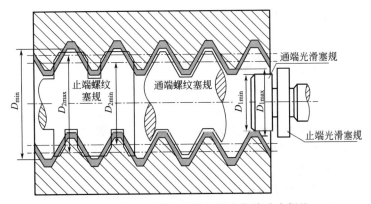

图 5-16 用螺纹环规和光滑极限卡规检验内螺纹

综合检验操作方便、检验效率高，适用于成批生产且精度要求不太高的螺纹件。

（2）单项测量

普通螺纹的单项测量是指分别对螺纹的各个几何参数进行测量，即每次只测量螺纹的一项几何参数，以所得的实际值来判断螺纹的合格性。常用的螺纹单项测量方法有以下两种。

① 三针法 主要用于测量外螺纹的中径，是一种间接测量法。因其方法简便，测量准确度高，在生产中应用很广。

如图 5-17 所示，将三根直径相等的精密量针放在被测螺纹的沟槽中，然后用接触式量仪（如杠杆千分尺、测长仪等）测出针距 M 值，通过被测螺纹已知的螺距 P、牙型半角 $\alpha/2$ 和量针公称直径 d_0 等数值计算出被测螺纹的单一中径 d_2。计算公式为

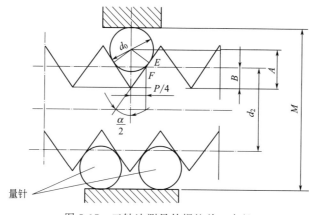

图 5-17 三针法测量外螺纹单一中径

$$d_2 = M - d_0\left(1 + \frac{1}{\sin\frac{\alpha}{2}}\right) + \frac{P}{2}\cos\frac{\alpha}{2} \tag{5-3}$$

对普通米制螺纹，$\alpha = 60°$，则

$$d_2 = M - 3d_0 + 0.866P \tag{5-4}$$

对梯形螺纹，$\alpha = 30°$，则

$$d_2 = M - 4.863d_0 + 1.866P \tag{5-5}$$

② 影像法 是指用工具显微镜将被测螺纹的牙型轮廓放大成像，按被测螺纹的影像来测量其螺距、牙侧角和中径，也可测量其基本大径和基本小径。

单项测量主要用于单件、小批量生产，尤其是在精密螺纹（如螺纹量规、螺纹刀具的测量等）和传动螺纹的生产中应用极为广泛。

5.3 平键和花键连接的互换性

5.3.1 概述

键连接和花键连接主要用于轴和轴上传动件（如齿轮、带轮、链轮、联轴器等）之间的可拆连接，可以传递转矩。当轴与传动件之间有轴向相对运动要求时，键可以起导向作用，因此在机械中应用十分广泛。

键连接可分为单键连接和花键连接两大类。

单键按其结构形状不同分为：普通型平键、普通型半圆键、钩头型楔键等，如图 5-18

所示。其中平键和半圆键应用最广。

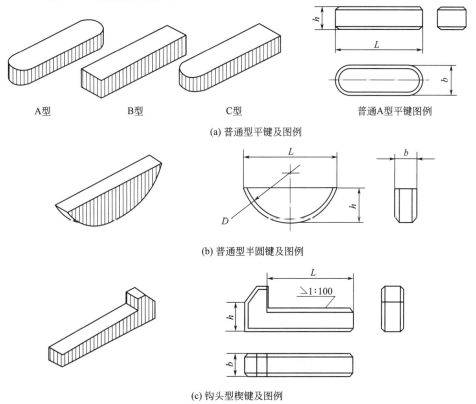

图 5-18 常用的键及图例

花键分为内花键（又称花键孔）和外花键（又称花键轴）。按其键齿形状不同分为：矩形花键、渐开线花键和三角形花键，如图 5-19 所示。

图 5-19 花键连接的形式

由于单键连接需要在传动轴和轮毂上加工键槽，这样就降低了连接件的承载能力，尤其容易引起应力集中。因此，随着机械传动功率、定心精度和结构要求的提高，单键连接在很多场合下被花键连接代替。与单键连接相比，花键连接有很多优点，主要优点如下。

① 键齿沿圆周均布在传动轴和轮毂上，连接受力均匀。
② 键齿与传动轴或轮毂制成一体，连接刚度好。
③ 因槽较浅，齿根处应力集中较小，轴与毂的强度削弱较少，强度高。
④ 键齿多，总承载面积大，耐磨损、耐剪切、可承受较大的载荷。
⑤ 定心精度高，导向性能好。
⑥ 使用寿命长，互换性好。

由于花键连接有上述优点,因此被广泛应用于机械传动中,如机床、汽车、拖拉机、工程机械、起重机械、机车车辆、兵器、航空航天等行业。

5.3.2 平键连接的互换性

(1) 平键连接的公差与配合

① 平键连接的公差与配合种类　平键连接由键、轴槽和轮毂槽三部分组成,通过键的两个侧面分别与轴槽及轮毂槽的侧面相互接触来传递转矩,因此它们的宽度 b 是主要配合尺寸,其结构及尺寸参数如图 5-20 所示。

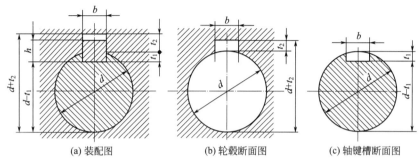

图 5-20　平键连接方式及尺寸

键由型钢制成,是标准件,因此键与键槽的配合采用基轴制。国家标准 GB/T 1095—2003《平键　键槽的剖面尺寸》中,对平键键宽只规定一种公差带 h8,对轴槽和轮毂槽的宽度各规定三种公差带,构成了三种配合,以满足不同的使用要求。平键连接的三种配合及其应用如表 5-15 所示。

表 5-15　平键连接的三种配合及其应用

配合种类	尺寸的公差带			应用场合
	键	轴槽	轮毂槽	
松连接	h8	H9	D10	键在轴槽及轮毂槽中均能滑动,主要用于导向平键,轮毂可在轴上做轴向移动
正常连接	h8	N9	JS9	键在轴槽及轮毂槽中均固定,用于载荷不大的场合
紧密连接	h8	P9	P9	键在轴槽及轮毂槽中均牢固固定,用于重载、冲击载荷及双向转矩的场合

国家标准 GB/T 1095—2003 对普通型平键的槽宽 b 及非配合尺寸 t_1(轴槽深)、t_2(轮毂槽深)的尺寸与公差做了规定,如表 5-16 所示。

另外规定,导向型平键的轴槽与轮毂槽用松连接的公差;平键轴槽长的长度公差用 H14。

② 平键连接的几何公差及表面粗糙度　键与键槽配合的松紧程度不仅取决于它们的配合尺寸公差带,还与它们配合表面的几何公差有关。因此,应分别规定轴键槽及轮毂槽的宽度 b 对轴及轮毂轴线的对称度,对称度公差等级可按国家标准 GB/T 1184—1996《形状和位置公差　未注公差值》选取 7～9 级。

轴键槽及轮毂槽的两个侧面为配合面,表面粗糙度参数 Ra 值推荐为 1.6～3.2μm,轴键槽底面和轮毂槽底面为非配合面,表面粗糙度参数 Ra 值推荐为 6.3μm。

表 5-16 普通型平键键槽的尺寸与公差（摘自 GB/T 1095—2003） mm

键尺寸 $b\times h$	键槽 宽度 b						深度				半径 r	
	基本尺寸	极限偏差					轴 t_1		毂 t_2			
		正常连接		紧密连接	松连接		基本尺寸	极限偏差	基本尺寸	极限偏差	min	max
		轴 N9	毂 JS9	轴毂 P9	轴 H9	毂 D10						
2×2	2	-0.004	±0.0125	-0.006	+0.025	+0.060	1.2	+0.1 0	1	+0.1 0	0.08	0.16
3×3	3	-0.029		-0.031	0	+0.020	1.8		1.4			
4×4	4	0	±0.015	-0.012	+0.030	+0.078	2.5		1.8		0.16	0.25
5×5	5	-0.030		-0.042	0	+0.030	3.0		2.3			
6×6	6						3.5		2.8			
8×7	8	0	±0.018	-0.015	+0.036	+0.098	4.0		3.3		0.25	0.40
10×8	10	-0.036		-0.051	0	+0.040	5.0		3.3			
12×8	12						5.0	+0.2 0	3.3	+0.2 0		
14×9	14	0	±0.0215	-0.018	+0.043	+0.120	5.5		3.8			
16×10	16	-0.043		-0.061	0	+0.050	6.0		4.3			
18×11	18						7.0		4.4			
20×12	20						7.5		4.9		0.40	0.60
22×14	22	0	±0.026	-0.022	+0.052	+0.149	9.0		5.4			
25×14	25	-0.052		-0.074	0	+0.065	9.0		5.4			
28×16	28						10.0		6.4			

③ 键槽尺寸和公差在图样上的标注　轴键槽和轮毂槽断面尺寸公差、几何公差及表面粗糙度在图样上的标注，如图 5-21 所示。

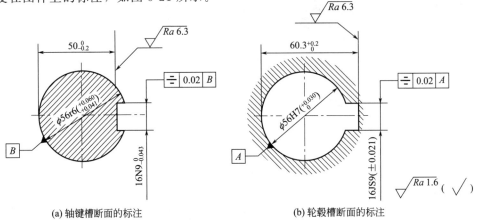

(a) 轴键槽断面的标注　　(b) 轮毂槽断面的标注

图 5-21 键槽的图样标注

④ 平键的标记　宽度 $b=16$mm，高度 $h=10$mm，长度 $L=100$mm 普通 A 型平键的标记为

GB/T 1096 键 16×10×100

宽度 $b=16$mm，高度 $h=10$mm，长度 $L=100$mm 普通 B 型平键的标记为

GB/T 1096　键 B 16×10×100

宽度 $b=16$mm，高度 $h=10$mm，长度 $L=100$mm 普通 C 型平键的标记为

GB/T 1096　键 C 16×10×100

(2) 平键连接的检测

平键连接的主要检测项目有键和键槽的宽度、深度及键槽对轴线的对称度。

在单件、小批量生产中，常采用游标卡尺、千分尺等通用测量器具测量键和键槽的宽度、深度。如图 5-22 所示，这是一种常用的检测轴键槽对称度的方法，在键槽中塞入与键槽宽度相等的量块组，用指示表将量块上平面校平，记下指示表读数；将工件旋转 $180°$，在同一横截面方向上，再将量块校平（如图中左边虚线所示），并记下指示表读数，两次读数之差为 a，则该截面的对称度误差近似值为

$$f_{截}=at_1/(d-t_1) \tag{5-6}$$

式中　d——轴的直径；
　　　t_1——轴槽的深度。

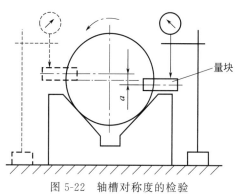

图 5-22　轴槽对称度的检验

将轴固定不动，沿键槽长度方向测量，取长度方向读数最大、最小的两点，其读数差为

$$f_{长}=a_{高}-a_{低} \tag{5-7}$$

取 $f_{截}$、$f_{长}$ 中的较大值作为该键槽的对称度误差值。

在成批生产中，键槽尺寸及其对轴线的对称度误差可用量规检验，如图 5-23 所示。图 5-23(a)、(b)、(c) 分别为测量槽宽 (b)、轮毂槽深 ($D+t_2$)、轴槽深 ($d-t_1$) 的极限量规，具有通端和止端，检验时要求通端通过且止端不通过；图 5-23(d)、(e) 分别为测量轮毂槽、轴槽对称度的综合量规，只有通端，通过为合格。

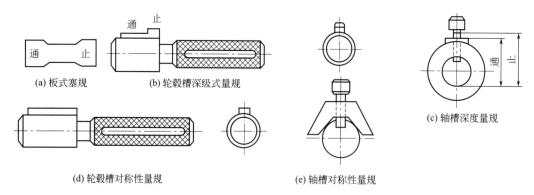

图 5-23　键槽检测用量规

5.3.3　花键连接的互换性

在使用机械传动的各产品中，常用的花键是矩形花键和渐开线花键两种。

渐开线花键与矩形花键相比较，有自动定心、强度高、寿命长、适用于盘式结构连接、刀具经济（种类少）等优点。但矩形花键有其独特的优点，目前还不能被渐开线花键所取代。因此，下面着重介绍矩形花键连接。

(1) 矩形花键连接的优点

① 矩形花键较渐开线花键更适用于轻负荷和中等负荷传动机构　按齿高的不同，矩形

花键的齿形尺寸在标准中规定两个系列，即轻系列和中系列。轻系列的承载能力较低，多用于静连接或轻载连接；中系列用于中等负荷。

② 定心精度高、耐磨性能好　在机床设计时，着重考虑满足传动轴的定心精度和刚度要求。应用矩形花键，键齿少、键槽截面简单，定心精度高、稳定性好。热处理后，能用磨削的方法消除热处理引起的变形，精加工效率高。

③ 适用于滑动连接　与渐开线花键相比较，矩形花键更适用于沿轴线滑动的连接。为了内、外花键可以相对滑动，其键侧配合必须有较大间隙，此时若采用渐开线花键会影响定心精度。而矩形花键，其定心精度与键侧配合性质无关，对于滑动连接的花键，仍可保证较高的定心精度。这种影响，对于有径向力的连接尤为突出。

(2) 矩形花键连接的公差与配合

① 矩形花键连接的特点及定心方式　矩形花键连接由内花键（花键孔）与外花键（花键轴）构成，如图 5-24 所示。矩形花键可用作固定连接，也可用作滑动连接。具体使用中，要求保证内花键和外花键连接后具有较高的同轴度，并传递转矩。其中，固定连接要求连接强度和传递运动的可靠性；滑动连接要求导向精度和滑动的灵活性。

为了便于加工和检测，键数规定为偶数，有 6、8、10 三种。

矩形花键主要尺寸参数有小径 d、大径 D、键（槽）宽 B，如图 5-25 所示。若要求这三个尺寸同时起配合定心作用，以保证同轴度是很困难的，而且也无必要。理论上，矩形花键连接的三个结合面即小径、大径和键（槽）侧都可作为定心表面，即花键连接有三种定心方式，如图 5-26 所示。由于小径定心能保证定心精度高、稳定性好、使用寿命长，有利于高质量精密产品的开发，因此普遍采用小径定心。国家标准 GB/T 1144—2001《矩形花键尺寸、公差和检验》中规定了小径定心矩形花键的公称尺寸、公差与配合、检验规则和标记方法。

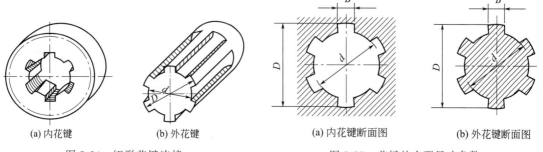

(a) 内花键　　(b) 外花键　　　　　(a) 内花键断面图　　(b) 外花键断面图

图 5-24　矩形花键连接　　　　　图 5-25　花键的主要尺寸参数

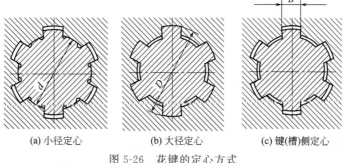

(a) 小径定心　　(b) 大径定心　　(c) 键(槽)侧定心

图 5-26　花键的定心方式

② 矩形花键连接的公差配合及选用是机械设计中非常重要的一环，不仅影响到机械设备的运转性能，还反映了工业制造的精度与水平。为了减少加工和检验内花键用的拉刀和量具规格、数量，矩形花键连接一般采用基孔制配合。合理选用公差配合，不仅可以提升机械的制造效率，还能够节约资源，响应国家提倡的节能减排、绿色制造的号召。

矩形花键的连接按精度要求的不同，分为一般用途传动和精密传动。一般用途传动，适用于定心精度要求不高的普通机械，如拖拉机的变速箱等；精密传动，适用于定心精度要求高、传递转矩大且运行平稳的场合，如精密机床主轴变速箱，以及各种减速器中轴与齿轮花键孔的连接。

矩形花键的连接按装配形式的不同，分为滑动、紧滑动和固定三种。滑动和紧滑动连接在工作过程中，可以传递转矩，同时花键孔还可以在花键轴上移动；固定连接只用于传递转矩，花键孔在花键轴上无轴向移动。不同的配合类型可以通过调整外花键的小径和键宽的尺寸公差带来实现，如表 5-17 所示。

表 5-17 矩形花键的尺寸公差带（摘自 GB/T 1144—2001）

用 途	内花键				外花键			装配形式
	小径 d	大径 D	键宽 B		小径 d	大径 D	键宽 B	
			拉削后不热处理	拉削后热处理				
一般用	H7	H10	H9	H11	f7	a11	d10	滑动
					g7		f9	紧滑动
					h7		h10	固定
精密传动用	H5	H10	H7、H9		f5	a11	d8	滑动
					g5		f7	紧滑动
					h5		h8	固定
	H6				f6		d8	滑动
					g6		f7	紧滑动
					h6		h8	固定

注：1. 精密传动用的内花键，当需要控制键（槽）侧配合间隙时，槽宽可选用 H7，一般情况可用 H9。
2. d 为 H6、H7 的内花键，允许与提高一级的外花键配合。

选择配合类型时，不仅要考虑到机械本身的性能，还应注重设备的耐久性和资源的有效利用，体现出绿色制造理念的重要性。

若要求内、外花键之间有相对移动，而且移动距离长、频率高，应选用配合间隙较大的滑动连接，以保证运动的灵活性及配合面之间有足够的润滑层。例如，汽车、拖拉机等变速箱中的齿轮与轴的配合。若要求内、外花键之间定心精度高，传递转矩大或经常有反向转动的情况，则选用配合间隙较小的紧滑动连接。

③ 矩形花键的几何公差及表面粗糙度 为保证定心表面的配合性质，对内、外花键规定如下要求。

a. 矩形花键的小径 d 既是配合尺寸，又是定心尺寸。标准规定，小径的极限尺寸应遵守包容要求。

b. 键（槽）宽是花键连接中的非配合定心尺寸，在工作中主要起传递扭矩的作用。标准规定，键（槽）侧面对定心轴线的位置度公差，应遵守最大实体要求，以保证内、外花键的互换装配，同时便于使用综合量规检验。矩形花键的位置度公差标注如图 5-27 所示，公差值见表 5-18。

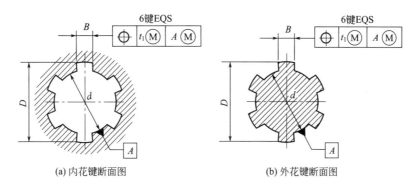

图 5-27　矩形花键的位置度公差标注

表 5-18　矩形花键的位置度公差值（摘自 GB/T 1144—2001）　　mm

键槽宽或键宽 B			3	3.5～6	7～10	12～18
t_1	键槽宽		0.010	0.015	0.020	0.025
	键宽	滑动、固定	0.010	0.015	0.020	0.025
		紧滑动	0.006	0.010	0.013	0.016

c. 当单件、小批量生产时，可采用单项检验法。通过检验对称度公差和等分度公差，来代替位置度公差，并采用独立原则，其标注如图 5-28 所示，公差值见表 5-19。

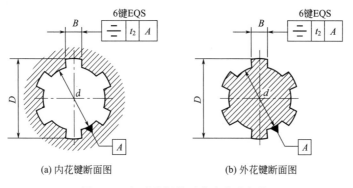

图 5-28　矩形花键的对称度公差标注

表 5-19　矩形花键的对称度公差值（摘自 GB/T 1144—2001）　　mm

键槽宽或键宽 B		3	3.5～6	7～10	12～18
t_2	一般用	0.010	0.012	0.015	0.018
	精密传动用	0.006	0.008	0.009	0.011

键（槽）宽的等分度公差值等于其对称度公差值，如表 5-19 所示。

d. 对较长的花键，可根据产品性能自行规定键侧对轴线的平行度公差。

e. 矩形花键的表面粗糙度 Ra 的允许值如表 5-20 所示。

表 5-20　矩形花键的表面粗糙度 Ra 的允许值　　　　　　　　　　　　　　　　μm

加工表面	内花键	外花键
小径	≤1.6	≤0.8
大径	≤6.3	≤3.2
键侧	≤6.3	≤1.6

④ 矩形花键的图样标注

a. 矩形花键的标记。由表示花键类型的图形符号"⊓"，键齿部分的有关参数、尺寸和公差要求，以及标准编号三部分组成。

键齿部分的有关参数、尺寸按 $N×d×D×B$ 的顺序书写，并加上相应的公差带代号。例如，⊓ 6×23f7×28a11×6d10，图形符号表示矩形花键，其余数字及代号顺次表示：键数 N 为 6，小径 d 为 23mm，大径 D 为 28mm，键（槽）宽 B 为 6mm 的外花键。根据国家标准 GB/T 4459.3—2000《机械制图　花键表示法》规定，花键标记应注写在指引线的水平折线上，指引线从花键的大径引出，标注如图 5-29(a) 所示。当小径 d、大径 D 和键（槽）宽 B 的公差带代号中的基本偏差字母代号为大写字母时，则该花键为内花键，如图 5-29(b) 所示。

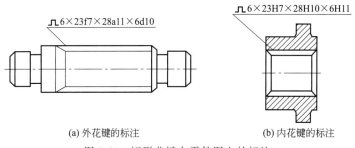

(a) 外花键的标注　　　　　　　(b) 内花键的标注

图 5-29　矩形花键在零件图上的标注

必须注意两点：一是表示矩形花键的图形符号"⊓"的高度为 h，符号的线宽为 $h/10$（h 为相应图样上所注尺寸的数字字高）；二是当所注矩形花键的标记不能全部反映设计要求时，则其必要的数据可参照齿轮图样中的参数表的形式，在图样中列表表示或在其他相关文件中说明。

b. 矩形花键副的标记。其中各要素的含义、顺序与外花键或内花键的标记基本一致。所不同的是，小径、大径和键（槽）宽的基本尺寸之后应是内、外花键的配合代号，如图 5-30 所示。

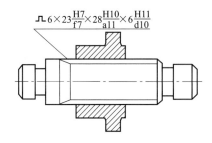

图 5-30　矩形花键在装配图上的标注

⑤ 矩形花键的检测　有综合检验和单项测量两种方法。目前，在批量生产的花键产品中，比较广泛地采用综合检验法（尽管综合通规制造比较困难）。因为，这种方法操作简便、效率高，能确保花键装配时的互换性，不会发生误判现象。

一般情况下，只要图样上规定了位置度公差并遵守最大实体要求，就应该采用综合检验法。采用综合检验法时，用综合通规（内花键用塞规，外花键用环规，如图 5-31 所示）来检验小径 d、大径 D、键（槽）宽 B 的作用尺寸，包括上述对称度、等分度和同轴度等几何误差，然后用单项止规（或其他量具）分别检验 d、D、B 的最小实体尺寸。合格的条件是综合通规通过，单项止规不通过。若综合通规不通过或单项止规通过，则该零件不合格。

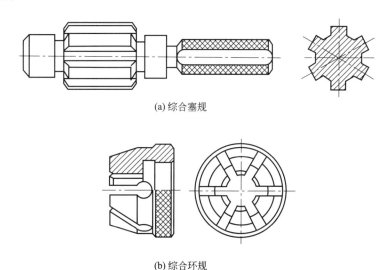

(a) 综合塞规

(b) 综合环规

图 5-31　检验花键的综合量规

单项检验法用于无综合通规的花键产品，如单件生产或研制阶段的产品，以及进行工艺分析和质量分析的产品。

单项检验时，用通用测量器具分别对各尺寸（d、D、B）进行单项测量，来判断花键各单项要素是否超越所规定的最小实体尺寸；然后检测键宽的对称度、键齿（槽）的等分度和大、小径的同轴度等几何误差项目，来间接判断花键各要素是否超越所规定的最大理论边界。

花键产品在用综合通规和单项止规检验时，会出现判断产品合格与不合格的争议。原因是这些量规在制造时都有误差，使用一种量规会出现不同的尺寸；同时，使用过的量规因有磨损，在与新量规检验同一种产品时也会有尺寸差异。国外长期检验经验认为，只要这些量规经检验部门确认是合格的，则其判断合格的产品为合格品。

思考题与习题

5-1　判断题

(1) 实际使用中，滚动轴承的内圈与轴承座孔相配合，外圈与轴颈相配合。
(2) 滚动轴承的精度等级是根据内、外圈的制造精度来划分的。
(3) 对游隙比 N 组小的轴承，选取配合的过盈量应适当增大，即配合应更紧些。
(4) 滚动轴承中，承受固定载荷的套圈应该采用较松的配合。
(5) 在装配图上标注时，轴承与轴承座孔及轴的配合都应在配合处标出其分式的配合代号。
(6) 螺纹中径是指螺纹的大径和小径的平均值。
(7) 中径和顶径公差带不相同的两种螺纹，螺纹的公差精度有可能相同。

(8) 内螺纹的作用中径大于其单一中径。
(9) 键和键槽的宽度，应具有足够的精度，以便于稳定地传递扭矩和导向。
(10) 检验内花键时，只要花键塞规能够自由通过，就说明这个内花键完全合格了，无需用到单项止端塞规。

5-2 选择题
(1) 减速器上滚动轴承内圈与轴颈的配合采用（　　）。
　　A. 基孔制　　　　　B. 基轴制　　　　　C. 非基准制　　　　D. 不确定
(2) 在选用滚动轴承配合的时候，应该考虑（　　）。
　　A. 轴承套圈相对于载荷方向的运转状态　　B. 载荷的大小
　　C. 轴承的径向游隙　　　　　　　　　　　D. 轴承的工作条件
(3) 关于滚动轴承内圈公差带的说法正确的是（　　）。
　　A. 上极限偏差为零　　　　　　　　B. 下极限偏差为零
　　C. 与滚动轴承外圈公差带位置相同　D. 与基准孔的公差带位置相同
(4) 与同名的普通基轴制配合相比，轴承外圈与轴承座孔形成的配合（　　）。
　　A. 偏紧　　　　　　　　　　　　B. 偏松
　　C. 配合性质基本一致　　　　　　D. 没法比较
(5) 在装配图上，$\phi 50js6$ 轴颈与滚动轴承内圈的配合处，标注的代号是（　　）。
　　A. $\phi 50H5/js6$　　B. $\phi 50H6/js6$　　C. $\phi 50H7/js6$　　D. $\phi 50js6$
(6) 螺纹是以（　　）为公称直径的。
　　A. 小径　　　　　　B. 中径　　　　　　C. 大径
(7) 普通螺纹的（　　）都必须在中径极限尺寸范围内才是合格的。
　　A. 单一中径　　　　B. 大径　　　　　　C. 小径　　　　　　D. 作用中径
(8) 螺纹公差带一般以（　　）作为中等精度。
　　A. 中等旋合长度下的 6 级公差　　　B. 短旋合长度下的 6 级公差
　　C. 中等旋合长度下的 7 级公差　　　D. 短旋合长度下的 7 级公差
(9) 在平键连接中，应规定较严格公差要求的配合尺寸是键和键槽的（　　）。
　　A. 宽度　　　　　　B. 长度　　　　　　C. 高度和深度　　　D. 以上都是
(10) 普通平键和键槽在键宽上的配合采用（　　）。
　　A. 基孔制　　　　　B. 基轴制　　　　　C. 非基准制　　　　D. 不确定

5-3 GB/T 307.3—2017 对向心轴承的公差等级规定了哪几级？试举例说明各个公差等级分应用场合。
5-4 滚动轴承内圈与轴、外圈与轴承座孔的配合分别采用哪种基准制？为什么？
5-5 能不能说滚动轴承的固定套圈一定承受固定载荷，旋转套圈一定承受旋转载荷？为什么？
5-6 根据滚动轴承承受不同的载荷，分析轴承选择的配合种类和松紧程度？
5-7 如题图 5-1 所示为某车床主轴箱，根据轴承的配合要求，主轴轴颈和主轴箱孔的公差带分别选为 $\phi 60k6$ 和 $\phi 95K7$。试确定隔套的内孔与主轴轴颈的配合代号（要求 $X_{max} \leqslant +0.25mm$，$X_{min} \geqslant +0.07mm$）以及主轴箱孔与隔套的外圆柱面的配合代号（要求 $X_{max} \leqslant +0.25mm$，$X_{min} \geqslant +0.07mm$）。

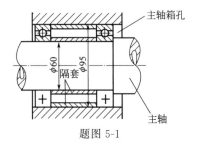

题图 5-1

5-8 普通螺纹的单项测量与综合检验各有什么特点？

5-9 通过查表写出 M20×2-6H/5g6g 的大、中、小径的公差和极限偏差。

5-10 以外螺纹为例，试比较螺纹的基本中径、单一中径和作用中径的含义与区别，并说明中径的合格条件。

5-11 平键连接为什么只对键（键槽）宽规定较严的公差？

5-12 平键连接和花键连接分别采用哪种基准制？为什么？

5-13 矩形花键连接的结合面有哪些？通常用哪个结合面作为定心表面？

5-14 某矩形花键连接标准为 8×46H7/f7×50H10/a11×9H11/10，试说明该标注中各项代号的含义。内、外矩形花键键槽和键的两侧面的中心平面对小径定心表面轴线的位置公差有哪两种选择？试述它们的名称及相应采用的公差原则。

第 6 章　渐开线圆柱齿轮的互换性

齿轮作为机械产品中广泛应用的重要传动零件，其质量直接影响着机械产品的工作性能、承载能力和使用寿命。齿轮传动质量的高低，主要取决于齿轮本身的制造精度和齿轮副的安装精度。这不仅关乎到具体设备的运行效率和可靠性，更是衡量一个国家制造业水平的重要指标。

6.1　概　　述

6.1.1　齿轮传动的使用要求

齿轮传动在机械工程中具有广泛的应用，其使用要求因用途和工作条件的不同而有所差异。总结起来，齿轮传动的主要使用要求可以归纳为以下四项：

① 传递运动的准确性　要求齿轮在一转范围内传动比变化不大，以保证主动轮和从动轮运动协调一致。这一点对于需要精确传动的场合尤为重要，直接影响到机械设备的整体性能。

② 传递运动的平稳性　要求齿轮在转过一个齿距角的范围内瞬间传动比变化不大，以保证传动过程中工作平稳，振动、冲击和噪声小。平稳的传动不仅能够延长设备的使用寿命，还能减少能量的无谓损耗，体现了节能降耗的理念。

③ 载荷分布的均匀性　要求齿轮啮合时齿面接触均匀，避免引起应力集中，防止局部齿面磨损加剧，从而影响齿轮使用寿命。这种均匀性保证了设备的可靠性，也契合了现代工业对高效、长寿命产品的需求。

④ 齿轮副侧隙的合理性　要求齿轮啮合时，非工作齿面间留有合理的侧隙。这些侧隙用来储存润滑油，并补偿齿轮传动时由于弹性变形、热膨胀以及齿轮传动装置的制造误差和安装误差等因素引起的尺寸变化，从而防止齿轮在传动过程中出现卡死或烧伤的现象。合理的侧隙设计不仅保障了齿轮的正常运转，还体现了机械设计中的人性化与精细化思维。

不同用途和不同工作条件的齿轮及齿轮副，对上述四项要求的侧重点有所不同，例如：

① 用于精密机床的分度机构和测量仪器上的读数分度齿轮　这些齿轮的特点是分度要求准确，负荷较小，转速较低，所以对传递运动准确性要求特别高，并且要求齿轮副的侧隙尽可能小。

② 用于高速传动的齿轮　如高速发动机、减速器、高速机床的变速箱等设备中的齿轮，其特点是传递功率大，圆周速度高，因此对传递运动的平稳性、载荷分布的均匀性以及齿轮副侧隙的合理性都有较高的要求。

③ 用于传递动力的低速重载齿轮　如矿山机械、轧钢机等设备中的齿轮，其特点是传递动力大，模数和齿宽均较大，转速较低，因此对载荷分布的均匀性和齿轮副侧隙的合理性要求较高。这些齿轮通常用于承受高强度作业，在推动国家基础设施建设和重工业发展中发挥着关键作用。

齿轮传动的使用要求及影响使用要求的误差来源，如表 6-1 所示。

表 6-1　齿轮传动的使用要求及影响使用要求的误差来源

齿轮传动的使用要求	影响使用要求的误差(或因素)
传动的准确性	长周期误差:包括几何偏心和运动偏心分别引起的径向和切向长周期(一转)误差。两种偏心同时存在,可能叠加,也可能抵消
传动的平稳性	短周期误差:包括齿轮加工过程中的刀具误差、机床传动链的短周期(一齿)误差
载荷分布的均匀性	齿坯轴线歪斜、机床刀架导轨的误差
齿轮副侧隙的合理性	齿轮副的中心距偏差和齿厚偏差

6.1.2　齿轮加工误差的来源

齿轮的加工方法很多,按齿廓形成原理可分为仿形法和展成法。仿形法可用成形铣刀在铣床上铣齿;展成法可用滚刀或插齿刀在滚齿机、插齿机上与齿坯做啮合滚切运动,加工出渐开线齿轮。下面以滚齿加工齿轮为例,分析产生加工误差的主要原因。

（1）几何偏心

加工时,齿坯基准孔轴线与滚齿机工作台旋转轴线不重合而发生偏心,其偏心量为 $e_几$,如图 6-1(a) 所示。几何偏心的存在使得齿轮在加工过程中,齿坯相对于滚刀的距离发生变化,切出的齿一边"短而肥"、一边"瘦而长",如图 6-1(b) 所示。当以齿轮基准孔定位进行测量时,在齿轮一转内会产生周期性的径向跳动误差,同时齿距和齿厚也产生周期性变化。有几何偏心的齿轮装在传动机构中之后,就会引起每转为周期的速比变化,产生时快时慢的现象。

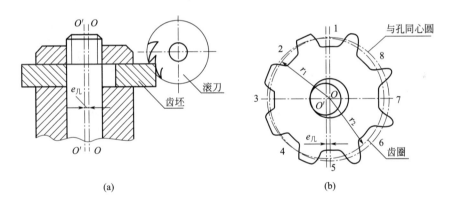

图 6-1　几何偏心

（2）运动偏心

运动偏心是由于滚齿机分度蜗轮加工误差和分度蜗轮轴线与工作台旋转轴线有安装偏心引起的,如图 6-2 所示。运动偏心的存在使齿坯相对于滚刀的转速不均匀,忽快忽慢,破坏

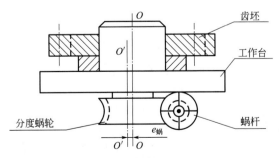

图 6-2　运动偏心

了齿坯与刀具之间的正常滚切运动,而使被加工齿轮的齿廓在切线方向上产生了位置误差。这时,齿廓在径向位置上没有变化。这种偏心,一般称为运动偏心,又称为切向偏心。

(3) 机床传动链的高频误差

加工直齿轮时,受分度传动链传动误差(主要是分度蜗杆的径向跳动和轴向窜动)的影响,蜗轮(齿坯)在一周范围内转速发生多次变化,加工出的齿轮产生齿距偏差和齿廓偏差。加工斜齿轮时,除了分度传动链误差外,还有差动传动链传动误差的影响。

(4) 滚刀的加工误差和安装误差

滚刀的加工误差主要指滚刀的径向跳动、轴向窜动和齿形角误差等,它们使加工出来的齿轮产生齿廓偏差。

滚刀的安装偏心使被加工齿轮产生径向偏差。滚刀刀架导轨或齿坯轴线相对于工作台旋转轴线的倾斜及轴向窜动,使滚刀的进刀方向与轮齿的理论方向不一致,直接造成齿面沿轴线方向歪斜,产生螺旋线偏差。

6.2 齿轮精度的评定参数

为了保证齿轮能够满足使用要求正常工作,国家标准 GB/T 10095.1—2022《圆柱齿轮 ISO 齿面公差分级制 第1部分:齿面偏差的定义和允许值》及 GB/T 10095.2—2023《圆柱齿轮 ISO 齿面公差分级制 第2部分:径向综合偏差的定义和允许值》对圆柱齿轮给出了多项公差加以控制。

6.2.1 齿面偏差

对单个渐开线圆柱齿轮的齿面精度规定了齿距偏差、齿廓偏差、螺旋线偏差、切向综合偏差和径向跳动等5种共13项偏差。

(1) 齿距偏差(图 6-3)

① 任一单个齿距偏差(f_{pi}) 是指在齿轮的端平面内、测量圆上,实际齿距与理论齿距的代数差。若齿轮存在齿距偏差,会造成一对轮齿啮合完而另一对轮齿进入啮合时,主动齿与被动齿发生碰撞,影响齿轮传动的平稳性。

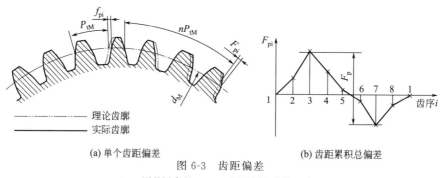

(a) 单个齿距偏差　　　　　(b) 齿距累积总偏差

图 6-3　齿距偏差

d_M—测量圆直径;P_{tM}—测量圆上的端面齿距

测量圆是在测量齿距、螺旋线和齿厚偏差时,测头与齿面接触处所在的圆,通常靠近齿面中部,该圆与基准轴线同心。

② 单个齿距偏差(f_p,原 GB 代号 f_{pt}) 是指所有任一单个齿距偏差的最大绝对值。

③ 任一齿距累积偏差(F_{pi},原 GB 代号 F_{pk}) 是指 n 个相邻齿距的弧长与理论弧长的代数差,理论上 F_{pi} 等于这 n 个齿距的任一单个齿距偏差的代数和。n 的范围从 $1 \sim z$。任一齿距累积偏差反映了多齿数齿轮的齿距累积总偏差在整个齿圈上分布的均匀性,可以作为

附加要求提出。

④ 齿距累积总偏差（F_p） 是指齿轮所有齿的指定齿面的任一齿距累积偏差的最大代数差。齿距累积总偏差反映了齿轮在一转范围内传动比的变化，影响齿轮传动的准确性。

以上齿距偏差均可由齿距测量仪、坐标测量机或万能测齿仪等进行测量。

（2）齿廓偏差

齿廓偏差是指被测齿廓偏离设计齿廓的量，该量在端平面内且垂直于渐开线齿廓的方向计值，如图 6-4 所示。齿廓偏差主要影响齿轮传动的平稳性，其检验也称为齿形检验，可以用渐开线检查仪测量。

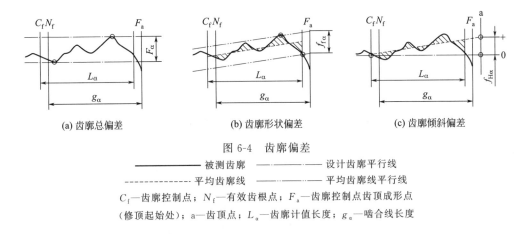

图 6-4　齿廓偏差

―――― 被测齿廓　―――― 设计齿廓平行线
------------- 平均齿廓线　―――― 平均齿廓线平行线

C_f—齿廓控制点；N_f—有效齿根点；F_a—齿廓控制点齿顶成形点（修顶起始处）；a—齿顶点；L_a—齿廓计值长度；g_a—啮合线长度

① 齿廓总偏差 F_α　在齿廓计值范围内，包容被测齿廓的两条设计齿廓平行线之间的距离。

② 齿廓形状偏差 $f_{f\alpha}$　在齿廓计值范围内，包容被测齿廓的两条平均齿廓线平行线之间的距离。

③ 齿廓倾斜偏差 $f_{H\alpha}$　以齿廓控制圆直径为起点，以平均齿廓线的延长线与齿顶圆直径的交点为终点，与这两点相交的两条设计齿廓平行线之间的距离。

齿廓控制圆直径是指齿廓控制点（即齿廓评价起点）所在圆的直径，超过该直径的齿廓部分与设计齿廓一致。若未指定控制点，有效齿根圆直径可作为齿廓控制圆直径。

（3）螺旋线偏差

螺旋线偏差是指被测螺旋线偏离设计螺旋线的量，如图 6-5 所示。螺旋线偏差主要影响载荷分布的均匀性，可以用渐开线螺旋线检查仪、齿轮测量中心或三坐标测量机测量。

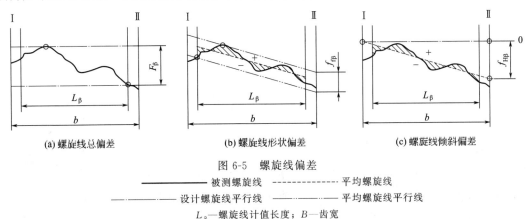

图 6-5　螺旋线偏差

―――― 被测螺旋线　------------- 平均螺旋线
―――― 设计螺旋线平行线　―――― 平均螺旋线平行线

L_β—螺旋线计值长度；B—齿宽

① 螺旋线总偏差 F_β　在螺旋线计值范围内，包容被测螺旋线的两条设计螺旋线平行线之间的距离。

② 螺旋线形状偏差 $f_{f\beta}$　在螺旋线计值范围内，包容被测螺旋线的两条平均螺旋线平行线之间的距离。

③ 螺旋线倾斜偏差 $f_{H\beta}$　在齿轮全齿宽内，通过平均螺旋线的延长线和两端面交点的、两条设计螺旋线平行线之间的距离。

（4）切向综合偏差

① 切向综合总偏差（F_{is}，原 GB 代号 F_i'）　是指被测齿轮与测量齿轮单面啮合检验时，被测齿轮一转内，齿轮分度圆上实际圆周位移与理论圆周位移的最大差值，如图 6-6 所示。切向综合总偏差主要影响齿轮传动的准确性。

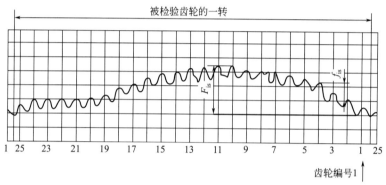

图 6-6　切向综合偏差

② 一齿切向综合偏差（f_{is}，原 GB 代号 f_i'）　是指齿轮在一个齿距角内的切向综合偏差，即在切向综合总偏差记录曲线上小波纹的最大幅度值。一齿切向综合偏差，主要影响齿轮传动的平稳性。

切向综合偏差是在单面啮合仪上测量的。

（5）径向跳动

径向跳动（F_r）是指测头相继置于被测齿轮的每个齿槽内时，齿轮轴线到测头的中心或其他指定位置的最大和最小径向距离之差，如图 6-7 所示。径向跳动主要影响齿轮传动的准确性，可以用齿圈径向跳动检查仪、万能测齿仪或普通偏摆检查仪测量。

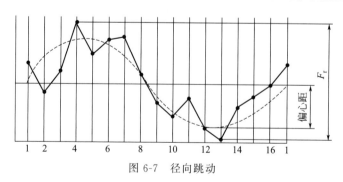

图 6-7　径向跳动

6.2.2　径向综合偏差

① 径向综合总偏差（F_{id}，原 GB 代号 F_i''）　是指被测齿轮的所有轮齿与测量齿轮双面啮合测量中，中心距的最大值和最小值之差，如图 6-8(a) 所示。径向综合总偏差主要影响齿轮传动的准确性。

拓展阅读
渐开线圆柱齿轮
偏差项目的检验

② 一齿径向综合偏差（f_{id}，原 GB 代号 f_i''）是指被测齿轮的所有轮齿与测量齿轮双面啮合测量中，中心距在任一齿距内的最大变动量，如图 6-8(b) 所示。一齿径向综合偏差主要影响齿轮传动的平稳性。

径向综合偏差是在双面啮合仪上测量的。

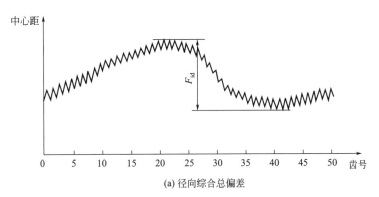

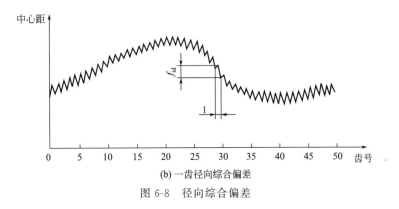

图 6-8　径向综合偏差

6.3　渐开线圆柱齿轮的精度标准及选用

6.3.1　齿轮精度标准

（1）精度等级

国家标准 GB/T 10095.1 和 GB/T 10095.2 对渐开线圆柱齿轮的精度做了如下规定。

① 齿面偏差规定了 0～12 共 13 个精度等级，其中 0 级精度最高，12 级精度最低。0～2 级称为未来发展级（齿轮要求非常高）；3～5 级称为高精度等级；6～8 级称为中等精度等级（最常用）；9 级为较低精度等级；10～12 级称为低精度等级。

② 径向综合偏差规定了 4～12 共 9 个精度等级，其中 4 级精度最高，12 级精度最低。

（2）精度等级表示方法

若齿轮所有的偏差项目精度为同一等级，可只标注精度等级和标准号。例如，齿轮各偏差项目均为 7 级精度，则可标注为

7 GB/T 10095.1—2022

若齿轮各偏差项目精度不同，应在精度等级后标出相应的偏差项目代号。例如，齿廓总

偏差 F_α 为 6 级，齿距累积总偏差 F_p 和螺旋线总偏差 F_β 为 7 级，则应标注为

$$6(F_\alpha)、7(F_p、F_\beta)\text{GB/T }10095.1—2022$$

（3）各偏差项目的允许值

齿轮各偏差项目的允许值如表 6-2～表 6-8 所示（说明：在最新的国家标准中只介绍了齿面公差的公式，故下面表格中的允许值仍然沿用 2008 年标准）。

拓展阅读
齿面公差的计算

表 6-2 单个齿距偏差 f_{pt}（摘自 GB/T 10095.1—2008） μm

分度圆直径 d/mm	模数 m/mm	精度等级					
		4	5	6	7	8	9
$5 \leqslant d \leqslant 20$	$0.5 \leqslant m \leqslant 2$	3.3	4.7	6.5	9.5	13.0	19.0
	$2 < m \leqslant 3.5$	3.7	5.0	7.5	10.0	15.0	21.0
$20 < d \leqslant 50$	$0.5 \leqslant m \leqslant 2$	3.5	5.0	7.0	10.0	14.0	20.0
	$2 < m \leqslant 3.5$	3.9	5.5	7.5	11.0	15.0	22.0
	$3.5 < m \leqslant 6$	4.3	6.0	8.5	12.0	17.0	24.0
	$6 < m \leqslant 10$	4.9	7.0	10.0	14.0	20.0	28.0
$50 < d \leqslant 125$	$0.5 \leqslant m \leqslant 2$	3.8	5.5	7.5	11.0	15.0	21.0
	$2 < m \leqslant 3.5$	4.1	6.0	8.5	12.0	17.0	23.0
	$3.5 < m \leqslant 6$	4.6	6.5	9.0	13.0	18.0	26.0
	$6 < m \leqslant 10$	5.0	7.5	10.0	15.0	21.0	30.0
	$10 < m \leqslant 16$	6.5	9.0	13.0	18.0	25.0	35.0
$125 < d \leqslant 280$	$0.5 \leqslant m \leqslant 2$	4.2	6.0	8.5	12.0	17.0	24.0
	$2 < m \leqslant 3.5$	4.6	6.5	9.0	13.0	18.0	26.0
	$3.5 < m \leqslant 6$	5.0	7.0	10.0	14.0	20.0	28.0
	$6 < m \leqslant 10$	5.5	8.0	11.0	16.0	23.0	32.0
	$10 < m \leqslant 16$	6.5	9.5	13.0	19.0	27.0	38.0
$280 < d \leqslant 560$	$0.5 \leqslant m \leqslant 2$	4.7	6.5	9.5	13.0	19.0	27.0
	$2 < m \leqslant 3.5$	5.0	7.0	10.0	14.0	20.0	29.0
	$3.5 < m \leqslant 6$	5.5	8.0	11.0	16.0	22.0	31.0
	$6 < m \leqslant 10$	6.0	8.5	12.0	17.0	25.0	35.0
	$10 < m \leqslant 16$	7.0	10.0	14.0	20.0	29.0	41.0

表 6-3 齿距累积总偏差 F_p（摘自 GB/T 10095.1—2008） μm

分度圆直径 d/mm	模数 m/mm	精度等级					
		4	5	6	7	8	9
$5 \leqslant d \leqslant 20$	$0.5 \leqslant m \leqslant 2$	8.0	11.0	16.0	23.0	32.0	45.0
	$2 < m \leqslant 3.5$	8.5	12.0	17.0	23.0	33.0	47.0
$20 < d \leqslant 50$	$0.5 \leqslant m \leqslant 2$	10.0	14.0	20.0	29.0	41.0	57.0
	$2 < m \leqslant 3.5$	10.0	15.0	21.0	30.0	42.0	59.0
	$3.5 < m \leqslant 6$	11.0	15.0	22.0	31.0	44.0	62.0
	$6 < m \leqslant 10$	12.0	16.0	23.0	33.0	46.0	65.0

续表

分度圆直径 d/mm	模数 m/mm	精度等级					
		4	5	6	7	8	9
50<d≤125	0.5≤m≤2	13.0	18.0	26.0	37.0	52.0	74.0
	2<m≤3.5	13.0	19.0	27.0	38.0	53.0	76.0
	3.5<m≤6	14.0	19.0	28.0	39.0	55.0	78.0
	6<m≤10	14.0	20.0	29.0	41.0	58.0	82.0
	10<m≤16	15.0	22.0	31.0	44.0	62.0	88.0
125<d≤280	0.5≤m≤2	17.0	24.0	35.0	49.0	69.0	98.0
	2<m≤3.5	18.0	25.0	35.0	50.0	70.0	100.0
	3.5<m≤6	18.0	25.0	36.0	51.0	72.0	102.0
	6<m≤10	19.0	26.0	37.0	53.0	75.0	106.0
	10<m≤16	20.0	28.0	39.0	56.0	79.0	112.0
280<d≤560	0.5≤m≤2	23.0	32.0	46.0	64.0	91.0	129.0
	2<m≤3.5	23.0	33.0	46.0	65.0	92.0	131.0
	3.5<m≤6	24.0	33.0	47.0	66.0	94.0	133.0
	6<m≤10	24.0	34.0	48.0	68.0	97.0	137.0
	10<m≤16	25.0	36.0	50.0	71.0	101.0	143.0

表 6-4 齿廓总偏差 F_α（摘自 GB/T 10095.1—2008） μm

分度圆直径 d/mm	模数 m/mm	精度等级					
		4	5	6	7	8	9
5≤d≤20	0.5≤m≤2	3.2	4.6	6.5	9.0	13.0	18.0
	2<m≤3.5	4.7	6.5	9.5	13.0	19.0	26.0
20<d≤50	0.5≤m≤2	3.6	5.0	7.5	10.0	15.0	21.0
	2<m≤3.5	5.0	7.0	10.0	14.0	20.0	29.0
	3.5<m≤6	6.0	9.0	12.0	18.0	25.0	35.0
	6<m≤10	7.5	11.0	15.0	22.0	31.0	43.0
50<d≤125	0.5≤m≤2	4.1	6.0	8.5	12.0	17.0	23.0
	2<m≤3.5	5.5	8.0	11.0	16.0	22.0	31.0
	3.5<m≤6	6.5	9.5	13.0	19.0	27.0	38.0
	6<m≤10	8.0	12.0	16.0	23.0	33.0	46.0
	10<m≤16	10.0	14.0	20.0	28.0	40.0	56.0
125<d≤280	0.5≤m≤2	4.9	7.0	10.0	14.0	20.0	28.0
	2<m≤3.5	6.5	9.0	13.0	18.0	25.0	36.0
	3.5<m≤6	7.5	11.0	15.0	21.0	30.0	42.0
	6<m≤10	9.0	13.0	18.0	25.0	36.0	50.0
	10<m≤16	11.0	15.0	21.0	30.0	43.0	60.0
280<d≤560	0.5≤m≤2	6.0	8.5	12.0	17.0	23.0	33.0
	2<m≤3.5	7.5	10.0	15.0	21.0	29.0	41.0
	3.5<m≤6	8.5	12.0	17.0	24.0	34.0	48.0
	6<m≤10	10.0	14.0	20.0	28.0	40.0	56.0
	10<m≤16	12.0	16.0	23.0	33.0	47.0	66.0

表 6-5　螺旋线总偏差 F_β（摘自 GB/T 10095.1—2008）　　　　μm

分度圆直径 d/mm	齿宽 b/mm	精度等级					
		4	5	6	7	8	9
$5 \leqslant d \leqslant 20$	$4 \leqslant b \leqslant 10$	4.3	6.0	8.5	12.0	17.0	24.0
	$10 < b \leqslant 20$	4.9	7.0	9.5	14.0	19.0	28.0
	$20 < b \leqslant 40$	5.5	8.0	11.0	16.0	22.0	31.0
	$40 < b \leqslant 80$	6.5	9.5	13.0	19.0	26.0	37.0
$20 < d \leqslant 50$	$4 \leqslant b \leqslant 10$	4.5	6.5	9.0	13.0	18.0	25.0
	$10 < b \leqslant 20$	5.0	7.0	10.0	14.0	20.0	29.0
	$20 < b \leqslant 40$	5.5	8.0	11.0	16.0	23.0	32.0
	$40 < b \leqslant 80$	6.5	9.5	13.0	19.0	27.0	38.0
	$80 < b \leqslant 160$	8.0	11.0	16.0	23.0	32.0	46.0
$50 < d \leqslant 125$	$4 \leqslant b \leqslant 10$	4.7	6.5	9.5	13.0	19.0	27.0
	$10 < b \leqslant 20$	5.5	7.5	11.0	15.0	21.0	30.0
	$20 < b \leqslant 40$	6.0	8.5	12.0	17.0	24.0	34.0
	$40 < b \leqslant 80$	7.0	10.0	14.0	20.0	28.0	39.0
	$80 < b \leqslant 160$	8.5	12.0	17.0	24.0	33.0	47.0
$125 < d \leqslant 280$	$4 \leqslant b \leqslant 10$	5.0	7.0	10.0	14.0	20.0	29.0
	$10 < b \leqslant 20$	5.5	8.0	11.0	16.0	22.0	32.0
	$20 < b \leqslant 40$	6.5	9.0	13.0	18.0	25.0	36.0
	$40 < b \leqslant 80$	7.5	10.0	15.0	21.0	29.0	41.0
	$80 < b \leqslant 160$	8.5	12.0	17.0	25.0	35.0	49.0
$280 < d \leqslant 560$	$4 \leqslant b \leqslant 10$	6.0	8.5	12.0	17.0	24.0	34.0
	$10 < b \leqslant 20$	6.5	9.5	13.0	19.0	27.0	38.0
	$20 < b \leqslant 40$	7.5	11.0	15.0	22.0	31.0	44.0
	$40 < b \leqslant 80$	9.0	13.0	18.0	26.0	36.0	52.0
	$80 < b \leqslant 160$	11.0	15.0	21.0	30.0	43.0	60.0

表 6-6　径向综合总偏差 F_i''（摘自 GB/T 10095.2—2008 附录 A）　　　　μm

分度圆直径 d/mm	法向模数 m_n/mm	精度等级					
		4	5	6	7	8	9
$5 \leqslant d \leqslant 20$	$0.2 \leqslant m_n \leqslant 0.5$	7.5	11	15	21	30	42
	$0.5 < m_n \leqslant 0.8$	8.0	12	16	23	33	46
	$0.8 < m_n \leqslant 1.0$	9.0	12	18	25	35	50
	$1.0 < m_n \leqslant 1.5$	10	14	19	27	38	54
	$1.5 < m_n \leqslant 2.5$	11	16	22	32	45	63
	$2.5 < m_n \leqslant 4.0$	14	20	28	39	56	79
$20 < d \leqslant 50$	$0.2 \leqslant m_n \leqslant 0.5$	9.0	13	19	26	37	52
	$0.5 < m_n \leqslant 0.8$	10	14	20	28	40	56
	$0.8 < m_n \leqslant 1.0$	11	15	21	30	42	60

续表

分度圆直径 d/mm	法向模数 m_n/mm	精度等级					
		4	5	6	7	8	9
20<d≤50	1.0<m_n≤1.5	11	16	23	32	45	64
	1.5<m_n≤2.5	13	18	26	37	52	73
	2.5<m_n≤4.0	16	22	31	44	63	89
	4.0<m_n≤6.0	20	28	39	56	79	111
	6.0<m_n≤10	26	37	52	74	104	147
50<d≤125	0.2≤m_n≤0.5	12	16	23	33	46	66
	0.5<m_n≤0.8	12	17	25	35	49	70
	0.8<m_n≤1.0	13	18	26	36	52	73
	1.0<m_n≤1.5	14	19	27	39	55	77
	1.5<m_n≤2.5	15	22	31	43	61	86
	2.5<m_n≤4.0	18	25	36	51	72	102
	4.0<m_n≤6.0	22	31	44	62	88	124
	6.0<m_n≤10	28	40	57	80	114	161
125<d≤280	0.2≤m_n≤0.5	15	21	30	42	60	85
	0.5<m_n≤0.8	16	22	31	44	63	89
	0.8<m_n≤1.0	16	23	33	46	65	92
	1.0<m_n≤1.5	17	24	34	48	68	97
	1.5<m_n≤2.5	19	26	37	53	75	106
	2.5<m_n≤4.0	21	30	43	61	86	121
	4.0<m_n≤6.0	25	36	51	72	102	144
	6.0<m_n≤10	32	45	64	90	127	180
280<d≤560	0.2≤m_n≤0.5	19	28	39	55	78	110
	0.5<m_n≤0.8	20	29	40	57	81	114
	0.8<m_n≤1.0	21	29	42	59	83	117
	1.0<m_n≤1.5	22	30	43	61	86	122
	1.5<m_n≤2.5	23	33	46	65	92	131
	2.5<m_n≤4.0	26	37	52	73	104	146
	4.0<m_n≤6.0	30	42	60	84	119	169
	6.0<m_n≤10	36	51	73	103	145	205

表 6-7 一齿径向综合偏差 f_i''（摘自 GB/T 10095.2—2008 附录 A） μm

分度圆直径 d/mm	法向模数 m_n/mm	精度等级					
		4	5	6	7	8	9
5≤d≤20	0.2≤m_n≤0.5	1.0	2.0	2.5	3.5	5.0	7.0
	0.5<m_n≤0.8	2.0	2.5	4.0	5.5	7.5	11
	0.8<m_n≤1.0	2.5	3.5	5.0	7.0	10	14
	1.0<m_n≤1.5	3.0	4.5	6.5	9.0	13	18

续表

分度圆直径 d/mm	法向模数 m_n/mm	精度等级					
		4	5	6	7	8	9
$5 \leqslant d \leqslant 20$	$1.5 < m_n \leqslant 2.5$	4.5	6.5	9.5	13	19	26
	$2.5 < m_n \leqslant 4.0$	7.0	10	14	20	29	41
$20 < d \leqslant 50$	$0.2 \leqslant m_n \leqslant 0.5$	1.5	2.0	2.5	3.5	5.0	7.0
	$0.5 < m_n \leqslant 0.8$	2.0	2.5	4.0	5.5	7.5	11
	$0.8 < m_n \leqslant 1.0$	2.5	3.5	5.0	7.0	10	14
	$1.0 < m_n \leqslant 1.5$	3.0	4.5	6.5	9.0	13	18
	$1.5 < m_n \leqslant 2.5$	4.5	6.5	9.5	13	19	26
	$2.5 < m_n \leqslant 4.0$	7.0	10	14	20	29	41
	$4.0 < m_n \leqslant 6.0$	11	15	22	31	43	61
	$6.0 < m_n \leqslant 10$	17	24	34	48	67	95
$50 < d \leqslant 125$	$0.2 \leqslant m_n \leqslant 0.5$	1.5	2.0	2.5	3.5	5.0	7.5
	$0.5 < m_n \leqslant 0.8$	2.0	3.0	4.0	5.5	8.0	11
	$0.8 < m_n \leqslant 1.0$	2.5	3.5	5.0	7.0	10	14
	$1.0 < m_n \leqslant 1.5$	3.0	4.5	6.5	9.0	13	18
	$1.5 < m_n \leqslant 2.5$	4.5	6.5	9.5	13	19	26
	$2.5 < m_n \leqslant 4.0$	7.0	10	14	20	29	41
	$4.0 < m_n \leqslant 6.0$	11	15	22	31	44	62
	$6.0 < m_n \leqslant 10$	17	24	34	48	67	95
$125 < d \leqslant 280$	$0.2 \leqslant m_n \leqslant 0.5$	1.5	2.0	2.5	3.5	5.5	7.5
	$0.5 < m_n \leqslant 0.8$	2.0	3.0	4.0	5.5	8.0	11
	$0.8 < m_n \leqslant 1.0$	2.5	3.5	5.0	7.0	10	14
	$1.0 < m_n \leqslant 1.5$	3.0	4.5	6.5	9.0	13	18
	$1.5 < m_n \leqslant 2.5$	4.5	6.5	9.5	13	19	27
	$2.5 < m_n \leqslant 4.0$	7.5	10	15	21	29	41
	$4.0 < m_n \leqslant 6.0$	11	15	22	31	44	62
	$6.0 < m_n \leqslant 10$	17	24	34	48	67	95
$280 < d \leqslant 560$	$0.2 \leqslant m_n \leqslant 0.5$	1.5	2.0	2.5	4.0	5.5	7.5
	$0.5 < m_n \leqslant 0.8$	2.0	3.0	4.0	5.5	8.0	11
	$0.8 < m_n \leqslant 1.0$	2.5	3.5	5.0	7.5	10	15
	$1.0 < m_n \leqslant 1.5$	3.5	4.5	6.5	9.0	13	18
	$1.5 < m_n \leqslant 2.5$	5.0	6.5	9.5	13	19	27
	$2.5 < m_n \leqslant 4.0$	7.5	10	15	21	29	41
	$4.0 < m_n \leqslant 6.0$	11	15	22	31	44	62
	$6.0 < m_n \leqslant 10$	17	24	34	48	68	96

表 6-8　径向跳动 F_r（摘自 GB/T 10095.2—2008 附录 B）　　　　　　　　　　　　　　μm

分度圆直径 d/mm	法向模数 m_n/mm	精度等级					
		4	5	6	7	8	9
$5 \leq d \leq 20$	$0.5 \leq m_n \leq 2$	6.5	9.0	13	18	25	36
	$2 < m_n \leq 3.5$	6.5	9.5	13	19	27	38
$20 < d \leq 50$	$0.5 \leq m_n \leq 2$	8.0	11	16	23	32	46
	$2 < m_n \leq 3.5$	8.5	12	17	24	34	47
	$3.5 < m_n \leq 6$	8.5	12	17	25	35	49
	$6 < m_n \leq 10$	9.5	13	19	26	37	52
$50 < d \leq 125$	$0.5 \leq m_n \leq 2$	10	15	21	29	42	59
	$2 < m_n \leq 3.5$	11	15	21	30	43	61
	$3.5 < m_n \leq 6$	11	16	22	31	44	62
	$6 < m_n \leq 10$	12	16	23	33	46	65
	$10 < m_n \leq 16$	12	18	25	35	50	70
$125 < d \leq 280$	$0.5 \leq m_n \leq 2$	14	20	28	39	55	78
	$2 < m_n \leq 3.5$	14	20	28	40	56	80
	$3.5 < m_n \leq 6$	14	20	29	41	58	82
	$6 < m_n \leq 10$	15	21	30	42	60	85
	$10 < m_n \leq 16$	16	22	32	45	63	89
$280 < d \leq 560$	$0.5 \leq m_n \leq 2$	18	26	36	51	73	103
	$2 < m_n \leq 3.5$	18	26	37	52	74	105
	$3.5 < m_n \leq 6$	19	27	38	53	75	106
	$6 < m_n \leq 10$	19	27	39	55	77	109
	$10 < m_n \leq 16$	20	29	40	57	81	114

6.3.2　齿轮精度等级的选用

齿轮精度等级的选用是机械设计中至关重要的环节，它直接影响机械传动的性能和使用寿命。在选用齿轮精度等级时，必须综合考虑齿轮传动的用途、使用要求以及工作条件等因素。总的原则是：在满足使用要求的前提下，尽量选用较低的精度等级。这不仅有助于降低生产成本，还体现了科学合理配置资源、践行绿色制造的理念。

目前，选用齿轮精度等级的方法主要有计算法和类比法，大多数情况下采用类比法。类比法通过参考类似用途或工作条件的齿轮精度等级，简化了设计过程，提升了效率。表 6-9 列出了各种机械中采用的齿轮精度等级，表 6-10 列出了部分齿轮精度的适用范围，供选用时参考。

表 6-9　各种机械采用的齿轮精度等级

应用范围	精度等级	应用范围	精度等级
测量齿轮	3～5	拖拉机	6～10
汽轮机减速器	3～6	一般用途的减速器	6～9
金属切削机床	3～8	轧钢设备的小齿轮	6～10
内燃机与电气机车	6～7	矿用绞车	8～10
轻型汽车	5～8	起重机机构	7～10
重型汽车	6～9	农业机械	8～11
航空发动机	4～7		

表 6-10　圆柱齿轮精度的适用范围

精度等级	圆周速度 $v/\text{m}\cdot\text{s}^{-1}$		工作条件与适用范围
	直齿轮	斜齿轮	
4	$20<v\leqslant 35$	$40<v\leqslant 70$	(1)特精密分度机构或在最平稳、无噪声的极高速情况下工作的传动齿轮 (2)高速汽轮机齿轮 (3)控制机构齿轮 (4)检测 6～7 级齿轮的测量齿轮
5	$15<v\leqslant 20$	$30<v\leqslant 40$	(1)精密分度机构或在极平稳、无噪声的高速情况下工作的传动齿轮 (2)精密机构用齿轮 (3)检测 8～9 级齿轮的测量齿轮
6	$10<v\leqslant 15$	$15<v\leqslant 30$	(1)高速下平稳工作、需要高效率及低噪声的齿轮 (2)特别重要的航空、汽车用齿轮 (3)读数装置中特别精密传动的齿轮
7	$6<v\leqslant 10$	$10<v\leqslant 15$	(1)增速和减速用齿轮传动 (2)金属切削机床进给机构用齿轮 (3)高速减速器齿轮 (4)航空、汽车用齿轮 (5)读数装置用齿轮
8	$2<v\leqslant 6$	$4<v\leqslant 10$	(1)无特殊精度要求的一般机械制造用齿轮 (2)机床的变速齿轮 (3)通用减速器齿轮 (4)起重机构用齿轮、农业机械中的重要齿轮 (5)航空、汽车用的不重要齿轮
9	$v\leqslant 2$	$v\leqslant 4$	(1)无精度要求的粗糙工作齿轮 (2)重载、低速不重要工作机械的齿轮 (3)农机齿轮

根据不同的使用要求，齿轮各偏差项目的精度等级可以相同，也可以不同（一般相差 1 级）。通常情况下，轮齿两侧采用相同的精度等级，但在特定的应用场合，也可以通过协议对工作齿面和非工作齿面规定不同的等级。这样的灵活性设计，不仅满足了多样化的工业需求，也突出了机械设计中的人性化与精细化管理，体现了在技术与经济效益之间的平衡。

6.3.3　齿轮检验项目的确定

在确定齿轮的检验项目时，必须综合考虑精度级别、项目间的协调、生产批量和检测费用等因素。现行国家标准尚未对某一工作性能要求的齿轮规定具体的检验项目，但检测所有偏差项目既不经济也没有必要。因此，表 6-11 列出了推荐选用的检验组，供设计和制造时参考。

表 6-11　检验组（推荐）

检验组	检验项目偏差代号
1	F_p、f_{pt}、F_α、F_β、F_r、E_{sn} 或 E_{bn}
2	f_{pt}、F_{pk}、F_α、F_β、F_r、E_{sn} 或 E_{bn}
3	F_i''、f_i''、F_β、E_{sn} 或 E_{bn}
4	f_{pt}、F_r、E_{sn} 或 E_{bn}（10～12 级）
5	F_i'、f_i'、F_β、E_{sn} 或 E_{bn}

6.4 齿轮坯精度及齿轮副误差的检验项目

6.4.1 齿轮坯精度

齿轮坯是指在轮齿加工时用的坯件。齿轮坯精度对齿轮的加工、检验、安装及运行都有很大的影响，因此必须予以规范和限制。

(1) 基准面与安装面

基准面是指用来确定基准轴线的面。其中，齿轮坯齿顶圆柱面常作为安装时的找正基准和齿厚检验的测量基准，端面在加工时常作为定位基准。

安装面分制造安装面和工作安装面。制造安装面是指齿轮制造或检测时用来安装齿轮的面；工作安装面是指齿轮工作时与其他零件的配合面。齿轮内孔或轴颈是工作安装面，也常作为制造安装面和基准面。

(2) 基准轴线的确定

确定基准轴线通常有以下三种方法。

① 用两个"短的"圆柱或圆锥形基准面上设定的两个圆的圆心来确定轴线上的两个点，如图 6-9 所示。

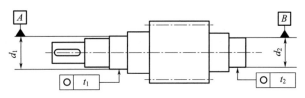

图 6-9 基准轴线的确定方法（一）

② 用一个"长的"圆柱或圆锥形基准面来同时确定轴线的位置和方向，如图 6-10 所示。孔的轴线可以用与之相匹配并正确装配的工作心轴的轴线来代表。

③ 轴线位置用一个"短的"圆柱形基准面上一个圆的圆心来确定，而其方向用垂直于此轴线的一个基准端面来确定，如图 6-11 所示。

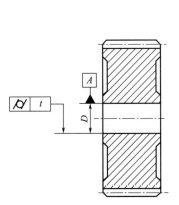

图 6-10 基准轴线的确定方法（二）

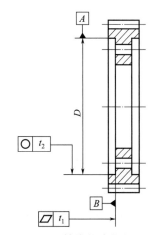

图 6-11 基准轴线的确定方法（三）

(3) 齿轮坯精度

齿轮坯精度包括齿轮内孔、齿轮轴轴颈、齿顶圆和端面的尺寸公差、几何公差及各表面的粗糙度要求等。

① 尺寸公差　基准面与安装面的尺寸公差可按表 6-12 选用。

表 6-12　齿轮坯尺寸公差

齿轮精度等级	6	7	8	9
齿轮内孔	IT6	IT7		IT8
齿轮轴轴颈	IT5	IT6		IT7
齿顶圆		IT8		IT9

注：1. 当齿轮各参数精度等级不同时，按最高的级别确定。
2. 当齿顶圆不作测量齿厚基准时，尺寸公差可按 IT11 给定，但不大于 $0.1m_n$。

② 几何公差
a. 形状公差　基准面与安装面的形状公差可选取表 6-13 中的数值。
b. 跳动公差　当安装面与基准面不重合时，必须规定它们对基准面的跳动公差，其值可参照表 6-14 选取。

表 6-13　基准面与安装面的形状公差（摘自 GB/Z 18620.3—2008）

确定轴线的基准面	公差项目		
	圆度	圆柱度	平面度
两个"短的"圆柱或圆锥形基准面	$0.04(L/b)F_\beta$ 或 $0.1F_p$，取两者中小值		
一个"长的"圆柱或圆锥形基准面		$0.04(L/b)F_\beta$ 或 $0.1F_p$，取两者中小值	
一个"短的"圆柱面和一个端面	$0.06F_p$		$0.06(D_d/b)F_\beta$

注：1. 齿轮坯的公差应减至能经济地制造的最小值。
2. L 为较大的轴承跨距，D_d 为基准面直径，b 为齿宽，单位 mm。

表 6-14　安装面的跳动公差（摘自 GB/Z 18620.3—2008）

确定轴线的基准面	跳动量(总的指示幅度)	
	径　向	轴　向
仅指圆柱或圆锥形基准面	$0.15(L/b)F_\beta$ 或 $0.3F_p$，取两者中大值	
一个圆柱基准面和一个端面基准面	$0.3F_p$	$0.2(D_d/b)F_\beta$

注：齿轮坯的公差应减至能经济地制造的最小值。

③ 表面粗糙度　轮齿齿面的表面粗糙度对齿轮的传动精度、表面承载能力和弯曲强度等都会产生很大的影响，其他主要表面也将影响齿轮加工方法、使用性能和经济性，所以都规定了相应的表面粗糙度推荐值，可参照表 6-15 和表 6-16 选用。

表 6-15　轮齿齿面的表面粗糙度 Ra 推荐值（摘自 GB/Z 18620.4—2008）　μm

模数 m/mm	精度等级											
	1	2	3	4	5	6	7	8	9	10	11	12
$m \leqslant 6$					0.5	0.8	1.25	2.0	3.2	5.0	10	20
$6 < m \leqslant 25$	0.04	0.08	0.16	0.32	0.63	1.00	1.6	2.5	4	6.3	12.5	25
$m > 25$					0.8	1.25	2.0	3.2	5.0	8.0	16	32

表 6-16 齿轮坯其他各表面的表面粗糙度 Ra 推荐值　　　　μm

表面种类	齿轮精度等级						
	5	6	7		8	9	
齿面加工法	磨齿	磨或珩齿	剃或珩齿	精滚精插	插或滚齿	滚齿	铣齿
齿轮基准孔	0.32~0.63	1.25	1.25~2.5			5	
齿轮轴基准轴颈	0.32	0.63	1.25			2.5	
基准端面	1.25~2.5		2.5~5			5	
齿顶圆柱面	1.25~2.5		5				

6.4.2 齿轮副误差的检验项目

齿轮传动是通过齿轮副实现的。安装好的齿轮副，其误差直接影响齿轮的使用要求。对齿轮副的检验，是按设计中心距安装后进行的一种综合检验。从满足齿轮使用要求出发，推荐的齿轮副误差检验项目有中心距偏差、轴线平行度偏差、接触斑点和齿轮副侧隙。

(1) 中心距偏差

中心距偏差是实际中心距与公称中心距的代数差，如图 6-12 所示。

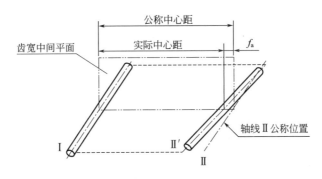

图 6-12 齿轮副中心距偏差

中心距偏差是齿轮副侧隙的主要影响因素，必须限制在允许偏差范围之内。GB/Z 18620.3—2008 未给出中心距允许偏差值，可类比某些成熟产品的技术资料来确定，或参照表 6-17 确定。

表 6-17 中心距允许偏差

齿轮精度等级	5~6	7~8	9~10
f_a	IT7/2	IT8/2	IT9/2

(2) 轴线平行度偏差

由于轴线平行度偏差与其向量有关，故对"轴线平面内的偏差" $f_{\Sigma\delta}$ 和"轴线垂直平面上的偏差" $f_{\Sigma\beta}$ 做了不同规定，如图 6-13 所示。

$f_{\Sigma\delta}$ 是一对齿轮的轴线在水平轴线平面内的平行度偏差，$f_{\Sigma\beta}$ 是在垂直平面内的平行度偏差。

水平轴线平面是用两轴承跨距中较长的一个跨距和另一根轴上的一个轴承来确定的，如果两个轴承的跨距相同，则用小齿轮轴和大齿轮轴的一个轴承来确定。

$f_{\Sigma\delta}$ 和 $f_{\Sigma\beta}$ 主要影响齿轮副的侧隙和载荷分布均匀性，而且 $f_{\Sigma\beta}$ 的影响更为敏感，它们的最大允许值可由下列公式求出：

$$f_{\Sigma\beta}=0.5(L/b)F_\beta \tag{6-1}$$

$$f_{\Sigma\delta}=2f_{\Sigma\beta} \tag{6-2}$$

(3) 接触斑点

轮齿的接触斑点是指装配好的齿轮副，在轻微制动下，运转后齿面上分布的接触擦亮痕迹，如图 6-14 所示。"轻微制动"是指既不使轮齿脱离啮合，又不使轮齿和传动装置发生较大变形的制动状态。

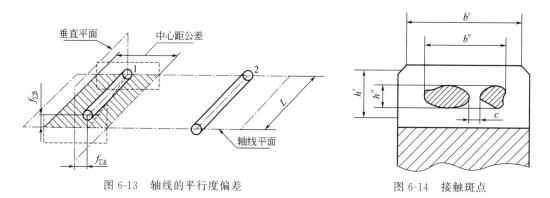

图 6-13　轴线的平行度偏差　　　　图 6-14　接触斑点

接触斑点应以小齿轮齿面上面积最小的那个斑点计算大小，作为测量结果。接触斑点的大小可以在齿面展开图上，用沿齿长方向和沿齿高方向的百分数表示。

沿齿长方向，接触痕迹的长度 b''（扣除超过模数值的断开部分 c）与工作长度 b' 之比的百分数为

$$\frac{b''-c}{b'}\times 100\% \tag{6-3}$$

沿齿高方向，接触痕迹的平均高度 h'' 与工作高度 h' 之比的百分数为

$$\frac{h''}{h'}\times 100\% \tag{6-4}$$

沿齿长方向的接触斑点，主要影响齿轮副的承载能力，沿齿高方向的接触斑点主要影响工作平稳性。齿轮副的接触斑点综合反映了齿轮副的加工误差和安装误差，是齿面接触精度的综合评定指标。对接触斑点的要求，应标注在齿轮传动装配图的技术要求中。

拓展阅读
接触斑点的检验

(4) 齿轮副侧隙

齿轮副侧隙是指两个相互啮合的齿轮在非工作齿面之间形成的间隙。具有标准齿厚的两个齿轮在标准中心距下安装时，齿侧间隙为零。为保证齿轮传动正常工作，要求有足够的侧隙。必需的侧隙量可以通过两种途径获得：一是加大中心距；二是中心距保持不变，减薄轮齿厚。

齿轮副侧隙的大小与齿轮的精度等级无关，应根据齿轮副的工作条件，如工作温度、速度、负载、润滑等，确定所需的侧隙大小。例如，对于需要正反转的读数机构中的齿轮传动，为避免空程的影响，要求有较小的保证侧隙；而汽轮机中的齿轮传动，因工作温度升高，为保证正常润滑，避免齿轮因发热而卡死，要求有较大的保证侧隙。

① 齿轮副侧隙的分类　齿轮副的侧隙可分为圆周侧隙 j_{wt}、法向侧隙 j_{bn} 和径向侧隙 j_r 三种，如图 6-15 所示。

圆周侧隙 j_{wt} 是指安装好的齿轮副，当其中一个齿轮固定时，另一个齿轮能转过的分度圆弧长。检验圆周侧隙时，将齿轮副的一个齿轮固定，在另一个齿轮的分度圆切线方向上放置一指示表，然后晃动此齿轮，其晃动量从指示表读出，即为圆周侧隙值。

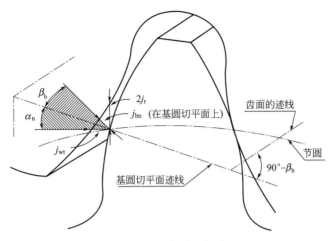

图 6-15 齿轮副的侧隙

法向侧隙 j_{bn} 是指安装好的齿轮副,当工作齿面接触时,非工作齿面之间的最小距离。检验法向侧隙时,可用测片或塞片进行测量;也可将百分表测头放置在与齿面垂直的方向上,此时从百分表上读出的晃动量即为法向侧隙值。在生产中,通常检验法向侧隙,但由于圆周侧隙比法向侧隙更便于检验,因此法向侧隙除直接测量得到外,也可用圆周侧隙计算得到。法向侧隙与圆周侧隙之间的关系为

$$j_{bn} = j_{wt} \cos\beta_b \cos\alpha_n \tag{6-5}$$

式中 β_b ——基圆螺旋角;
α_n ——分度圆法向齿形角。

径向侧隙 j_r 是指一对齿轮双面啮合时的中心距与公称中心距之差。径向侧隙与圆周侧隙之间的关系为

$$j_r = j_{wt}/(2\tan\alpha_n) \tag{6-6}$$

② 最小法向侧隙的确定 最小法向侧隙 j_{bnmin} 是当一个齿轮的轮齿以最大允许实效齿厚与另一个也具有最大允许实效齿厚的相配齿轮,以最紧的允许中心距相互啮合时,在静态条件下存在的最小允许侧隙。

表 6-18 列出了对工业传动装置推荐的最小法向侧隙,适用于大、中模数黑色金属制造的齿轮和箱体,工作时节圆线速度小于 15m/s,其箱体、轴和轴承都采用常用的制造公差。

表 6-18 对于中、大模数齿轮最小侧隙 j_{bnmin} 的推荐值(摘自 GB/Z 18620.2—2008) mm

m_n	最小中心距 a_i					
	50	100	200	400	800	1600
1.5	0.09	0.11	—	—	—	—
2	0.10	0.12	0.15	—	—	—
3	0.12	0.14	0.17	0.24	—	—
5	—	0.18	0.21	0.28	—	—
8	—	0.24	0.27	0.34	0.47	—
12	—	—	0.35	0.42	0.55	—
18	—	—	—	0.54	0.67	0.94

表 6-18 中的数值,可用下面的公式进行计算:

$$j_{bnmin} = 2 \times (0.06 + 0.0005a_i + 0.03m_n)/3 \tag{6-7}$$

式中 a_i——最小中心距，必须是一个绝对值。

③ 影响齿轮副侧隙的偏差　在齿轮的加工误差中，影响齿轮副侧隙的误差是齿厚偏差和公法线平均长度偏差。

a. 齿厚偏差与齿厚公差。齿厚偏差是指分度圆柱面上齿厚的实际值与公称值之差，如图 6-16 所示。图中 E_{sns} 表示齿厚上极限偏差，E_{sni} 表示齿厚下极限偏差。为了保证齿轮传动侧隙，齿厚的上、下极限偏差均应为负值。齿厚公差 T_{sn} 是指允许齿厚偏差的变动量。

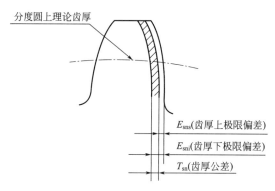

图 6-16　齿厚偏差

齿厚上极限偏差一般是用齿厚游标卡尺和光学齿厚卡尺测量的。由于在分度圆柱面上齿厚不便于测量，所以实际测得的是分度圆弦齿厚。测量分度圆弦齿厚时，由于受齿顶圆误差影响有一定的局限性，可改用测量公法线平均长度偏差的方法。齿厚上极限偏差主要取决于最小法向侧隙 j_{bnmin}，其关系式如下：

$$E_{sns1} + E_{sns2} = -j_{bnmin}/\cos\alpha_n \tag{6-8}$$

式中 E_{sns1}，E_{sns2}——小齿轮、大齿轮的齿厚上极限偏差。

在求出两个齿轮的上极限偏差之和后，便可将此值分配给大齿轮和小齿轮。分配方法有等值分配和不等值分配两种。若等值分配，则有

$$E_{sns1} = E_{sns2} = -j_{bnmin}/(2\cos\alpha_n) \tag{6-9}$$

若不等值分配，可随意分配或按一定规律分配。无论如何分配，一般使小齿轮减薄量小一些，大齿轮减薄量大一些，以使小齿轮和大齿轮强度匹配。

齿厚上极限偏差 E_{sns} 确定后，根据齿厚公差 T_{sn} 可确定其下极限偏差 E_{sni}。齿厚公差可按下式进行计算：

$$T_{sn} = (\sqrt{F_r^2 + b_r^2}) \times 2\tan\alpha_n \tag{6-10}$$

式中 F_r——径向跳动公差；

b_r——切齿径向进刀公差，可按表 6-19 选用，公称尺寸为分度圆直径。

表 6-19　切齿径向进刀公差

齿轮精度等级	4	5	6	7	8	9
b_r	1.26IT7	IT8	1.26IT8	IT9	1.26IT9	IT10

根据齿厚公差计算值，可求出齿厚下极限偏差：

$$E_{sni} = E_{sns} - T_{sn} \tag{6-11}$$

b. 公法线平均长度偏差与平均长度公差。公法线平均长度偏差是指在齿轮一周内，公法线长度平均值与公称值之差。E_{bns} 为公法线平均长度上极限偏差，E_{bni} 为公法线平均长

度下极限偏差。在实际工程中，可用公法线千分尺或公法线长度指示卡规进行测量，因测量结果不受齿顶圆误差的影响，方法简便，所以常作为齿厚偏差的代用指标，它们的关系如下：

$$E_{bns} = E_{sns} \cos \alpha_n \tag{6-12}$$

$$E_{bni} = E_{sni} \cos \alpha_n \tag{6-13}$$

公法线平均长度公差 T_{bn} 是指允许公法线平均长度偏差的变动量。其计算式如下：

$$T_{bn} = E_{bns} - E_{bni} = T_{sn} \cos \alpha_n \tag{6-14}$$

渐开线直齿圆柱齿轮的公法线长度 W 的公称值（当齿形角 $\alpha = 20°$ 时）为

$$W_{公称} = m[1.476(2k-1) + 0.014z] \tag{6-15}$$

$$k = z/9 + 0.5 \tag{6-16}$$

式中 m——模数；

k——测量时的跨齿数，四舍五入取整数；

z——齿数。

6.5 齿轮的精度设计

6.5.1 齿轮精度设计方法及步骤

① 确定齿轮的精度等级。

② 选择齿轮检验项目及规定的偏差值即公差。

③ 计算齿轮副侧隙和齿厚偏差。

④ 对公法线平均长度偏差进行换算。

⑤ 确定齿轮坯精度。

⑥ 绘制齿轮工作图。

6.5.2 齿轮精度设计举例

【例 6-1】 已知某通用减速器中有一对直齿圆柱齿轮，模数 $m = 3$mm，齿数 $z_1 = 30$，$z_2 = 90$，齿形角 $\alpha = 20°$，齿宽 $b = 20$mm，轴承跨距为 80mm，转速 $n_1 = 1400$r/min，小批量生产。试确定小齿轮的精度等级、检验项目，计算齿轮副侧隙、齿厚偏差及公法线平均长度偏差，并绘制齿轮工作图。

解：（1）确定齿轮精度等级

通用减速器中齿轮可根据圆周速度确定精度等级，小齿轮圆周速度为

$$v_1 = \pi d n_1 / (1000 \times 60) = 3.14 \times 3 \times 30 \times 1400 / (1000 \times 60) = 6.59 \text{ (m/s)}$$

查表 6-10，选定该齿轮的精度等级为 7 级，并选定 GB/T 10095.1 和 GB/T 10095.2 中的各检验项目具有相同的精度等级。

（2）选择齿轮检验项目及规定的偏差值

因为该齿轮属中等精度，小批量生产，没有特殊要求，参照表 6-11，选定 F_p、f_{pt}、F_α、F_β、F_r 及 E_{bn} 六个检验项目。其中：

齿距累积总偏差 F_p：查表 6-3 得 $F_{p1} = 38\mu m$

单个齿距偏差 f_{pt}：查表 6-2 得 $f_{pt1} = 12\mu m$

齿廓总偏差 F_α：查表 6-4 得 $F_{\alpha 1} = 16\mu m$

螺旋线总偏差 F_β：查表 6-5 得 $F_{\beta 1} = 15\mu m$

径向跳动 F_r：查表 6-8 得 $F_{r1} = 30\mu m$

(3) 计算齿轮副侧隙和齿厚偏差

齿轮副中心距为

$$a_i = m(z_1 + z_2)/2 = 3 \times (30 + 90)/2 = 180 \text{ (mm)}$$

代入式(6-7)得最小法向侧隙推荐值为

$$j_{bnmin} = 2 \times (0.06 + 0.0005 a_i + 0.03 m_n)/3$$
$$= 2 \times (0.06 + 0.0005 \times 180 + 0.03 \times 3)/3 = 0.16 \text{ (mm)}$$

代入式(6-9)得齿厚上极限偏差为

$$E_{sns1} = -j_{bnmin}/(2\cos\alpha_n) = -0.16/(2 \times \cos 20°) = -0.085 \text{ (mm)}$$

由表 6-19 查得 $b_{r1} = \text{IT9} = 0.087 \text{mm}$

代入式(6-10)得齿厚公差为

$$T_{sn1} = \left(\sqrt{F_{r1}^2 + b_{r1}^2}\right) \times 2\tan\alpha_n = \left(\sqrt{0.030^2 + 0.087^2}\right) \times 2 \times \tan 20° = 0.067 \text{ (mm)}$$

代入式(6-11)得齿厚下极限偏差为

$$E_{sni1} = E_{sns1} - T_{sn1} = -0.085 - 0.067 = -0.152 \text{ (mm)}$$

(4) 对公法线平均长度偏差进行换算

由式(6-12)得公法线长度上极限偏差为

$$E_{bns1} = E_{sns1} \cos\alpha_n = -0.085 \times \cos 20° = -0.080 \text{ (mm)}$$

由式(6-13)得公法线长度下极限偏差为

$$E_{bni1} = E_{sni1} \cos\alpha_n = -0.152 \times \cos 20° = -0.143 \text{ (mm)}$$

由式(6-16)得跨齿数为

$$k_1 = z_1/9 + 0.5 = 30/9 + 0.5 \approx 3.8, \text{ 取 } k_1 = 4$$

代入式(6-15)得公法线公称长度为

$$W_{公称1} = m[1.476(2k_1 - 1) + 0.014 z_1]$$
$$= 3 \times [1.476 \times (2 \times 4 - 1) + 0.014 \times 30]$$
$$= 32.256 \text{ (mm)}$$

(5) 确定齿轮坯精度

① 根据齿轮结构(图 6-17),选择一个长的圆柱面作为轴线的基准面。由表 6-13 确定圆柱面的圆柱度公差为

$$0.04(L/b)F_\beta = 0.04 \times (80/20) \times 0.015 = 0.0024 \text{ (mm)}$$

或

$$0.1 F_p = 0.1 \times 0.038 = 0.0038 \text{ (mm)}$$

取较小值 0.002mm,即 $t_{圆柱度} = 0.002 \text{mm}$

② 由表 6-14 确定齿顶圆径向圆跳动为

$$0.15(L/b)F_\beta = 0.15 \times (80/20) \times 0.015 = 0.009 \text{ (mm)}$$

或

$$0.3 F_p = 0.3 \times 0.038 \approx 0.011 \text{ (mm)}$$

取较大值 0.011mm,即 $t_{径向圆跳动} = 0.011 \text{ (mm)}$

③ 根据表 6-12,选取齿顶圆作为测量齿厚的基准,尺寸公差为 IT8;小齿轮内孔的尺寸公差为 IT7。

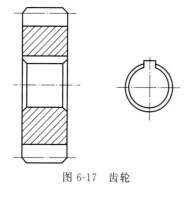

图 6-17 齿轮

④ 小齿轮各表面的表面粗糙度要求由表 6-15 和表 6-16 确定,见图 6-18。

(6) 绘制齿轮工作图

齿轮工作图如图 6-18 所示,有关参数在图样的右上角列表表示,如表 6-20 所示。

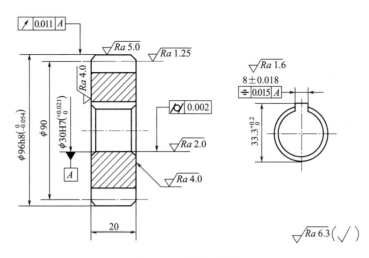

图 6-18 齿轮工作图

表 6-20 齿轮工作图参数表

模数	m	3mm
齿数	z	30
齿形角	α	20°
螺旋角	β	0
变位系数	χ	0
精度等级		7(GB/T 10095—2008)
公法线公称长度及其平均长度偏差	$W^{E_{bns}}_{E_{bni}}$	$32.256^{-0.080}_{-0.143}$ mm
跨齿数	k	4
齿距累积总偏差	F_p	0.038mm
单个齿距偏差	f_{pt}	0.012mm
齿廓总偏差	F_α	0.016mm
螺旋线总偏差	F_β	0.015mm
径向跳动	F_r	0.030mm
配对齿轮	图号	
	齿数	90

(7) 附加说明

① 齿轮轮齿各部分的计算式，如表 6-21 所示。

表 6-21 直齿圆柱齿轮轮齿各部分的计算式

名称	代号	计算公式	名称	代号	计算公式
分度圆直径	d	$d=mz$	中心距	a	$a=m(z_1+z_2)/2$
齿顶高	h_a	$h_a=m$	齿顶圆直径	d_a	$d_a=m(z+2)$
齿根高	h_f	$h_f=1.25m$	齿根圆直径	d_f	$d_f=m(z-2.5)$

② 轮廓的算术平均偏差 Ra 的补充系列值，如表 6-22 所示。

表 6-22　Ra 的补充系列值　　　　　　　　　　　μm

	0.008	0.080	1.00	10.0
	0.010	0.125	1.25	16.0
	0.016	0.160	2.0	20
Ra	0.020	0.25	2.5	32
	0.032	0.32	4.0	40
	0.040	0.50	5.0	63
	0.063	0.63	8.0	80

③ 键槽结构精度的确定。

a. 尺寸公差。查表 5-16 普通型平键键槽的尺寸与公差，根据键槽基本尺寸即键宽 8mm，确定各个部位尺寸精度。

因没有特殊要求，选正常连接，可知毂 JS9(±0.018)；轮毂键槽深度 t_2 为 $3.3^{+0.2}_{0}$，在图 6-18 中标注的尺寸为 $D+t_2$。

b. 几何公差。应规定轮毂槽的宽度 b 对轮毂轴线的对称度，对称度公差等级可按国家标准 GB/T 1184—1996《形状和位置公差　未注公差值》，选取 7～9 级。若按 8 级精度，查表 3-10 可得对称度公差值为 0.015mm。

c. 表面粗糙度。轮毂槽的两个侧面为配合面，表面粗糙度参数 Ra 值推荐为 1.6～3.2μm，轮毂槽底面为非配合面，表面粗糙度参数 Ra 值推荐为 6.3μm。

【例 6-2】　某直齿圆柱齿轮精度为 7(F_p)、8($F_β$) GB/T 10095.1—2008，其模数 $m=2$mm，齿数 $z=60$，齿形角 $α=20°$，齿宽 $b=30$mm。若实际测得其齿距累积总偏差 F_p 为 39μm，螺旋线总偏差 $F_β$ 为 20μm，试分别判断 F_p 与 $F_β$ 的合格性。

解：分度圆直径 $d=mz=2×60=120$mm

① 由于齿距累积总偏差 F_p 公差等级为 7 级，$d∈(50,125]$

查表得齿距累积总偏差 $F_p=37$μm

又由于 39＞37（实际偏差大于允许偏差）

齿距累积总偏差 F_p 不合格

② 由于螺旋线总偏差 $F_β$ 公差等级为 8 级，$d∈(50,125]$

查表得螺旋线总偏差 $F_β=24$μm

又由于 20＜24（实际偏差小于允许偏差）

螺旋线总偏差 $F_β$ 合格

思考题与习题

本书配套资源

6-1　判断题

(1) 在齿轮的加工误差中，影响齿轮副侧隙的误差主要是齿厚偏差和公法线长度偏差。

(2) 齿轮传动的振动和噪声是由于齿轮传递运动的不准确性引起的。

(3) 同一个齿轮的齿距累积总偏差与其切向综合总偏差的数值是相等的。

(4) 齿轮的某一单项测量，不能充分评定齿轮的工作质量。

(5) 齿轮副最小法向侧隙与齿轮精度无关，由工作条件确定。

(6) 齿轮副的接触斑点是评定齿面接触精度的综合指标。

6-2 选择题

(1) 螺旋线总偏差主要影响齿轮的（　　）。
　　A. 传递运动的准确性　　　　　　　　B. 传递运动的平稳性
　　C. 齿轮载荷分布均匀性　　　　　　　D. 侧隙的合理性

(2) 影响齿轮副侧隙的误差项目有（　　）。
　　A. 齿距累积总偏差　　B. 齿厚偏差　　C. 螺旋线总偏差　　D. 齿廓总偏差

(3) 齿轮副侧隙的作用主要有（　　）。
　　A. 补偿热变形　　B. 便于装配　　C. 储存润滑油　　D. 节省原材料

(4) 齿轮副的最小侧隙由单个齿轮的（　　）保证。
　　A. 齿厚上极限偏差　　B. 齿厚下极限偏差　　C. 齿厚公差　　D. 齿厚公称尺寸

(5) 齿距累积总偏差主要影响齿轮的（　　）。
　　A. 传递运动的准确性　　B. 传动平稳性　　C. 齿轮载荷分布均匀性　　D. 侧隙的合理性

(6) 采用相对测量法测量齿距时，一次可以得到下列误差项目（　　）。
　　A. 齿距累积总偏差　　B. 齿距累积偏差　　C. 单个齿距偏差　　D. 切向综合总偏差

6-3 对齿轮传动有哪些使用要求？其中哪几项是精度要求？

6-4 齿轮副的检验项目有哪些？

6-5 为什么要对齿轮坯提出精度要求？有哪些精度要求？

6-6 齿轮传动中侧隙有何作用？如何得到齿轮副侧隙？

6-7 齿轮副侧隙的确定主要有哪些方法？齿厚极限偏差如何确定？

6-8 有一 8 级精度的直齿圆柱齿轮，其模数 $m=4\text{mm}$，齿数 $z=32$，齿宽 $b=20\text{mm}$，齿形角 $\alpha=20°$。检测结果是：$F_\alpha=32\mu\text{m}$，$f_{pt}=17\mu\text{m}$，$F_\beta=20\mu\text{m}$。那么，这三个检验项目精度是否合格？

第 7 章 实 验 指 导

在"互换性与测量技术基础"课程的教学中,实验课教学是重要的组成部分。通过实验课,使学生掌握几何量测量的基本知识、常用测量方法和常用测量器具的使用方法;初步具有正确使用常用测量器具以及处理测量结果的能力;加深对互换性和公差基本概念的感性认识。

7.1 光滑工件尺寸测量

7.1.1 用比较仪测量光滑极限量规

比较仪有机械、光学、电动和气动比较仪等几类,主要用于线性尺寸比较测量。用比较测量仪测量时,先用量块(或标准器)将量仪指针或标尺调到零位,被测尺寸对量块尺寸的偏差从标尺上读得。本实验采用立式光学计亦称光学比较仪。

(1) 目的与要求

① 掌握外径比较测量的原理。

② 了解立式光学计的结构、原理和调整方法。

③ 理解计量器具与测量方法常用术语的实际含义。

(2) 量仪说明和测量原理

立式光学比较仪有目镜式、数字式和投影式,它们的主要差别在读数方式上。虽然其外形有差别,但原理是相同的,相比较而言数字式的使用方便,精度高些。本实验以目镜式光学计为例介绍其结构和使用方法,外形如图 7-1 所示。其主要组成部分为光管,整个光学系统都安装在光管内。

光管是利用光学自准直原理和正切杠杆原理进行测量的,如图 7-2 所示,在物镜焦平面上的焦点 C 发出的光,经物镜后变成一束平行光到达平面反射镜 P。若平面反射镜与光轴垂直,则经过该镜反射的光由原光路回到发光点 C,即发光点 C 与像点 C' 重合。若反射镜与光轴不垂直,而偏转一个 α 角,则反射光束与入射光束的夹角为 2α,反射光束汇聚于像点 C''。C 与 C'' 之间的距离为:

$$CC'' = f\tan 2\alpha \tag{7-1}$$

式中 f——物镜的焦距;

α——反射镜偏转角度。

测量时,测杆推动反射镜绕支点 O 摆动,测杆移动一段距离 S,则反射镜偏转一个 α 角,它们的关系为:

$$S = b\tan\alpha \tag{7-2}$$

式中 b——测杆到支点 O 的距离。

这样,测杆的微小直线位移 S 就可以通过正切杠杆机构和光学杠杆放大,变成光点和像点间距离 CC''。由于 α 角很小,放大倍数为:

$$n = \frac{CC''}{S} = \frac{f\tan 2\alpha}{b\tan\alpha} \approx \frac{2f}{b} \tag{7-3}$$

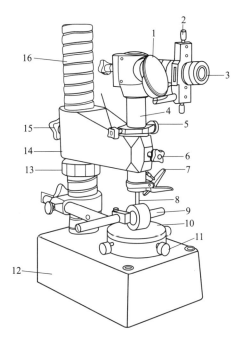

图 7-1 立式光学计

1—光源；2—上下偏差调节螺钉；3—目镜；4—光管；
5—光管细调手轮；6—光管紧固螺钉；7—测头提升器；
8—测杆及测头；9—工件；10—工作台；11—工作台
调整螺钉；12—底座；13—升降螺母；14—横臂；
15—横臂紧固螺钉；16—立柱

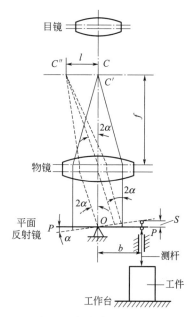

图 7-2 光学计测量原理图

光管中物镜的焦距 $f=200$ mm，臂长 $b=5$ mm，且通过物镜放大 12 倍，因此量仪的放大倍数 $K=80\times12=960$ 倍。为了测出像点 C'' 移动的距离，可将 C 点用一个标尺代替，其标尺间距为 0.08mm，从目镜中看到的标尺的影像的标尺间距为 $0.08\times12=0.96$ mm，因此量仪的分度值 $i=0.96/960=0.001$ mm$=1\mu$m。标尺上刻有 ±100 格等距标尺标记，故示值范围为 ±0.1 mm。

立式光学比较仪的光学系统，如图 7-3 所示。光线由反射镜 1 进入，照亮分划板上的标尺 8，该标尺位于物镜 3 的焦平面上，并处于主光轴的一侧，而反射回来的标尺影像则处于另一侧 [图 7-3(b)]。测量时，经光源照亮标尺 8 的光束由直角转向棱镜 2 折转 90°到达物镜 3 和平面反射镜 4，再返回到分划板，从目镜 7 中可以看到标尺影像和固定指示线。转动小轮 6，可使标尺的零标记影像与固定指示线重合。标尺的零标记影像相对于固定指示线的位移 $t=KS$ 可以读出。

(3) 实验步骤

① 根据被测表面的几何形状选择测头。测头与被测表面的接触应为点接触或线接触。一般，测量平面和圆柱面工件时应选择球形测头，测量直径小于 10mm 圆柱形工件选择刃口形测头，测量球面工件应选择平面形测头。选好测头后，把它安装到测杆上。

② 根据被测塞规的公称尺寸或极限尺寸选取量块，把它们研合成量块组。

③ 以下参看图 7-1。接通电源后，用 4 个工作台调整螺钉调整工作台 10 的位置，使它与测杆运动方向垂直（若已调好，则勿动工作台调整螺钉 11）。

④ 调整量仪零位：把研合好后的量块组放在工作台 10 上，测头对准量块测量面的中央。调整零位，步骤如下。

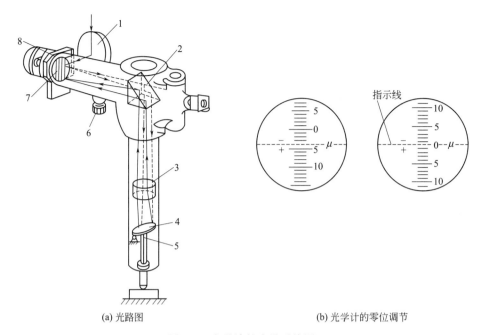

(a) 光路图　　　　　　　　　　(b) 光学计的零位调节

图 7-3　光学计的光学系统图

1—反射镜；2—棱镜；3—物镜；4—平面反射镜；5—测杆；6—小轮；7—目镜；8—标尺

a. 粗调节。松开横臂紧固螺钉 15，转动升降螺母 13，使横臂 14 缓缓下降，直至测头与量块面接触且从目镜 3 的视场中看到标尺影像为止，然后拧紧横臂紧固螺钉 15。

b. 细调节。松开光管紧固螺钉 6，转动光管细调手轮 5，使标尺的零标记影像与固定指示线基本重合，然后拧紧光管紧固螺钉 6。

c. 微调节。转动小轮 5 [图 7-3(a)]，使零标记影像与固定指示线重合，然后轻轻拨动测头提升器 7（图 7-1)，使测头起落数次，使零标记影像的位置稳定。

d. 检查零位。按下测头提升器 7，推出量块组，然后再放入，放下测头，再微调小轮，使零线与指示线再次重合。

⑤ 拨动测头提升器 7 使测头抬起，取下量块组，换上被测塞规，塞规应和工作台均匀接触，然后再测头下慢慢滚动，读出标尺偏离指示线的最大值。应在该塞规的两个或三个横截面上，于相隔 90°的径向位置处测量。读数时注意示值的正、负号，示值即为被测塞规尺寸对量块组尺寸的实际偏差。

⑥ 取下被测塞规，再放上量块组，复查零位，其误差不得超过 $\pm 0.5\mu m$，否则重测。

⑦ 按塞规图样或按国家标准 GB/T 1957—2006《光滑极限量规 技术条件》，判断被测塞规的合格性。

(4) 思考题

① 用立式光学计测量工件属于什么测量方法？绝对测量与相对测量各有什么特点？

② 什么是分度值、标记间距？它们与放大倍数的关系如何？

7.1.2　用内径百分表测量内径

(1) 目的与要求

① 掌握内径比较测量法的原理。

② 了解内径百分表的结构原理，学会用内径百分表测量内径的方法。

(2) 测量原理

用内径百分表测量内径，是采用比较测量法进行的。测量内径与测量外径的比较测量略有不同,要将量块组装在量块夹中,通过卡脚形成内尺寸 L,再用它来调整内径百分表的指针到达零位(或直接采用外径千分尺调整零位),从指示表上读出的指针偏移量,即为被测孔径与标准尺寸的实际偏差 ΔL,则被测孔径为 $x = L + \Delta L$。

(3) 仪器简介

图 7-4 所示的内径百分表为两点式,它与孔壁接触是固定测头 1 和活动测头 2,测量时,活动测头向内移动,通过等臂直角杠杆 3,推动挺杆 4 向上,压缩弹簧 5,并推转指示表 9 的指针顺时针回转,弹簧反力使活动测头向外对孔壁产生测量力。

在活动测头 2 的两侧有定心板 6,它在弹簧 7 的作用下,对称地压在孔壁上,以保证两测头与孔壁接触的两点落在截面的直径上。

仪器附有一组长短不同的固定测头,可更换使用,以测量不同直径的内孔。内径百分表的测量范围有 6~10mm、10~18mm、18~35mm、30~50mm、50~100mm 等几种规格。指示表示值范围有 5mm 和 10mm。

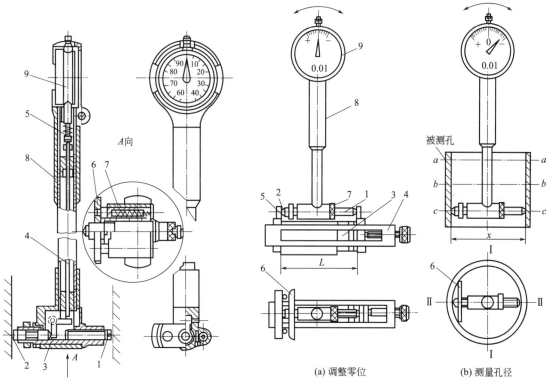

图 7-4 内径百分表结构
1—固定测头;2—活动测头;3—等臂直角杠杆;4—挺杆;5,7—弹簧;6—定心板;8—隔热手柄;9—指示表

图 7-5 内径百分表测量孔径
1—固定测头;2—活动测头;3—量块组;4—量块夹子;5—卡脚;6—定心板;7—固定测头锁紧螺母;8—隔热手柄;9—指示表

(4) 操作步骤(参看图 7-5)

① 根据被测孔径的公称尺寸 L 组合量块(或者调整千分尺的示值),将量块组和专用卡脚 5 一起放入量块夹子 4 内并夹紧,构成标准内尺寸卡规。

② 根据被测孔径尺寸,选择合适的固定测头 1,拧入内径百分表的螺孔中,拧紧固定测头锁紧螺母 7。

③ 用标准内尺寸卡规(或千分尺)调整指示表的零位,一手握隔热手柄 8,另一手将活动测头 2 压入,然后将两测头放入卡脚 5 之间,让两测头与卡脚平面接触,摆动内径百分

表,当指针顺时针回转到转折点(读数最小)时,表示内径百分表测头与卡脚接触的两点的连线与卡脚平面垂直,此时,两接触点间的距离等于量块尺寸。转动指示表9的滚花环,使标记盘的零线转到指针的转折点处。再摆动内径百分表,转动滚花环,如此反复几次,直到指针准确地在标记盘的零线处转折为止。

④ 测量孔径。手握隔热手柄,先将内径百分表活动测头和定心板放入被测孔,然后放固定测头。当测头达到指定的测量部位时,按图上箭头方向摆动内径百分表,记下指针顺时针回转到转折点时的读数,此时表示两测头与孔壁接触点在直径上。指针偏离零位的格数乘以指示表的分度值 i,即为被测孔径此处的实际偏差。指针沿顺时针方向偏离零点时读数为负,沿逆时针方向偏离零点时读数为正。实际偏差加上量块尺寸,即为被测孔的实际尺寸。

按图 7-5(b),在三个横截面上,于相隔 90°的径向位置处测量,用以代表孔的各处实际尺寸。

⑤ 根据孔径的安全裕度,确定其验收极限尺寸,若孔的各处实际尺寸都在验收极限范围内,则可判定尺寸合格。

(5)思考题

① 用内径百分表测量孔径有哪些测量误差?

② 用内径百分表测量孔径与用内径千分尺相比,从测量方法上看有何异同?

7.1.3 用卧式测长仪测量内径

(1)目的要求

① 了解卧式测长仪和读数显微镜的结构。

② 学会用内测钩测量内径和读数显微镜的读数方法。

(2)测量原理

卧式测长仪是按照阿贝原则设计的长度测量仪器,它将被测件的被测长度置于标准器的标准长度的延长线上,再将被测长度与标准长度进行比较,从而确定被测长度的量值。如图 7-6 所示,被测工件 5 放在工作台上,精密标尺 2 装在主轴 3 的中心,被测件与主轴测头 4 和尾管测头 6 接触点间的长度,就在主轴的轴线即标尺长度延长线上。

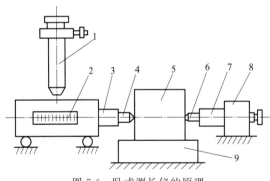

图 7-6 卧式测长仪的原理
1—读数显微镜;2—精密标尺;3—主轴;
4—主轴测头;5—被测工件;6—尾管
测头;7—尾管;8—尾座;9—工作台

测量时,先将主轴测头与尾管测头接触,从读数显微镜 1 中可读取精密标尺上的数值(对于数字卧式测长仪则是按置零钮使显示数字为零);再以尾管测头定位,移开主轴测头,放上被测件,使之与两测头接触,再从读数显微镜(或数显屏)中读取精密标尺上的数值,两次读数之差为主轴测头的位移量,即被测长度的量值。

上述原理是测量外尺寸的,如要测量内尺寸,需要在主轴和尾管上套上内测钩。

(3)仪器简介

卧式测长仪有目镜式、数字式和投影式。目镜式卧式测长仪基本结构如图 7-7 所示,由底座 10、工作台 6、测量头 4 和尾座 9 以及其他附属机构组成。测量头座内装主轴 5 和读数显微镜 2(数字卧式测长仪则没有读数显微镜,而用数显箱代替)。主轴靠测量头内六只精密滚动轴承支撑,故主轴能沿轴向灵活又平稳地移动。主轴中部镶有 100mm 长度的精密标尺，其标记间距为 1mm。标尺所处的位置靠读数显微镜读数和细分。

读数显微镜有各种形式，常用的一种形式是平面螺旋细分式，其光学系统如图 7-8(a) 中双点画线框内所示。物镜组 5 将精密标尺 6 上相距 1mm 宽的两条标记放大成像在固定分划板 4 上。在此分划板上两条粗的横线，其左端有黑三角形指示线，横线上刻有 0~10 共 11 条等距细线，其总宽度等于 1mm 标记像的距离，因而 11 条标记的分度值为 0.1mm。紧靠固定分划板 4 上有一块圆分划板 2，转动手轮 3 可使其绕中心回转。在圆分划板上，中部刻有 100 条圆周等分线，外围刻有 10 圈阿基米德螺旋双线，螺旋双线的螺距等于固定分划板上的标记间距。圆分划板每转一转，螺旋双线沿固定分划板上标记移动一格，相当于移动 0.1mm；圆分划板每转一格圆分度，螺旋双线只移动 1/100 格，相当于移动 $0.1\text{mm} \times 1/100 = 0.001\text{mm}$，故圆周等分线的分度值为 0.001mm。

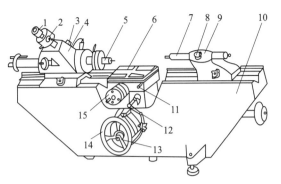

图 7-7　卧式测长仪
1—目镜；2—读数显微镜；3—紧固螺钉；4—测量头；
5—主轴；6—工作台；7—尾管；8—尾管紧固螺钉；
9—尾座；10—底座；11—工作台回转手柄；12—摆动手柄；13—手轮紧固螺钉；14—升降手轮；
15—横动手轮

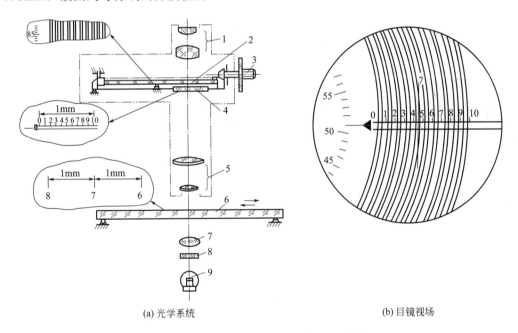

(a) 光学系统　　　　　　　(b) 目镜视场

图 7-8　读数显微镜的光学系统和目镜视场
1—目镜；2—圆分划板；3—手轮；4—固定分划板；5—物镜组；
6—精密标尺；7—透镜；8—光阑；9—光源

从目镜视场中读数的方法如下：先读精密标尺 6 上毫米标记像的毫米数（7mm）；再从此标记像在固定分划板 4 上的位置读出零点几毫米数（0.4mm）；转动手轮使螺旋双线夹住此标记像（要使在两条粗横线之间的一段标记像准确地落在螺旋双线的正中间），然后从黑三角尖伸出的指示线所指向的圆分度上读出微米数（0.051mm）。故图 7-8(b) 中的读数是 7.451mm。

卧式测长仪用精密标尺时，其测量范围为100mm，借助量块可扩大测量范围。

卧式测长仪带有各种不同的附件，可以测量内、外尺寸和内、外螺纹的基本中径，故又称它为万能测长仪。

（4）操作步骤（参照图7-7）

① 接通电源、眼看目镜1中视场，手转目镜上的滚花环，使所见标记达到最清晰。

② 将一对内测钩分别套到主轴5和尾管7上，内测钩弓部在上方，前部的楔和槽对齐，而后旋紧测钩上的螺钉，将内测钩固定在主轴和尾管上。

③ 松开手轮紧固螺钉13，转动升降手轮14使工作台6下降到较低的位置。将标准环规放在工作台上，用压板夹住，如图7-9(a)所示。

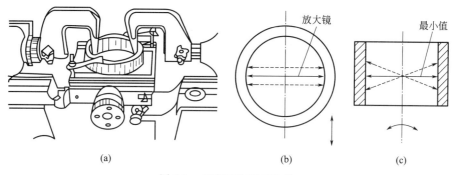

图7-9 用内测钩测量孔径

也可将量块组装在量块夹中构成标准内尺寸卡规，用来代替环规。

④ 转动升降手轮14使工作台6上升，直到内测钩伸入环规内壁，拧手轮紧固螺钉13将升降手轮14固紧。拧尾管紧固螺钉8将尾管固紧。手扶稳主轴5，挂上重锤（在测量头的后面），使主轴缓慢移动，直到内测钩上的测头与孔壁接触后放手。

⑤ 转动横动手轮15使工作台6横向移动，直到内测钩与孔壁接触在最大值（从显微镜中读出）处，如图7-9(b)所示；再扳动摆动手柄12使工作台往复摆动，直到内测钩与孔壁接触在最小值（从显微镜中读出）处，如图7-9(c)所示。如此反复两次，此时表示内测钩与孔壁接触点确实位于孔壁的某一直径处，此直径的精确值已刻写在标准环规的端面上。此时记下显微镜中读数。

如果用内尺寸卡规代替环规，当内测钩与卡规内平面接触后，则要扳动工作台回转手柄11使工作台来回转动，扳动摆动手柄12使工作台往复摆动，交替进行，以便在水平面和垂直面都找到最小值，直到接触两点的连线确实是卡规内平面在该处的最短距离为止，此距离代表量块的标准尺寸。由于卡规内平面不大，扳动手柄时要控制工作台回转和摆动的幅度，不能让内测钩滑出内平面。否则，主轴受重锤作用会急剧后退而产生冲击，造成仪器损坏事故。

⑥ 向右推主轴5，令内测钩与标准环壁脱离接触，拧紧紧固螺钉3使主轴不能滑动。松开手轮紧固螺钉13、转动升降手轮14使工作台下降，取下标准环。尾管测头是定位基准不能移动，然后装上被测孔，按上述方法（第③、④、⑤步）进行调整，记下显微镜中读数。

⑦ 两次读数之差即为被测孔径与标准环（或量块组）尺寸之差。按规定部位测出孔的实际直径，若在孔的验收极限尺寸范围内，则可判定该孔径合格。

（5）思考题

用卧式测长仪测量内径与用内径百分表测量内径有何不同？

7.2 几何误差测量

7.2.1 用平面度检查仪测量直线度误差

（1）目的与要求

① 了解平面度检查仪的结构原理及操作方法。

② 掌握测量导轨直线度误差的原理及数据处理方法。

（2）量仪说明和测量原理

直线度误差可以用指示表、水平仪或平面度检查仪测量。本实验采用平面度检查仪，亦称自准直仪，它由本体和反射镜两部分组成，其光学系统如图 7-10 所示。本体包括光管和读数显微镜。

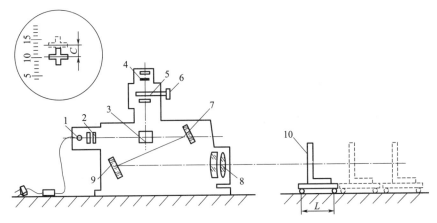

图 7-10 平面度检查仪的光学系统图

1—光源；2—十字分划板；3—立方棱镜；4—目镜；5—目镜分划板；6—测微读数鼓轮；7,9—反光镜；8—物镜；10—平面反射镜

光线由光源 1 发出，形成平行光束将自准直仪中的十字分划板 2 的十字投射在平面反射镜 10 上，经反射后，成像在目镜分划板 5 上。若反射镜与平行光束互相垂直，则平行光束沿原路返回，反射回来的十字分划板的影像（亮十字影像）与目镜分划板 5 的指示线相重合，如图 7-11(a) 所示。如果反射镜产生倾斜角 α，则反射光轴与入射光轴成 2α 角，使亮十字影像相对于目镜分划板 5 的指示线产生相应的偏移量 Δ，如图 7-11(b) 所示，偏移的格数由目镜分划板 5 和测微读数鼓轮 6 读出。鼓轮上有等分 100 格的圆周标记，它每转一周，就使分划板上的指示线相对于分划板 5 上的标尺移动一个标记间距。

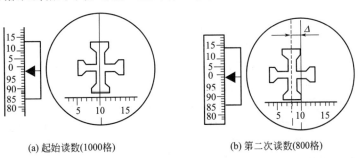

(a) 起始读数(1000格)　　　　(b) 第二次读数(800格)

图 7-11 测量时的读数

读数鼓轮每格的角值分度值 $i=0.005\text{mm/m}=5\mu\text{m/m}$ 相当于 $1''$。

当平面反射镜桥板的跨距 l 为 200mm 时，则读数鼓轮每格线值分度值：

$$i = 200 \times 0.005/1000 = 0.001 \text{ (mm)} = 1 \text{ (}\mu\text{m)}$$

所以，可以由 Δ（格数）计算出被测工件与桥板两端的接触点相对于光轴的高度差 h（μm）：

$$h = i\Delta \tag{7-4}$$

（3）实验步骤

① 沿工件被测方向将自准直仪本体安放在固定的位置上。接通电源，使光线照准放置在桥板上的反射镜。将平面反射镜桥板分别放置在被测工件的两端，调整自准直仪本体的位置，使十字分划板 2 的影像在平面反射镜 10 位于工件的两端时均能进入视场。

② 将平面反射镜桥板移到靠近自准直仪本体的工件那一端，调整目镜分划板 5 的指示线位置，使它位于亮十字影像的中间，如图 7-11(a) 所示，从测微读数鼓轮 6 上读出起始读数 Δ_1（格数）。

③ 按确定好的桥板跨距 l，沿工件依次分段移动桥板，观察并记录目镜中亮十字影像相对于指示线的偏移量，如图 7-11(b) 所示，读数为 Δ_i（格数），i 表示测点序号。由始测点到终测点顺测和由终测点到始测点往返测各一次。返测时桥板切勿调头。将各测点两次读数的平均值作为该测点的测量数据。若某测点两次读数差异较大，则表明测量不正常，必须查明原因后重测。然后，处理测量数据，求解直线度误差值。

（4）测量数据的处理

测出各测点的数据后，可以按最小包容区域图解法或按两端点连线图解法评定直线度误差值。

① 最小包容区域图解法 在图 7-12 中，以横坐标表示测量间隔（各测点的顺序），纵坐标表示量值。将测量间隔和相应测点的量值分别按一定比例画在坐标纸上。然后把各测点连起来形成折线，该折线可以表示被测实际线。

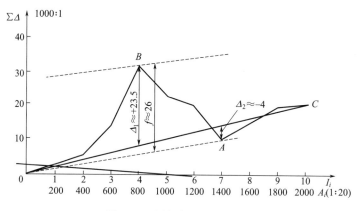

图 7-12 图解直线度误差值

评定直线度误差时，由两条平行直线包容被测实际线。该实际线应至少有高低相间三点分别与这两条平行直线接触，而这两条平行直线之间的区域称为最小包容区域。因此，从得到的折线上找出高低相间的两个最高点和一个最低点或者两个最低点和一个最高点，则过此三点所作的两条平行直线之间的纵坐标距离，即为直线度误差值。

② 两端点连线图解法 如图 7-12 所示，评定直线度误差时，把得到的折线首尾两端点的连线作为评定基准，从折线上找出最高点和最低点，这两点分别到评定基准的纵坐标距离的绝对值之和，即为直线度误差值。

图解法处理数据示例：用角值分度值为 $1''$ 的自准直仪测量长度为 1400mm 的导轨直线度误差。所采用桥板的跨距为 200mm，将导轨分成七段进行测量。测量数据如表 7-1 所示，按这些测量数据作图，如图 7-12 所示。

表 7-1 直线度误差测量数据

桥板位置			测 点						
			0~1	1~2	2~3	3~4	4~5	5~6	6~7
读数	顺测	读数 Δ_i	95.3	93.3	97.2	100.1	97	95.8	94
		相对值 $\Delta_i - \Delta_1$	0	-2	$+1.9$	$+4.8$	$+1.7$	$+0.5$	-1.3
	返测	读数 Δ_i	95.3	94.3	97	99.3	96.4	95.6	94
		相对值 $\Delta_i - \Delta_1$	0	-1	$+1.7$	$+4$	$+1.1$	$+0.3$	-1.3
	平均值		0	-1.5	$+1.8$	$+4.4$	$+1.4$	$+0.4$	-1.3
累积值(量值)			0	-1.5	$+0.3$	$+4.7$	$+6.1$	$+6.5$	$+5.2$

导轨直线度误差值按最小包容区域评定为 4 格，按两端点连线评定为 5.8 格。自准直仪的线值分度值为 $5\mu m/m \times 200mm = 1\mu m$，因此按最小包容区域评定的直线度误差值 $f_{最小} = 1 \times 4 = 4\mu m$，按两端点连线评定的直线度误差值 $f_{端点} = 1 \times 5.8 = 5.8\mu m$。

测出各测点的数据后，也可电算求解直线度误差值。

（5）思考题

① 直线度误差有几种评定方法？

② 若本实验改用指示表测量，那么在数据处理上有什么不同？

7.2.2 箱体方向、位置和跳动误差测量

（1）目的与要求

① 学会用普通测量器具和检验工具测量箱体方向、位置和跳动误差的方法。

② 理解方向、位置和跳动公差的实际含义。

（2）测量原理

方向、位置和跳动误差由被测实际要素对基准的变动量评定。在箱体上一般是用平面和孔面作基准。测量箱体方向、位置和跳动误差的原理是以平板或心轴来模拟基准，用检验工具和指示表来测量被测实际要素上各点与平板的平面或心轴的轴线之间的距离，按照方向、位置和跳动公差要求来评定方向、位置和跳动误差值。如图 7-13 所示，被测箱体有七项几何公差（对箱体应标注哪些几何公差，要根据箱体的具体要求来定，这里是按实验需要假设

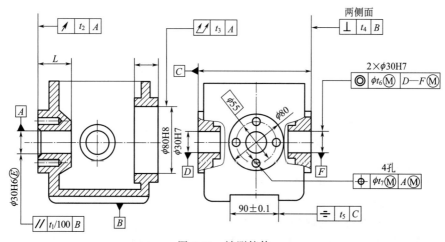

图 7-13 被测箱体

的)。各项公差要求及相应误差的测量原理分述如下。

① $\boxed{// | t_1/100 | B}$ 表示孔 $\phi 30H6$ 的轴线对箱体底平面 B 的平行度公差，在轴线长度 100mm 内为 t_1 mm，在孔壁长度 L mm 内，只有 $t_1 L/100$ mm。

测量时用平板模拟基准平面 B，用孔的上、下素线的对应轴心线代表孔的轴线。因孔较短，孔的轴线弯曲很小。可测孔的上、下壁到基准面 B 的高度，取孔壁两端的中心高度差作为平行度误差。

② $\boxed{\nearrow | t_2 | A}$ 表示端面对孔 $\phi 30H6$ 轴线的轴向圆跳动不大于 t_2 mm，以孔 $\phi 30H6$ 的轴线 A 为基准。

测量时，用心轴模拟基准轴线 A，测量该端面上某一圆周上的各点与垂直于基准轴线的平面之间的距离，以各点距离的最大差作为轴向圆跳动误差。

③ $\boxed{\swarrow | t_3 | A}$ 表示孔 $\phi 80H8$ 孔壁对孔 $\phi 30H6$ 轴线的径向全跳动不大于 t_3 mm，以孔 $\phi 30H6$ 的轴线 A 作为基准。

测量时，用心轴模拟基准轴线 A，测量 $\phi 80H8$ 孔壁的圆柱面上各点到基准轴线的距离，以各点距离中的最大差值作为径向全跳动误差。

④ $\boxed{\perp | t_4 | B}$ 表示箱体两侧面对箱体底平面 B 的垂直度公差均为 t_4 mm。

用侧面和底面之间的角度与直角尺比较来确定垂直度误差。

⑤ $\boxed{= | t_5 | C}$ 表示宽度为 (90 ± 0.1) mm 的槽面的中心平面对箱体左、右两侧面的中心平面的对称度公差为 t_5 mm。

分别测量左槽面到左侧面和右槽面到右侧面的距离，并取对应的两个距离之差中绝对值最大的数值，作为对称度误差。

⑥ $\boxed{\odot | \phi t_6 Ⓜ | D-F Ⓜ}$ 表示两个孔 $\phi 30H7$ 的实际轴线对其公共轴线的同轴度公差为 ϕt_6 mm，Ⓜ 表示 ϕt_6 是在两孔均处于最大实体状态下给定的。这项要求最适宜用同轴度综合量规检验。

⑦ $\boxed{\oplus | \phi t_7 Ⓜ | A Ⓜ}$ 表示四个孔 $\phi 8$ 的轴线的位置度公差为 ϕt_7 mm，以孔 $\phi 30H6$ 的轴线 A 作为基准。Ⓜ 表示 ϕt_7 是在四个孔径和基准孔径均处于最大实体状态之下给定的。这项要求最适宜用位置度综合量规检验。

(3) 测量用工具

在一般生产车间，测量箱体位置误差常用的工具有下面几种。

① 平板：用于放置箱体及所用工具，模拟基准平面。

② 心轴和轴套：插入被测孔内，模拟孔的轴线。

③ 量块：用作长度基准或垫高块。

④ 角度块和直角尺：用作角度基准，测量倾斜度和垂直度。

⑤ 各种常用测量器具：用于对方向、位置和跳动误差进行测量并读取数据，如杠杆百分表等。

⑥ 各种专用量规：用于测量同轴度、位置度等。

⑦ 辅助工具，如表架、千斤顶、定位块等。

选择什么工具，应按测量要求和具体情况而定。

(4) 操作步骤

① 测量平行度

a. 如图 7-14 所示，将箱体 2 放在平板 1 上，使箱体底面与平板接触。

b. 测量孔的轴剖面内下素线的 a_1、b_1 两点（离边缘约 2mm 处）至平板的高度。其方法是将杠杆百分表的换向手柄朝上拨，推动表座使测头伸进孔内，调整杠杆表使测杆大致与被测孔平行，并使测头与孔接触在下素线 a_1 点处，旋动表座的微调螺钉，使表针预压缩半圈，再横向来回推动表座，找到测头在孔壁的最低点，取表针在转折点时的读数 M_{a1}（表针逆时针方向的读数为大）。将表座拉出，用同样方法测量 b_1 点处，得读数 M_{b1}。退出时勿使表及其测杆碰到孔壁，以保证两次读数时的测量状态相同。

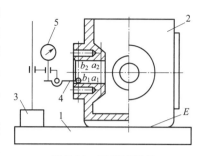

图 7-14 平行度测量
1—平板；2—箱体；3—表座；
4—测杆；5—杠杆百分表

c. 测量孔的轴剖面内之上素线的 a_2、b_2 两点到平板的高度。此时需将表的换向手柄朝下拨，用同样的方法，分别测量 a_2、b_2 两点，找到测头在孔壁的最高点，取表针在转折点时的读数 M_{a2} 和 M_{b2}（表针顺时针方向读数为小）。其平行度误差按下式计算：

$$f = \left| \frac{M_{a1}+M_{a2}}{2} - \frac{M_{b1}+M_{b2}}{2} \right| = \frac{1}{2} |(M_{a1}-M_{b1})+(M_{a2}-M_{b2})| \tag{7-5}$$

若 $f \leqslant Lt_1/100$，则该项合格。

② 测量轴向圆跳动

a. 如图 7-15 所示，将带有轴套的心轴 3 插入孔 $\phi30H6$ 内，使心轴右端顶针孔中的钢球 6 顶在角铁 7 上。

b. 调节指示表 5，使测头与被测孔端面的最大直径处接触，并将表针预压半圈。

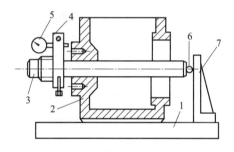 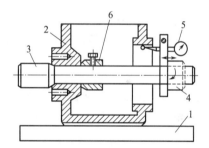

图 7-15 轴向圆跳动测量
1—平板；2—箱体；3—心轴；4—轴套；
5—指示表；6—钢球；7—角铁

图 7-16 径向全跳动测量
1—平板；2—箱体；3—心轴；
4,6—轴套；5—杠杆表

c. 将心轴向角铁推紧并回转一周，记录指示表上的最大读数和最小读数，取两读数差作为轴向圆跳动误差 f。若 $f \leqslant t_2$，则该项合格。

③ 测量径向全跳动

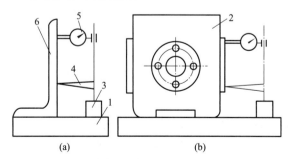

图 7-17 垂直度测量
1—平板；2—箱体；3—表座；4—支承点；
5—指示表；6—标准直角尺

a. 如图 7-16 所示，将心轴 3 插入 $\phi30H6$ 孔内，使定位面紧靠孔口，并用轴套 6 从里面将心轴定住。在心轴的另一端装上轴套 4，调整杠杆表 5，使其测头与孔壁接触，并将表针预压半圈。

b. 将轴套绕心轴回转，并沿心轴移动，使测头在孔的表面滑过，取表上指针的最大读数与最小读数之差作为径向全跳动误差 f，若 $f \leqslant t_3$，则该项合格。

④ 测量垂直度

a. 如图 7-17(a) 所示，先将表座 3 上的支承点 4 和指示表 5 的测头同时靠至标准直角尺 6 的侧面,并将表针预压半圈,转动表盘使零标记与表针对齐,此时读数取零。

b. 再将表座上支承点和指示表的测头靠向箱体侧面,如图 7-17(b) 所示,记录表上读数。移动表座,测量整个侧面,取各次读数的绝对值中最大者作为垂直度误差 f。若 $f \leqslant t_4$,则该项合格。要分别测量左、右两侧面。

⑤ 测量对称度

a. 如图 7-18 所示,将箱体 2 的左侧面置于平板 1 上,将杠杆百分表 4 的换向手柄朝上拨,调整杠杆百分表 4 的位置使测杆平行于槽面,并将表针预压半圈。

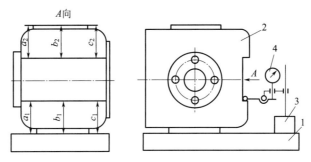

图 7-18 对称度测量
1—平板;2—箱体;3—表座;4—杠杆百分表

b. 分别测量槽面上三处高度 a_1、b_1、c_1,记取读数 M_{a1}、M_{b1}、M_{c1};再将箱体右侧面置于平板上,保持杠杆百分表 4 的原有高度,再分别测量另一槽面上三处高度 a_2、b_2、c_2,记录读数 M_{a2}、M_{b2}、M_{c2},则各对应点的对称度误差为

$$f_a = |M_{a1} - M_{a2}|, \quad f_b = |M_{b1} - M_{b2}|, \quad f_c = |M_{c1} - M_{c2}| \tag{7-6}$$

取其中的最大值作为槽面对两侧面的对称度误差 f。若 $f \leqslant t_5$,则该项合格。

⑥ 测量同轴度　同轴度用综合量规检验。如图 7-19 所示。若量规能同时通过两孔,则该两孔的同轴度符合要求。量规的直径等于被测孔的实效尺寸 D_{vc}。

$$D_{vc} = D_{\min} - t_6 \tag{7-7}$$

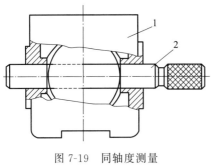

图 7-19 同轴度测量
1—箱体;2—综合量规

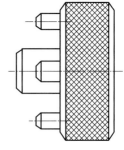

图 7-20 位置度测量

⑦ 测量位置度　位置度用综合量规检验。如图 7-20 所示,将量规的中间塞规先插入基准孔中,接着将四个测销插入四孔。如能同时插入四孔,则证明四孔所处的位置合格。

综合量规的四个测销直径,均等于被测孔的实效尺寸,基准孔的塞规直径等于基准孔的最大实体尺寸 $\phi 30\text{mm}$,各测销的位置尺寸与被测各孔位置的理论正确尺寸 $\phi 55\text{mm}$ 相同。

⑧ 做合格性结论 若上述七项误差都合格,则该被测箱体合格。

(5) 思考题

① 用标准直角尺校调表座时,见图 7-17(a),如果表针未指零标记,是否可用?此时如何处理测量结果?

② 径向全跳动测量与同轴度测量有何异同?

7.2.3 圆跳动误差测量

(1) 目的与要求

掌握圆跳动误差的含义与测量方法。

(2) 量仪说明和测量方法

本实验采用跳动检查仪来测量径向和轴向圆跳动,其外形如图 7-21 所示。测量时被测工件(齿坯)安装在心轴上,用心轴轴线模拟体现基准轴线。然后,把心轴顶在跳动检查仪的两顶尖之间,把指示表的测头分别置于齿坯的外圆柱面上和端面上进行测量。

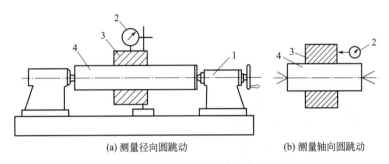

(a) 测量径向圆跳动   (b) 测量轴向圆跳动

图 7-21 测量圆跳动示意图

1—跳动检查仪;2—指示表;3—齿坯或圆盘零件;4—心轴

(3) 实验步骤

① 测量径向圆跳动,如图 7-21(a) 所示。移动表架使指示表测杆的轴线垂直于心轴轴线,且测头与齿坯的外圆柱面接触。把测杆压缩约 1mm,转动指示表的表盘使指针对准零标记。然后轻轻转动齿坯一周,从指示表读取最大与最小示值之差,此值即为径向圆跳动值。

② 测量轴向圆跳动,如图 7-21(b) 所示。扭转指示表使其测杆平行于心轴轴线,且测头与齿坯端面接触。把测杆压缩约 1mm,转动指示表的表盘使指针对准零标记。然后轻轻转动齿坯一周,从指示表读取最大与最小示值之差,此值即为轴向圆跳动值。

(4) 思考题

① 测量径向圆跳动能否代替测量圆度误差?

② 可否把安装着齿坯的心轴放在两个 V 形块上测量圆跳动?

7.2.4 平面度误差测量

(1) 目的与要求

① 掌握合像水平仪的原理和使用方法。

② 了解平面度误差的测量与数据处理方法。

(2) 量仪说明和测量原理

任一平面包含许多条直线,其中具有代表性的直线度误差的相关和综合可以反映出平面度误差。因此,测量直线度误差所用的量仪(指示表、水平仪和自准直仪等)也适用于测量平面度误差。

测量平面度误差时,所测直线和测点的数目根据被测平面的大小来决定,布点的方法通常采用图 7-22 所示的方法，测量按图中箭头所指示的方向依次进行。前两种布点在数据处理上比较方便，但不能用于自准直仪。最外的测点应距工作面边缘 5～10mm。

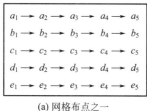
(a) 网格布点之一

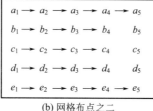
(b) 网格布点之二

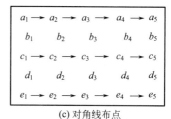
(c) 对角线布点

图 7-22　测量平面度误差时的布点方法

本实验采用合像水平仪，其结构图如图 7-23 所示，其分度值 $i=0.01\text{mm/m}$（相当于 $2''$）。合像水平仪要放在桥板上使用，把桥板放在被测工件上逐点依次测量。

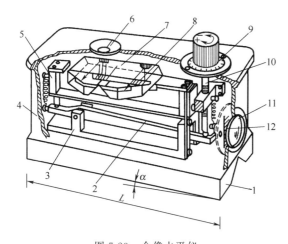

图 7-23　合像水平仪
1—底板；2—杠杆；3—支承；4—壳体；5—支承架；
6,11—放大镜；7—棱镜；8—水准器；9—微分筒；
10—测微螺杆；12—标尺

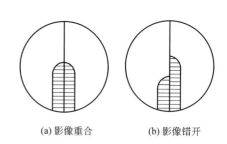

图 7-24　水泡的两半影像

测量时，水准器 8 中水泡两端经棱镜 7 反射的两半影像从放大镜 6 观察。当桥板两端相对于自然水平面无高度差时，水准器 8 处于水平位置，则水泡在棱镜 7 两边是对称的，因此从放大镜 6 看到的两半影像相合，如图 7-24(a) 所示。如果桥板两端相对于自然水平面有高度差，则水平仪倾斜一个角度，因而水泡不在水准器 8 的中央，从放大镜 6 看到的两半影像是错开的，如图 7-24(b) 所示。这时转动测微螺杆 10 把水准器 8 倾斜一个角度，使水泡返回到对称于棱镜 7 两边的位置。这样，两半影像的偏移便消失，而恢复成图 7-24(a) 所示相合的两半影像。偏移量先通过放大镜 11 由标尺读数，它反映测微螺杆 10 旋转的整圈数；再从微分筒 9 的标尺盘读数（该盘上有等分 100 格的圆周标记），它是测微螺杆 10 旋转不足一圈的细分读数。习惯上规定，水平仪气泡移动方向和水平仪移动方向相同时读数取为"＋"，相反时则读数取为"－"。本量仪读数取值的正负由微分筒 9 指明。

测微螺杆 10 转动的格数 a、桥板跨距 l(mm) 与桥板两端相对于自然水平面的高度差 h(μm) 之间的关系为

$$h=0.01al \tag{7-8}$$

（3）实验步骤

① 将被测工件（平板）放置在三个千斤顶上，再把水平仪放在平板中间和边缘上，调整千斤顶，直至水泡皆大致位于棱镜7两边的对称位置上且位置变化不大为止，使平板大致调平。

② 按选定的布点方法，在平板上画好网格。将安放着水平仪的桥板置于平板上，逐点依次测量。

③ 将各测点读数的格值按公式 $h=0.01al$ 转换成线值，处理测量数据，求解平面度误差值。

（4）平面度误差的评定方法

① 按最小包容区域评定　如图7-25所示，由两平行平面包容被测实际表面时，被测实际表面应至少四点分别与该两平行平面接触，且满足下列两条件之一，则该两平行平面之间的距离为平面度误差值。

(a) 三角形准则　　(b) 交叉准则

图7-25　按最小包容区域评定平面度误差

○—最高点；□—最低点

a. 三角形准则：至少有三点与一平面接触，有一点与另一平面接触，且该点的投影能落在上述三点连成的三角形内。

b. 交叉准则：至少各有两点与两平行平面接触，且分别由相应两点连成的两条直线在空间呈交叉状态。

② 按对角线法评定　用通过被测表面的一条对角线两端点的连线且平行于另一条对角线两端点的连线的平面作为评定基准，以各测点对此评定基准的偏差中最大偏差与最小偏差的代数差作为平面度误差值。

③ 按任意三远点法评定　用被测表面上相距最远的三点建立的平面作为评定基准，以各测点对此评定基准的偏差中最大偏差与最小偏差的代数差作为平面度误差值。

（5）测量数据处理

评定误差值时，需将被测表面上各测点对测量基准的坐标值转换为对评定方法所规定的评定基准的坐标值，因此测量数据要进行坐标变换。坐标变换前后的差值称为旋转量。在空间直角坐标系里，以 x 坐标轴和 y 坐标轴作为旋转轴。设绕 x 坐标轴旋转的单位旋转量为 y，绕 y 坐标轴旋转的单位旋转量为 x，则测量基准绕 x 坐标轴旋转再绕 y 坐标轴旋转时，实际表面上各测点的综合旋转量，如图7-26所示（位于原点的测点的综合旋转量为零）。各测点的原坐标值加上综合旋转量，即为坐标变换后各测点的坐标值。

0	x	$2x$	…	nx
y	$x+y$	$2x+y$	…	$nx+y$
$2y$	$x+2y$	$2x+2y$	…	$nx+2y$
⋮	⋮	⋮	⋮	⋮
my	$x+my$	$2x+my$	…	$nx+my$
y				

图7-26　各测点的综合旋转量

测量数据处理示例：用分度值为0.01mm/m的合像水平仪按图7-22(a)所示网格布点测量一块小平板的平面度误差，9个测点12个测量数据如图7-27所示。图中所列数据均已换算为线值（μm），且为空间直角坐标系的 z 坐标值。试按最小包容区域评定平面度误

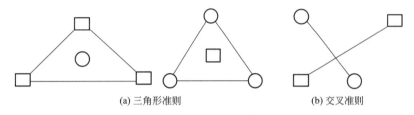

差值。

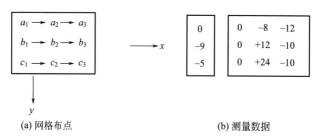

(a) 网格布点　　　　　　　　　　　(b) 测量数据

图 7-27　网格布点测量

用水平仪测量平面度误差时，读数表示被测两点的高度差，在不同的测点，测量基准是不同的，故必须将所有读数统一到同一测量基准才能评定误差值，在确定起始测点的坐标值

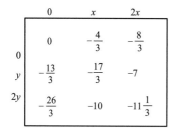

图 7-28　统一成同一测量基准的量值

（通常取为零）以后，将各测点读数顺序累积。本例图 7-27 (b) 的测量数据按顺序累积为图 7-28 的量值。

经分析，图 7-28 所示各测点的高低分布，应采用交叉准则来判断，将同一的测量基准分别绕 x 坐标轴和 y 坐标轴旋转后，使 a_1、c_2 两点等值和 a_3、c_1 两点等值，因而得出方程组（图 7-26 和图 7-28）：

$$\begin{cases} 0+0=10+x+2y \\ -14+2y=-20+2x \end{cases}$$

当解该方程组，求得旋转量 $x=-4/3$，$y=-13/3$（正负号表示旋转方向）。这样求得各测点的综合旋转量如图 7-29 所示，然后，把各测点的量值（图 7-28）分别加上各测点的综合旋转量（图 7-29）得图 7-30 所示的数据。至此，a_1、c_2 两点为等值最高点，a_3、c_1 两点为等值最低点，该 9 个测点的高低分布符合交叉准则，所以平面度误差值为

$$f = 0 - \left(22\frac{2}{3}\right) = -22\frac{2}{3} \ (\mu m)$$

	0	x	$2x$
0	0	$-\dfrac{4}{3}$	$-\dfrac{8}{3}$
y	$-\dfrac{13}{3}$	$-\dfrac{17}{3}$	-7
$2y$	$-\dfrac{26}{3}$	-10	$-11\dfrac{1}{3}$

图 7-29　各测点的综合旋转量

0	$-9\dfrac{1}{3}$	$-22\dfrac{2}{3}$
$-13\dfrac{1}{3}$	$-2\dfrac{2}{3}$	-14
$-22\dfrac{2}{3}$	0	$-11\dfrac{1}{3}$

图 7-30　符合交叉准则的量值

当第一次转换不能满足评定方法所规定的条件时，则在第一次转换的基础上用上述方法继续进行转换，直到满足所规定的条件为止。

（6）思考题

① 平面度误差有几种评定方法？

② 若本实验改用指示表测量，则在数据处理上有什么不同？

7.2.5　圆度误差测量

（1）目的与要求

① 了解圆度仪测量圆度误差的原理。

② 了解用两点法和三点法测量圆度误差及数据处理方法。

（2）用圆度仪测量圆度误差的测量原理

圆度仪主要用来测量圆度误差，其精度高而且效率也高。圆度仪有两种类型：一种为转轴式圆度仪或称传感器旋转式圆度仪，另一种为转台式圆度仪或称工作台旋转式圆度仪。本实验采用YD200A型转台式圆度仪，其外形如图7-31所示。可以按最小区域圆、最小二乘方圆、最小外接圆和最大内接圆评定圆度误差值。

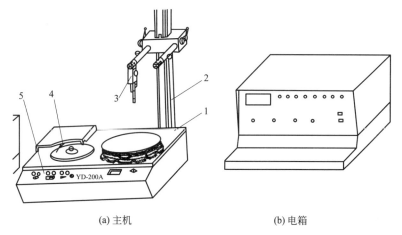

(a) 主机　　　　　　　　　　(b) 电箱

图 7-31　YD200A 型转台式圆度仪
1—底座；2—立柱；3—传感器；4—记录器；5—按键

如图7-31所示，传感器3固定在立柱2上，被测工件装卡在工作台的粗定心台中，利用粗定心台可调整工件的被测表面与主轴大致同心。测量时工件随工作台主轴转动，传感器3不转动，测头相对工作台回转的运动轨迹是一个理想圆，它是圆度测量基准。当被测表面不圆时，测头势必相对于理想圆产生径向偏差，该径向偏差由传感器3接收，并转换成电信号输送到电气控制系统，经过放大器、滤波器、运算器输送到记录器去记录图形，或者通过计算机按所选择的圆度误差评定方法和程序运算误差值，利用这种原理确定圆度误差的方法称为半径变化量测量法。

通过旋钮来选择传感器3测量力的大小和选择外圆或内圆的测量力方向，如图7-32所示。测头安装在传感器上，测量时使测头与工件被测表面接触。如图7-33所示，它们的半径差 $(r_1 - r_2)$ 乘以放大倍数 M 时的分度值 I 为圆度误差值 f，即

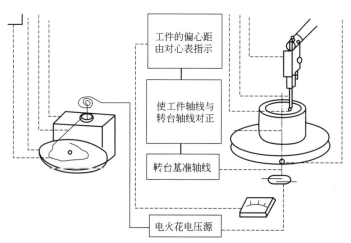

图 7-32　YD200A 型转台式圆度仪原理图

$$f=(r_1-r_2)\times I \qquad (7-9)$$

（3）两点法、三点法测量圆度

① 测量装置和测量方法　三点法测量圆度误差就是利用 V 形块测量圆度误差。如图 7-34 所示的三点法测量装置是通常用来测量外表面圆度误差的测量装置，用符号"$3S_\alpha$"表示。V 形块夹角 α 有 120°、108°、90°、72°、60°五种。测量时，被测圆柱面的轴线应垂直于测量截面，同时固定轴向位置，如图 7-34 中用方箱 1 和钢球 2 作轴向定位。把被测圆柱面回转一周过程中指示表测头在径向方向上示值的最大差值 Δ，除以反映系数 F（表 7-2）作为圆度误差值 f，即 $f=\Delta/F$。

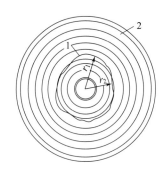

图 7-33　圆度最小包容区域
1—圆度曲线；2—同心圆模板

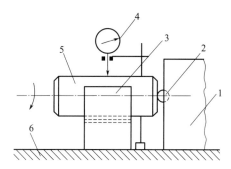

图 7-34　三点法测量装置
1—方箱；2—钢球；3—V 形块；4—指示表；
5—被测工件；6—平板

表 7-2　两点法测量及指示表和 V 形块对称安置的顶式三点法测量的反映系数 F

棱数 n		2	3	4	5	6	7	8	9	10	11	12
两点法 2		2	—	2	—	2	—	2	—	2	—	2
三点法	3S72°	0.47	2.62	0.38	1.00	2.38	0.62	1.53	2.00	0.70	2.00	1.53
	3S108°	1.38	1.38	—	2.24	—	1.38	1.38	—	2.24	—	1.38
	3S90°	1.00	2.00	0.41	2.00	1.00	—	2.41	—	1.00	2.00	0.41
	3S120°	1.58	1.00	0.42	2.00	0.16	2.00	0.42	1.00	1.58	—	2.16
	3S60°	—	3	—	—	3	—	—	3	—	—	3
棱数 n		13	14	15	16	17	18	19	20	21		22
两点法 2		—	2	—	2	—	2	—	2	—		2
三点法	3S72°	0.62	2.38	2.00	0.38	2.62	0.47	—	2.70	0.47		—
	3S108°	1.38	—	2.24	—	1.38	1.38	—	2.24	1.38		—
	3S90°	2.00	1.00	—	2.41	—	1.00	2.00	0.41	2.00	1.00	
	3S120°	—	1.58	1.00	0.42	2.00	0.16	2.00	0.42	1.00		1.58
	3S60°	—	—	3	—	—	3	—	—	3		—

两点法又称直径测量法，用符号"2"表示。两点法测量可以使用千分尺，在被测圆柱面的直径方向上，在其测量截面的 360°范围内测出直径的最大差值 Δ 除以 2 作为圆度误差值 f，即 $f=\Delta/2$。利用 α 为 90°的 V 形块，将指示表测量杆偏置 45°测量，如图 7-35(a) 所示，这也是两点法测量。利用图 7-35(b) 所示的测量装置，即用平板和方箱代替图 7-35(a)

所示测量装置中的 V 形块，其测量结果同两点法，把指示表示值的最大差值 Δ 除以 2 作为圆度误差值 f，即 $f=\Delta/2$。两点法只适用于测量偶数棱圆的圆度误差。

在实际生产中，测量前通常不知道被测圆柱面的棱数，这就需要运用两点、三点法组合测量，常用的组合方案为"2+3S90°+3S120°"和"2+3S72°+3S108°"。

组合方案的反映系数最大值、最小值和平均值，如表 7-3 所示。根据 GB/T 4380—2004《圆度误差的评定 两点、三点法》的规定，取三次测得值中的最大值 Δ_{max}，除以平均反映系数。

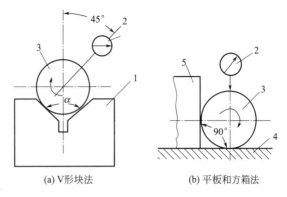

图 7-35　两点法测量装置
1—V 形块；2—指示表；3—被测工件；4—平板；5—方箱

表 7-3　组合方案的反映系数

棱数 n	组合方案	
	2+3S90°+3S120°	2+3S72°+3S108°
	反映系数 F	
n 未知 $2<n\leqslant 2.2$	最大　　2.41 平均(F_{av})　1.95 最小　　1.00	最大　　2.62 平均(F_{av})　2.09 最小　　1.38

② 实验步骤　选择组合方案，利用三点法和两点法测量装置依次进行三次测量；调整指示表测杆的位置，使它的轴线位于 V 形块夹角平分面内，如图 7-34 所示；或垂直于平板，见图 7-35(b)，压缩测杆约 1mm，转动表盘使指针对准零标记，然后轻轻转动被测工件一周，从指示表读取最大与最小示值之差。按三次测得值中的最大值评定圆度误差值。

(4) 思考题
① 圆度误差的四种评定方法中哪一种方法符合圆度误差定义？
② 两点法为什么只适用于测量偶数棱圆的圆度误差？三点法相较于两点法有什么优点？
③ 什么是两点、三点法组合测量？其优点是什么？

7.3　表面粗糙度测量

7.3.1　用光切显微镜测量表面粗糙度

(1) 目的与要求
① 掌握用光切显微镜测量表面粗糙度的原理和方法。
② 加深理解轮廓最大高度 Rz 的实际含义。

(2) 测量原理

光切显微镜是利用光切原理测量表面粗糙度。如图 7-36 所示，由光源 1 发出的光，穿过狭缝 3，形成带状光束，经物镜 4 斜向 45°射向工件，凹凸不平的表面上呈现出曲折光带，再以 45°反射，经物镜 5 到达分划板 6 上。从目镜里看到的曲折亮带，有两个边界，光带影像边界的曲折程度表示影像的峰谷高度 h'。h' 与表面凸起的实际高度 h 之间的关系见式(7-10)，其中的 M 为物镜 4（5）的放大倍数。

$$h' = \frac{hM}{\cos 45°} = \sqrt{2}\,hM \tag{7-10}$$

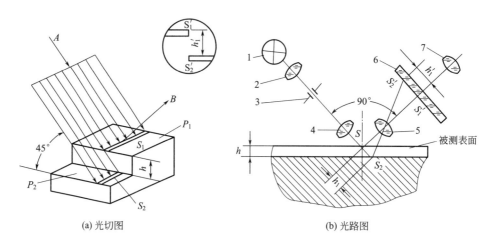

(a) 光切图　　(b) 光路图

图 7-36　光切法原理
1—光源；2—聚光镜；3—狭缝；4,5—物镜；6—分划板；7—目镜

在目镜视场里，对高度 h' 是沿 45° 方向测量的，设用目镜千分尺 14（图 7-37）读数的值为 H，则 h' 与 H 之间的关系为

$$h' = H\cos 45° \tag{7-11}$$

由式(7-10) 和式(7-11) 得

$$h = \frac{H\cos 45°}{\sqrt{2}\,M} = \frac{H}{2M} = iH \tag{7-12}$$

式中，令 $1/(2M)=i$，作为目镜千分尺装在光切显微镜上使用时的分度值。此值由仪器说明书给定，可用标准标尺校准。

（3）仪器简介

光切显微镜由照明管和观察管组成，故又称双管显微镜。其外形结构有两种，图 7-37 中可换物镜 12 由两只物镜装成一体，两光轴对台面倾斜，固定成 45°，两物镜焦点交于一点，使用时无需调整。

在观察管的上方装目镜千分尺 14，也可装照相机。

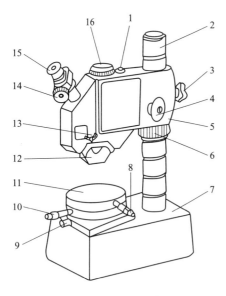

图 7-37　光切显微镜
1—光源；2—立柱；3—锁紧螺钉；4—微调手轮；5—横臂；6—升降螺母；7—底座；8—纵向千分尺；9—固定螺钉；10—横向千分尺；11—工作台；12—可换物镜；13—手柄；14—目镜千分尺；15—目镜；16—照相机座

在目镜千分尺（图 7-38）的视场里有两块分划板：固定分划板 2 上刻有 8mm 长的标尺标记，可动分划板 1 上刻有十字线和双标线。标尺筒的圆周上刻有 100 条标尺标记。转动标尺筒一周，通过螺杆使可动分划板上双标线相对标尺移动 1mm。由于放大 2 倍（物镜的放大倍率 $M=2$），故目镜千分尺的分度值小于 0.01mm，如表 7-4 所示。

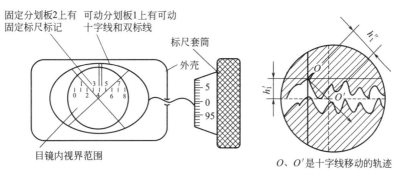

图 7-38 目镜千分尺

表 7-4 光切显微镜的主要技术数据

可换物镜放大倍数	物镜组的放大倍数	目镜视场直径/mm	目镜千分尺分度值/μm	测量范围 $Rz/\mu m$
60	31.3	0.3	0.16	0.8~1.6
30	17.3	0.6	0.29	1.6~6.3
14	7.9	1.3	0.63	6.3~20
7	3.9	2.5	1.28	20~63

（4）操作步骤

① 准备工作　估计被测表面的 Rz 值，参考表 7-4 选择一对合适的物镜，分别安装在照明管与观察管的下方。并按表 4-1 选用取样长度与评定长度。

接通电源，擦净工件。将工件放在工作台上，转动工作台，使要测量的截面方向与光带方向平行，未指明截面时，一般尽可能使表面加工纹理方向与光带方向垂直。移动工作台，将工件上要测量的点移到光带处，对外圆柱表面则将最高点移到光带处。

② 调节仪器（参见图 7-37）

a. 粗调焦。松开横臂 5 上锁紧螺钉 3，缓慢地旋转升降螺母 6，使横臂带着双管一起向下移动。同时观察目镜，当视场中可看到清晰的工件表面加工痕迹时，停止移动，拧紧锁紧螺钉 3（调焦时为避免镜头碰工件，最好由下向上移动双管）。略微转动目镜 15 上的滚花环，直到视场中的十字线最清晰为止。

b. 精调焦。转动微调手轮 4，使视场中光带最窄，并使一个边界最清晰。此时的边界代表光切面，如图 7-38 所示。

c. 对线。松开目镜千分尺上螺钉，转动镜架使目镜中十字线的横线与光带方向大致平行以体现轮廓中线，此时标尺对光带方向倾斜 45°，拧紧螺钉。

③ 轮廓最大高度 Rz　用目镜中十字线的横线瞄准轮廓，从目镜千分尺上读数，以确定轮廓高度。测量方法是：转动目镜的标尺筒，使横线与轮廓影像的清晰边界在取样长度的范围内与最高点（峰）相切，记下数值 H_p（图 7-39），再移动横线与同一轮廓影像的最低点

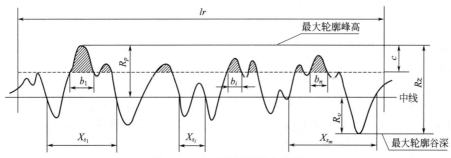

图 7-39 表面的轮廓最大高度

（谷）相切，记下数值 H_v。H_p 和 H_v 数值是相对于某一基准线（平行于轮廓中线）的高度。设中线到基准线的高度为 H，则 $y_p = H_p - H$，$y_v = H - H_v$，代入 $Rz = H_p - H_v$。

将记下的读数代入上式即可得轮廓最大高度 Rz。

测量时，目镜视场可能小于取样长度。此时需要转动工作台上的纵向千分尺 8 （图 7-37），使工件平移，以便找出在所选取样长度上轮廓的最大高度。

再移动工作台，测出评定长度范围内 n 个取样长度上的 Rz 值，并取平均值，即得所测表面的轮廓最大高度：

$$Rz = \sum_{i=1}^{n} Rz_i / n \qquad (7\text{-}13)$$

④ 判断合格性 若实测计算的结果不超出允许值，则可判该表面的粗糙度合格。

（5）思考题

① 为什么只能用光带的同一个边界上的最高点（峰）和最低点（谷）来计算 Rz？而不能用不同边界上的最高点与最低点来计算？

② 是否可用光切显微镜测出 Ra 值？

③ 目镜千分尺的分度值原为 0.01mm，装在光切显微镜上使用，为什么变小了？它怎样确定？

7.3.2 用电动轮廓仪测量表面粗糙度

（1）目的与要求

① 了解用电动轮廓仪测量表面粗糙度的原理和方法。

② 理解轮廓算术平均偏差 Ra 的实际含义。

（2）测量原理

电动轮廓仪测量表面粗糙度属于针描法，是一种接触测量方法。测量时用一个很尖的触针与被测表面垂直，同时它的移动也与加工纹理方向垂直。当传感器匀速移动时，触针将随着表面轮廓的几何形状作垂直起伏运动，把这个微小的位移经传感器转换成电信号，经过放大、滤波、运算处理即可获得表面粗糙度的某个参数。

电动轮廓仪型号繁多，外形有较大差异，但根据采用传感器的不同，主要有两大类。一类采用差动电感式传感器，另一类采用压电式传感器。本实验以 T1000 型电动轮廓仪为例，介绍其测量原理，其他型号的仪器请参考相关说明书。

T1000 型电动轮廓仪，是一种由单片机控制测量和数据处理过程的便携式表面粗糙度测量仪器，采用差动电感式传感器，传感器的原理，如图 7-40 所示。

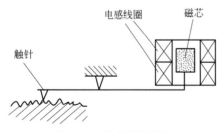

图 7-40 传感器的原理

在传感器测杆的一端装有触针，当传感器匀速移动时，被测表面轮廓上的峰谷起伏使触针上下运动，此运动经支点使磁芯同步上下运动，从而使磁芯外的差动线圈的电感量发生变化，由于差动线圈和测量电桥相连接，从而使电桥失去平衡，于是就输出一个与触针位移量成比例的电信号，电信号需经进一步处理方可获得表面粗糙度参数。

（3）仪器简介

T1000 型电动轮廓仪是一种自动化程度较高，易于操作，可用电池驱动的便携式表面粗糙度测量仪器，测量过程及数据处理由单片机控制，测量参数的预置和测量运行由薄膜式按键来执行，所有参数和测量值都显示在一个八位显示屏上。

图 7-41 为 T1000 型电动轮廓仪的外形图，该电动轮廓仪主要包括：传感器、驱动箱、

电箱、微型打印机四部分。

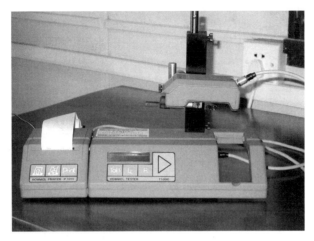

图 7-41　T1000 型电动轮廓仪的外形图

T1000 型电动轮廓仪正面控制键如图 7-42 所示。

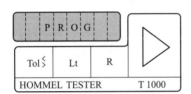

① TOL键：确定公差带等。
② Lt键：选择测量长度等。
③ R键：选择评定参数等。
④ ▷键：确认选择的各项参数，启动测量等。
⑤ Print键：参数打印选择等。

图 7-42　T1000 正面图

T1000 型电动轮廓仪背面控制键如图 7-43 所示。

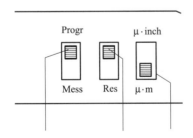

① 左键：参数输入和测量状态转换开关。
② 中间键：复位开关。
③ 右键：公英制单位转换开关。

图 7-43　T1000 背面图

T1000 型电动轮廓仪可以测量的表面粗糙度参数有：Ra、Rz、$Rmr(c)$ 及德国标准的 RzDIN、RzJIS 等。测量范围：触针位移为 $\pm 40\mu m$，Ra 为 $8\mu m$。该仪器可测量平面、外圆柱面、直径 3.5mm 以上的内孔面。对于大型零件可以手持驱动箱直接在零件上测量；小型和形状复杂的零件需将驱动箱安装在立柱上测量；传感器可以旋转 90°，所以可以测量曲轴等形状复杂的零件。

(4) 实验步骤

① 选择测量参数和相关数据，本实验以测量 Ra 和 Rz 为例介绍操作步骤，其他参数的测量方法与此类似。

a. 将转换开关置于"Progr"（图7-43）。
b. 按"▷"键打开电源，见图7-42。
c. 按"R"键显示 Ra，按确认键选定 Ra。
d. 按"Print"键，选定打印 Ra。
e. 按"TOL"键，然后按确认键，预置 Ra 公差带。
f. 再次按"TOL"键，显示"T≧××.××"。
g. 再次反复按"TOL"键和确认键，选定 Ra 上公差带。
h. 按"TOL"键，显示"T≦××.××"。
i. 重复步骤f操作，选定 Ra 下公差带。
j. 按"Print"键，选定打印公差带数值。
k. 再次按"R"键，显示 Rz，按确认键选定 Rz。
l. 按"Print"键，选定打印 Rz。

② 将仪器背面的转换开关置于"Mess"，使仪器进入测量状态。

③ 调整传感器的位置。

a. 松开锁紧螺钉，使传感器与被测表面接触，并且保证传感器的运动方向与加工纹理方向垂直，如果是手持传感器直接在零件上测量，需要按图7-44所示的方式放置传感器。

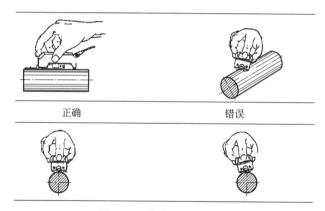

图7-44 传感器安装位置

b. 传感器定位。当传感器直接放在工件上测量时，其位置自动确定。如果将驱动箱放在立柱上时，则必须人工定位。其方法是：同时按"TOL"键和确认键，显示器将显示传感器的位置偏差"Pos—××.×"，调整传感器位置，使显示值不超出 $\pm 20\mu m$，如图7-45所示。

④ 选定测量（评定）长度。

a. 同时按"Lt"键和确认键，显示器显示原来预置的数值。

b. 反复按"Lt"键，调到要求的测量长度，并按确认键。

⑤ 按确认（启动）键，进行测量，测量完成后传感器自动返回原始位置。显示器显示测量值，按"R"键可分别显示 Ra 和 Rz 的数值。打印机同时打印选定的参数。

⑥ 按图形打印键，打印机将打印表面粗糙度曲线和其他全部参数。

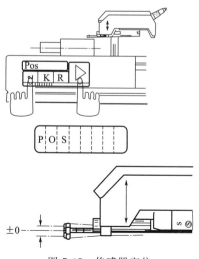

图7-45 传感器定位

7.3.3 用干涉显微镜测量表面粗糙度

(1) 目的与要求

① 了解用干涉法测量表面粗糙度的原理,学习使用干涉显微镜。

② 加深理解轮廓最大高度 Rz 的实际含义。

(2) 测量原理

干涉显微镜是利用光波干涉原理来测量表面粗糙度。干涉显微镜的光学系统如图 7-46 所示。由光源 1 发出的光(或经滤光片 3 成单色光),经聚光镜 2、8 投射到分光镜 9 上,并被分成两路:一路光反射向前(遮光板 20 移去),经物镜组 12,射向参考平面镜 13 再反射回来;另一路透射向上,经补偿镜 10 和物镜组 11 射向工件表面 18,再反射回来。两路光到分光镜 9 会合,向前射向目镜组 19 或照相机。

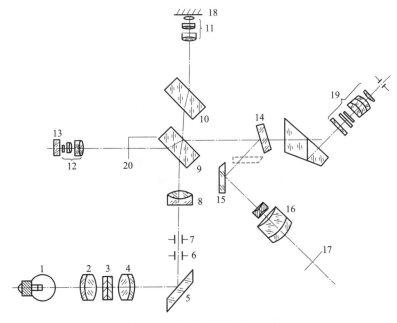

图 7-46 干涉显微镜的光学系统

1—光源;2,4,8—聚光镜;3—滤光片;5—反光镜;6—视场光阑;7—孔径光阑;9—分光镜;
10—补偿镜;11,12—物镜组;13—参考平面镜;14—可调反光镜;15—折射镜;
16—照相物镜;17,20—遮光板;18—工件表面;19—目镜组

两路光会合时会发生光波干涉现象。因参考平面镜 13 对光轴微有倾斜,相当于与被测工件表面 18 形成楔形空隙,故在目镜中看到一系列干涉条纹,如图 7-47 所示。相邻两干涉条纹相应的空隙差为半个波长。由于轮廓的峰和谷相当于不同大小的空隙,故干涉条纹呈现弯曲状。其相对弯曲程度与轮廓高度对应。测出干涉条纹的弯曲量 a 与相邻两条纹间距 b 的比值,乘以半个光波波长 ($\lambda/2$),可得轮廓的峰谷高度 h,即

$$h = \frac{a}{b} \times \frac{\lambda}{2} \tag{7-14}$$

(3) 仪器简介

图 7-48 所示是 6JA 型干涉显微镜,它的外壳是方箱。箱内安装光学系统;箱后下部伸出光源部件;箱后上部伸出参考平面镜及其调节的部件等;箱前上部伸出观察管,其上装目镜千分尺 2(其功能见图 7-38 的介绍);箱前下部窗口装照相机;箱的两边有各种调整用的手轮;箱的上部是圆工作台 15,它可水平移动、转动和上下移动。

干涉显微镜可测量轮廓峰谷高度的范围是 $0.025 \sim 0.8 \mu m$。

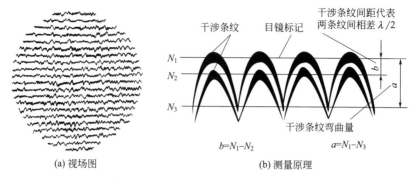

(a) 视场图　　　　　　　　　　(b) 测量原理

图 7-47　干涉显微镜视场中的干涉条纹

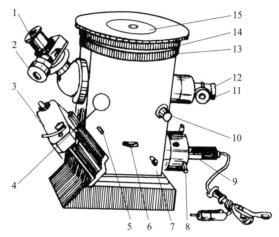

图 7-48　6JA 型干涉显微镜

1—目镜；2—目镜千分尺；3—照相机；4,6,10～12—手轮；5,7—手柄；
8—螺钉；9—光源；13,14—滚花轮；15—圆工作台

对小工件，将被测表面向下放在圆工作台上测量；对大工件，可将仪器倒立放在工件的被测表面上进行测量。

仪器备有反射率为 0.6 和 0.04 的两个参考平面镜，不仅适用于测量高反射率的金属表面，也适用于测量低反射率的工件（如玻璃）表面。

(4) 操作步骤

① 调节仪器（图 7-48）

a. 通过变压器接通电源，开亮灯泡。

b. 调节参考光路。将手轮 4 转到目视位置，转手轮 10 使图 7-46 中的遮光板 20 移出光路。旋转螺钉 8 调整灯泡位置，使视场照明均匀。转手轮 11，使目镜视场中弓形直边（图 7-49）清晰。

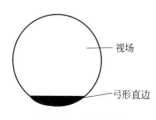

图 7-49　弓形直边

c. 调节被测工件光路。将工件被测面擦净，面向下放在工作台上。转手轮 10，使遮光板转入光路。旋转滚花轮 13 以升降工作台，直到从目镜视场中看到工件表面的清晰加工痕迹为止。再转手轮 10，使遮光板转出光路。

d. 调节两路光束重叠。松开螺钉取下目镜 1，从观察管中可看到两个灯丝的像。转滚花轮 13，使图 7-46 中的孔径光阑 7 开到最大。转手轮 10，使两个灯丝像完全重合，同时调节螺钉 8，使

灯丝像位于孔径光阑中央。

e. 调节干涉条纹。装上目镜,旋紧螺钉,旋转目镜上滚花环看清十字线。将手柄 7 向左推到底,使滤光片插入光路,在目镜视场中就会出现单色的干涉条纹。微转手轮 12,使条纹清晰。将手柄 7 向右推到底,使滤光片退出光路,目镜视场中就会出现彩色的干涉条纹,用其中仅有的两条黑色条纹进行测量。转手轮 11,调节干涉条纹的亮度和宽度。旋转滚花轮 14 以旋转圆工作台,使要测量的截面与干涉条纹方向平行,未指明截面时,则使表面加工纹理与干涉条纹方向垂直。

② 测量轮廓的峰谷高度

a. 选择光色。表面加工粗糙、痕迹不规则时,常用白光;目测时,彩色干涉条纹识别方便;精密测量时,采用单色光。本仪器使用绿色光。

b. 选取样长度。估计被测表面的 Rz 值,参考表 4-1 选取。6JA 型干涉显微镜视场为 0.25mm,在 $Rz \geqslant 0.025 \sim 0.5 \mu m$ 时可在一个视场内测量,但若 $Rz > 0.5 \sim 0.8 \mu m$,取样长度为 0.8mm 时,则必须移动工作台在三个视场内测量。

c. 调整瞄准线。调节目镜千分尺,使目镜里十字线的一条线与整个干涉条纹的方向平行,以体现轮廓中线。拧紧螺钉,以后就用该线瞄准。

d. 测量干涉条纹的间距。调节目镜千分尺 2,使瞄准线在取样长度范围内先后与相邻两条干涉条纹上的各个峰顶的平均中心重合,读得 N_1 值和 N_2 值,见图 7-47(b),则干涉条纹的间距为

$$b = N_1 - N_2 \tag{7-15}$$

e. 测量干涉条纹的弯曲量。调节目镜千分尺,使瞄准线在取样长度范围内依次与同一条干涉条纹上的最高峰顶中心和最低谷底中心重合,读得 N_1 值和 N_2 值,则干涉条纹的最大弯曲量为

$$a_{\max} = |N_1 - N_2| \tag{7-16}$$

③ 计算表面的轮廓最大高度 Rz

$$Rz = \frac{a_{\max}}{b} \times \frac{\lambda}{2} \tag{7-17}$$

式中 λ——所用光的波长,单色光由滤光片的检定证给出,一般绿色光取 $0.53 \mu m$,白光取 $0.57 \mu m$。

④ 判断合格性 移动圆工作台,在评定长度内连续测量五个 Rz 值,并求平均值,得出在评定长度内的 Rz,若它们不超出允许值,则可判定该表面的粗糙度合格。

(5) 思考题

试分析比较光切法、干涉法、针描法测量表面粗糙度的特点。

7.4 圆柱螺纹测量

7.4.1 用影像法测量外螺纹

(1) 目的与要求

① 了解工具显微镜的测量原理和操作方法。

② 掌握用大型工具显微镜测量外螺纹的牙型半角、螺距和中径的方法。

(2) 量仪说明和测量原理

影像法测量外螺纹是在工具显微镜上,利用光线投射将被测螺纹牙型轮廓放大投影成像于目镜头中,来测量螺纹的中径、螺距和牙型半角。工具显微镜分为小型、大型、万能等几种形式。它们的测量精度和测量范围及附件虽各不相同,但测量原理相同。本实验采用大型

工具显微镜，其光学系统，如图 7-50 所示。由主光源 1 发出的光经光阑 2、滤光片 3、反射镜 4、聚光镜 5 和玻璃工作台 6，将被测工件的轮廓经物镜组 7、反射棱镜 8 投影到目镜焦平面 9 上，从而在目镜 10 中观察到放大的轮廓影像，从角度读数目镜 11 中读取角度值。另外，也可以用反射光源照亮被测工件，以工件表面上的反射光线，经物镜组 7、反射棱镜 8 投影到目镜焦平面 9 上，同样在目镜 10 中观察到放大的轮廓影像。

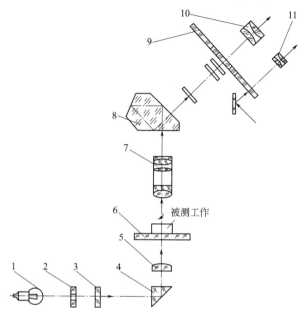

图 7-50　大型工具显微镜的光学系统图
1—主光源；2—光阑；3—滤光片；4—反射镜；5—聚光镜；6—玻璃工作台；7—物镜组；
8—反射棱镜；9—目镜焦平面；10—目镜；11—角度读数目镜

如图 7-51 所示的大型工具显微镜由下列四部分构成。

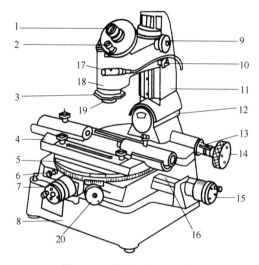

图 7-51　大型工具显微镜
1—目镜；2—角度读数目镜；3—微对焦环；4—顶尖座；5—圆工作台；6—螺钉；
7—横向千分尺；8—底座；9—升降手轮；10—锁紧螺钉；11—立柱；12—连接座；
13—连杆；14—立柱倾斜手轮；15—纵向千分尺；16—顶尖架；17—角度读数
目镜光源；18—显微镜筒；19—物镜；20—圆工作台转动手轮

① 底座　用来支持整个量仪。

② 工作台　用来承放工件，可以做纵向和横向移动，用千分尺读数，还可以绕本身的轴线旋转。

③ 显微镜系统　用来把工件轮廓放大投影成像，其终端的各种目镜，用来瞄准和读取角度值。

④ 立柱　用来安装显微镜筒等光学部件。

(3) 实验步骤

① 接通电源。将被测螺纹塞规牢牢地顶在两个顶尖之间。把工作台圆周标尺标记对准零位。

② 根据被测螺纹尺寸，按表 7-5 查出适宜的光阑直径，然后调好光阑的大小。

表 7-5　光阑直径（牙型角 $\alpha=60°$）

螺纹中径 d_2/mm	10	12	14	16	18	20	25	30	40
光阑直径/mm	11.9	11	10.4	10	9.5	9.3	8.6	8.1	7.4

③ 扳动立柱。当光线垂直于被测螺纹轴线射入物镜时，牙型轮廓影像就会有一侧模糊。如图 7-51 所示，为了获得清晰的影像，转动立柱倾斜手轮 14，使立柱 11 向右或向左倾斜一个角度 φ，其值等于螺纹升角，$\varphi=\arctan(P/\pi d)$，式中 P 为螺距，d 为公称直径，立柱倾斜角度数值由表 7-6 查取。

表 7-6　立柱倾斜角度（牙型角 $\alpha=60°$）

螺纹大径 d/mm	10	12	16	18	20	22	24	27	30
螺距 P/mm	1.5	1.75	2	2.5	2.5	2.5	3	3.5	4
立柱倾斜角度	3°01′	2°56′	2°29′	2°47′	2°27′	2°13′	2°17′	2°17′	2°17′

④ 调节目镜。如图 7-51 所示，转动目镜 1 上的视度调节环，使视场中的米字线清晰，松开锁紧螺钉 10，旋转升降手轮 9，调整量仪的焦距，使被测轮廓影像清晰，然后旋紧锁紧螺钉 10。

⑤ 瞄准。方法有以下两种。

a. 压线法。如图 7-52(a) 所示，米字线的中虚线 AA' 与牙型轮廓影像的一个侧边重合，用于测量长度。

b. 对线法。如图 7-52(b) 所示，米字线的中虚线 AA' 与牙型轮廓影像的一个侧边间有一条宽度均匀的细缝，用于测量角度。

⑥ 测量螺纹主要参数。

a. 测量中径。单线螺纹中径是指在螺纹轴向截面内，沿垂直于轴线的方向上，两个相对牙型侧面间的距离。用压线法测量应注意以下问题。

ⅰ. 转动纵向和横向千分尺，以移动工作台；转动目镜左侧的手轮（图 7-51）使米字线分划板转动，把中虚线 AA' 瞄准牙型轮廓影像的一个侧边，如图 7-53 所示，记下横向千分尺第一次示值。

ⅱ. 把立柱反向转一个 φ 角，纵向千分尺不动，转动横向千分尺，直至把中虚线 AA' 瞄准对面的牙型轮廓影像的一个侧边，记下横向千分尺第二次示值。两次示值之差即为被测螺纹一侧的实际中径。

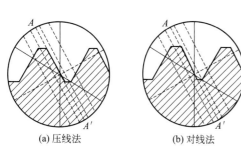

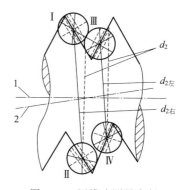

图 7-52　瞄准方法

图 7-53　压线法测量中径
1—螺纹轴线；2—测量轴线

ⅲ．为了消除被测螺纹安装误差对测量结果的影响，需要在左、右侧面分别测出 $d_{2左}$ 和 $d_{2右}$，取两者的平均值作为中径的实际尺寸 d_2，即

$$d_2 = \frac{d_{2左} + d_{2右}}{2} \quad (7\text{-}18)$$

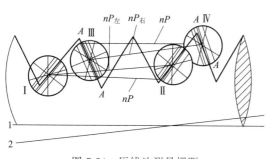

图 7-54　压线法测量螺距
1—螺纹轴线；2—测量轴线

b．测量螺距。螺距是指相邻两牙同名侧面在中径线上的轴向距离。用压线法测量，如图 7-54 所示。

ⅰ．移动纵向和横向千分尺，同时转动圆工作台转动手轮 20（图 7-51），使中虚线 AA' 瞄准牙型轮廓影像的一个侧边，记下纵向千分尺第一次示值。

ⅱ．横向千分尺不动，转动纵向千分尺，使工作台移动 n 个螺距的距离，把中虚线 AA' 瞄准牙型轮廓影像的同向侧边，记下第二次示值。这两次示值之差即为一侧 n 个螺距的实际长度。

ⅲ．为了消除被测螺纹安装误差对测量结果的影响，应在左、右侧面分别测出 $nP_{左}$ 和 $nP_{右}$，取两者的平均值作 n 个螺距的实际尺寸 $nP_{实际}$，即

$$nP_{实际} = \frac{nP_{左} + nP_{右}}{2} \quad (7\text{-}19)$$

n 个螺距的累积偏差为：

$$\Delta P_{实际} = nP_{实际} - nP \quad (7\text{-}20)$$

c．测量牙型半角。牙型半角是指在螺纹轴向截面内，牙型侧面与轴线的垂线间的夹角。用对线法测量。

ⅰ．转动圆工作台转动手轮 20（图 7-51），使角度读数目镜中的示值为 0°0′，则表示中虚线 AA' 垂直于工作台的纵向轴线。

ⅱ．转动纵向和横向千分尺，同时转动圆工作台转动手轮 20，把中虚线 AA' 与牙型轮廓影像的一个侧边重合，如图 7-55 所示，此时角度读数目镜中的示值即为该侧的牙型半角数值。

ⅲ．为了消除被测螺纹安装误差对测量结果的影响，应在左、右侧面分别测出 $\alpha/2(1)$、$\alpha/2(2)$、$\alpha/2(3)$、$\alpha/2(4)$。当测量完 $\alpha/2(1)$ 后，应移动纵向千分尺测量，同时调整手轮 20 测量 $\alpha/2(2)$。然后，按照测量中径的方式调整仪器测量 $\alpha/2(3)$、$\alpha/2(4)$。并按下式计算牙型左、右两侧的半角 $\alpha/2(左)$ 和 $\alpha/2(右)$：

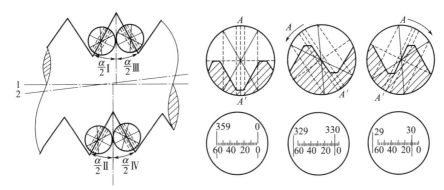

图 7-55 对线法测量牙型
1—螺纹轴线；2—测量轴线

$$\frac{\alpha}{2}(左)=\frac{\frac{\alpha}{2}(1)+\frac{\alpha}{2}(4)}{2}, \quad \frac{\alpha}{2}(右)=\frac{\frac{\alpha}{2}(2)+\frac{\alpha}{2}(3)}{2}$$

将它们与牙型半角公称值 $\alpha/2$ 比较，则牙型半角偏差为

$$\Delta\frac{\alpha}{2}(左)=\frac{\alpha}{2}(左)-\frac{\alpha}{2}, \quad \Delta\frac{\alpha}{2}(右)=\frac{\alpha}{2}(右)-\frac{\alpha}{2} \tag{7-21}$$

（4）思考题

① 用影像法测量螺纹时，工具显微镜的立柱为什么要倾斜一个螺纹升角 φ？
② 用工具显微镜测量外螺纹的主要参数时，为什么测量结果要取平均值？
③ 影像法与三针法测量螺纹中径各有何优缺点？

7.4.2 用三针法测量外螺纹中径

（1）目的和要求

① 理解三针法测量外螺纹中径的原理。
② 学会杠杆千分尺的使用方法。

（2）测量原理和量仪说明

用三针法测量外螺纹中径属于间接测量，其原理如图 7-56 所示，是将三根直径相同的量针（或称量线）或量柱分别放入螺纹直径两边的牙槽内，然后用具有两个平行测量面的量仪测出外尺寸 M，根据所测 M 值和被测螺纹的螺距 P、牙型半角 $\alpha/2$ 以及所用量针的直径 d_0，计算出螺纹中径 d_2。

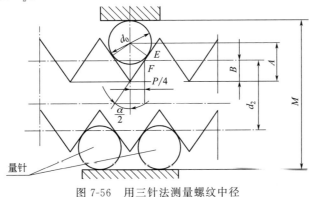

图 7-56 用三针法测量螺纹中径

$$d_2 = M - d_0\left(1 + \frac{1}{\sin\frac{\alpha}{2}}\right) + \frac{P}{2}\cot\frac{\alpha}{2}$$

当 $\alpha/2=30°$ 时，有

$$d_2 = M - 3d_0 + 0.866P \tag{7-22}$$

如果量针与螺纹的接触点 E 正好位于螺纹中径处，则螺纹半角的误差将不影响测量结果，此时所用的量针直径称为最佳直径，其值可按下式计算：

$$d_0 = \frac{P}{2\cos\frac{\alpha}{2}}$$

当 $\alpha/2=30°$ 时，有

$$d_0 = 0.577P \tag{7-23}$$

为了简化三针的尺寸规格，工厂生产的三针尺寸是几种尺寸相近螺纹共用的标准值，不一定恰好等于所要的最佳直径。测量时要按上式计算的最佳直径从成套三针中挑选直径最接近的三针。

三针有两种结构：图 7-57(a) 所示的悬挂式三针是挂在架上使用；图 7-57(b) 所示的带座板式三针是套在测头上使用的。

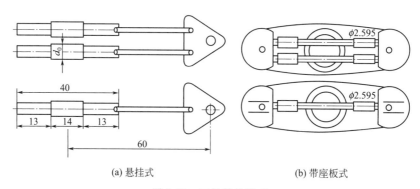

图 7-57　三针结构形式

量针的制造精度有两级：0 级用于测量中径公差为 $4\sim8\mu m$ 的螺纹塞规；1 级用于测量中径公差大于 $8\mu m$ 的螺纹塞规或螺纹工件。

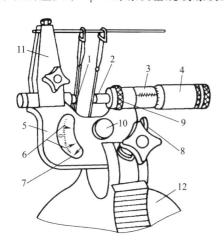

图 7-58　杠杆千分尺和三针安装图
1—测头；2—活动测杆；3—标尺筒；4—微分筒；5—尺身；6—指标；7—指针；8—按钮；9—锁紧环；10—罩盖；11—三针挂架；12—尺座

（3）仪器简介

测量外尺寸 M 的量仪有千分尺、杠杆千分尺、杠杆卡规、比较仪、测长仪等，根据工件的精度要求选择。本实验采用杠杆千分尺，如图 7-58 所示。

杠杆千分尺由指示表和千分尺两部分组成一体，比普通千分尺多指示表部分，测头 1 不是固定的。手按按钮 8，可使测头 1 内缩。通过杠杆齿轮放大机构，带动指针 7 在扇形标尺盘上回转。拧开罩盖 10 后用一专用拨片可调整两个指标 6 的位置，使之指示上、下偏差。用来测量大批工件，直接判断合格性。表内有一弹簧向外推动测头 1，以产生测量力，因而千分尺的右端没有棘轮机构。杠杆千分尺的测量范围有 $0\sim25mm$、$25\sim50mm$、$50\sim75mm$、$75\sim100mm$ 四种，指示表的分度值有 $1\mu m$ 和 $2\mu m$ 两种，千分尺标记筒的分度值为 $10\mu m$。

（4）操作步骤

① 准备工作

a. 根据被测螺纹的大小粗估 M 值,选择测量范围合适的杠杆千分尺。将杠杆千分尺装在尺座上,拧螺钉,将尺壳略微夹紧,不能用力太大,以免夹坏尺壳。将三针挂架 11 套上,拧螺钉夹住。擦净尺上测头 1 和活动测杆 2 的端面。

b. 根据被测螺纹的螺距计算量针的最佳直径,从成套三针中选出与最佳直径(表 7-7)最接近的三针。擦净三针的测量面,将三针挂在挂架上。先挂两针,再挂另一针。

表 7-7 公制螺纹量针最佳直径 d_0

公称齿距 P/mm	0.5	0.75	1	1.5	2	2.5	3	3.5	4	4.5	5	5.5	6
量针最佳直径 d_0/mm	0.291	0.433	0.572	0.866	1.157	1.441	1.732	2.020	2.311	2.595	2.866	3.177	3.468

② 校准与测量　杠杆千分尺的校准与测量有如下两种用法。

a. 绝对测量。测量前先要检查千分尺的零位,即旋转微分筒 4,使测头与测杆的端面接触,或在其间放一只标准规(25mm 或 50mm 长),并推进测头,看微分筒 4 的读数是否为零(或为 25mm、50mm、75mm)。若不为零,用仪器所附的小扳手扳转固定套达到零读数。

将被测螺纹件的牙槽擦净后,放到测头与测杆之间,再将三针插入牙槽,旋转微分筒 4,使两端面与三针接触,并推进测头,使指针转到标尺盘零位左右,直到微分筒 4 上任一标记与标尺筒 3 上长指标线对齐为止。略微摆动螺纹件,直到表中指针稳定在最小值时读数(此读数为微米级)。将此读数与千分尺标尺筒上读数(此读数达 $10\mu m$ 级)相加,就得实测 M 值。

b. 相对测量。先按被测螺纹的基本中径计算外尺寸 M 值,选取量块组,将量块组放入杠杆千分尺的测头与测杆之间,旋转微分筒 4,使两端面与量块组的测量面接触,并推进测头直到表针指零。然后旋转锁紧环 9 将活动测杆 2 锁紧。按下按钮 8 再放开,则测头内缩又伸出,观察表针读数。如此三次,表针仍指零或偏零但不超过半格,则表示调整正确。如果偏零过多,则要松开锁紧环,重新对零。调好后,按下按钮 8,取出量块组。将被测螺纹的牙槽擦净后,放到测头与测杆之间,将两根量针插入测头与螺纹之间的牙槽。左手捏住螺纹压缩测头,待右手将另一根量针插入测杆与螺纹之间的牙槽后放松压力,令测头与测杆夹住三针和螺纹。略微摆动螺纹件,直到表针稳定在最小值(此读数为微米级)。将此读数与所选量块组的尺寸相加,就得实测 M 值。

③ 判断合格性　按上述方法测量螺纹件两端的尺寸,将工件转过 90°,再测两端的尺寸,共测出四处的 M 值,然后取其平均值,用公式算出螺纹中径,若它们在极限中径之间,则合格。

(5) 思考题

① 用三针法测量所得到的螺纹中径,有哪些测量误差?

② 用三针测得的中径是作用中径还是单一中径?

③ 用杠杆千分尺可做绝对测量,也可做相对测量,两种方法的区别在哪里?哪种方法的精确度高?为什么?

7.5　圆柱齿轮测量

7.5.1　齿轮单个齿距偏差和齿距累积总偏差测量

(1) 目的和要求

① 掌握用相对法测量齿轮齿距偏差的方法。

② 掌握单个齿距偏差和齿距累积总偏差的计算方法，并理解二者的区别。

（2）量仪说明和测量方法

单个齿距偏差 f_{pt} 是指在端平面上，接近齿高中部的一个与齿轮轴线同心的圆上，实际齿距与理论齿距的代数差。齿距累积总偏差 F_p 是指同侧齿面间任意弧段内的最大齿距累积偏差。本实验按相对法（比较法）用齿距仪（周节仪）或万能测齿仪测量 f_{pt} 和 F_p。在这种情况下，任意取一个齿距作为基准齿距，依次测量其余齿距对基准齿距的偏差，然后通过数据处理求解 f_{pt} 和 F_p。

手持式齿距仪外形，如图 7-59 所示。它以齿轮顶圆作为测量时的定位基准。

图 7-60 为万能测齿仪外形图。量仪的弧形支架 7 可绕基座 1 的垂直轴线旋转，安装被测齿轮心轴的顶尖装在弧形支架上。支架 2 可以在水平面上纵向和横向移动，工作台装在支架 2 上。工作台上装有能够径向移动的滑板 4，锁紧装置 3 可以将滑板 4 固定在任意位置上。当松开锁紧装置 3 时，靠弹簧的作用，滑板 4 能匀速地移动到测量位置，这样就能逐齿进行测量。测量装置 5 上有指示表 6。万能测齿仪可以用来测量齿轮的齿距、径向跳动、齿厚和公法线长度。用它测量齿轮齿距时，测量力是靠装在被测齿轮心轴上的重锤来保证的，如图 7-61 所示。

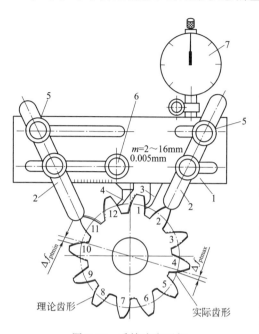

图 7-59　手持式齿距仪

1—基座；2—定位支架；3—活动测头；4—固定测头；
5,6—紧固螺钉；7—指示表

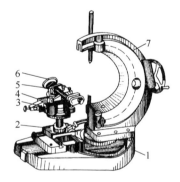

图 7-60　万能测齿仪

1—基座；2—支架；3—锁紧装置；4—滑板；
5—测量装置；6—指示表；7—弧形支架

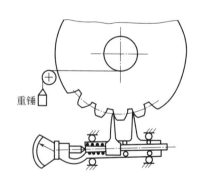

图 7-61　用万能测齿仪测量齿距示意图

（3）实验步骤

① 用手持式齿距仪测量（图 7-59）

a. 根据被测齿轮的模数，调整量仪的固定测头 4 的位置。然后调节两个定位支架 2 的位置，当测头 3 和 4 大致能与被测齿轮相邻两个同侧齿面在分度圆附近接触时，拧紧四个定位支架的紧固螺钉 5。

b. 以任意两个相邻的同侧齿面间的实际距离作为基准齿距,调整指示表的零位,然后逐齿测量各个齿距相对于基准齿距的偏差 P_i,列表记录指示表的示值。测完一周后,应校对零位。

② 用万能测齿仪测量(图 7-60)

a. 把安装着被测齿轮的心轴顶在量仪的两顶尖间。调整测量装置 5,使两个球端量脚进入齿间,与相邻两个同侧齿面在分度圆附近接触。在心轴上挂上重锤,使齿面紧靠定位爪。

b. 以任意一个齿距作为基准齿距,调整指示表 6 的零位。径向移动滑板 4,使量脚进出该齿距几次,以检查指示表示值的稳定性。

c. 退出量脚后,将被测齿轮转过一齿,再使量脚进入齿间,与齿面接触。这样逐齿测量各个齿距相对于基准齿距的偏差 P_i,列表记录指示表的示值。测完一周后,应校对零位。

(4) 测量数据处理

下面举例说明根据指示表示值 P_i,求解被测齿轮的单个齿距偏差 f_{pti} 和齿距累积总偏差 F_{pi} 的方法。f_{pti} 应在齿距偏差 f_{pti} 允许值范围内;F_{pi} 应不大于齿距累积总偏差允许值。

① 用计算法求解 f_{pti} 和 F_{pi} 将示值 P_i 填入表 7-8 的第 2 列。将第 2 列中的示值逐个齿距相加得 $\sum_{i=1}^{z} P_i$,再除以齿数 Z,得 $K = \frac{1}{z}\sum_{i=1}^{z} P_i$,$K$ 表示测量时的基准齿距对公称齿距的偏差。

表 7-8 相对测量(比较测量)齿距的数据处理   μm

齿距序号 i	指示表示值 P_i	指示表示值累加	单个齿距偏差 f_{pti}	齿距偏差累积值 F_{pi}
1	0	0	+4	+4
2	+5	+5	+9	+13
3	+5	+10	+9	+22
4	+10	+20	+14	+36
5	-20	0	-16	+20
6	-10	-10	-6	+14
7	-20	-30	-16	-2
8	-18	-48	-14	-16
9	-10	-58	-6	-22
10	-10	-68	-6	-28
11	+15	-53	+19	-9
12	+5	-48	+9	0
计算结果		$K = \frac{1}{z}\sum_{i=1}^{z} p_i$ $= -\frac{48}{12} = -4$	$\Delta f_{pti} = p_i - K$	$F_{pi} = \sum_{i=1}^{z} f_{pti}$

将第 2 列中的每个示值 P_i 减去 K,填入第 4 列中。此列数值表示各个实际齿距对公称齿距的偏差 f_{pti}。其中绝对值最大者即为被测齿轮的单个齿距偏差 f_{pti} 的值。

将第 4 列中的数值逐个累加,填入第 5 列,此列中最大值与最小值之差即为该齿轮的齿距累积总偏差 F_{pi} 的值。

② 用图解法求解 F_{pi} 以横坐标代表齿距序号 i,纵坐标代表示值累积值 $\sum_{i=1}^{z} F_{pi}$,绘

出图 7-62 所示的折线。连接该折线首尾两点，过折线上的最高点和最低点，作两条平行于首尾两点连线的直线，这两条平行线沿纵坐标方向的距离即代表齿距累积总偏差 F_{pi} 的值。

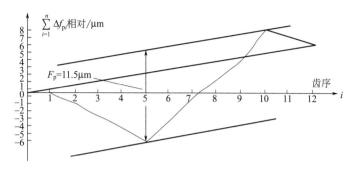

图 7-62　齿距累积总偏差 F_{pi} 图解

（5）思考题

测量齿轮单个齿距偏差 f_{pti} 和齿距累积总偏差 F_{pi} 的目的是什么？可以用什么评定指标代替 F_{pi}？

7.5.2　齿轮径向跳动测量

（1）目的与要求

① 掌握用齿轮径向跳动检查仪测量径向跳动偏差的方法。

② 理解径向跳动偏差的实际含义。

（2）量仪说明和测量方法

径向跳动 F_r，是在齿轮一转范围内，测头在齿槽内与齿高中部双面接触，测头相对于齿轮轴线的最大变动量。测头的形式有球形、锥形等，不论使用何种形状的测头，其大小应与被测齿轮的模数相协调，以保证测头在齿高中部与齿轮双面接触。

F_r 可用径向跳动检查仪、万能测齿仪或普通的跳动仪测量。本实验采用齿轮径向跳动检查仪，如图 7-63 所示。测量时，把被测齿轮安装在心轴上，用心轴轴线模拟体现该齿轮的基准轴线，然后用指示表逐齿测量其测头相对于齿轮基准轴线的变动量。

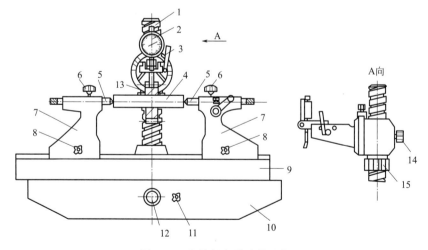

图 7-63　齿轮径向跳动检查仪

1—立柱；2—指示表；3—指示表测量扳子；4—心轴；5—顶尖；6—顶尖锁紧螺钉；7—顶尖架；
8—顶尖架锁紧螺钉；9—滑台；10—底座；11—滑台锁紧螺钉；12—滑台移动手轮；
13—被测齿轮；14—表架锁紧螺钉；15—调节螺母

(3) 实验步骤

① 根据被测齿轮的模数，选择尺寸合适的测头，将其安装在指示表 2 的测杆上。把安装着被测齿轮 13 的心轴 4 顶在两个顶尖 5 之间。注意调整两个顶尖之间的距离，使心轴无轴向窜动，且转动自如。

② 放松滑台锁紧螺钉 11，转动滑台移动手轮 12 使滑台 9 移动。从而使测头大约位于齿宽中间，然后再将滑台锁紧螺钉 11 锁紧。

③ 调整量仪零位：放下指示表测量扳子 3，松开表架锁紧螺钉 14，转动调节螺母 15，使测头随表架下降到齿轮双面接触，把指示表的指针压缩 1~2 圈，然后将表架锁紧螺钉 14 固紧。转动表盘，把零标尺标记对准指示表的指针。

④ 测量：抬起指示表测量扳子 3，把被测齿轮 13 转过一个齿，然后放下指示表测量扳子 3 使测头进入齿槽内，记下指示表的示值。这样逐齿测量所有的轮齿，从各次示值中找出最大示值和最小示值，它们的差值即为径向跳动 F_r。F_r 应不大于径向跳动偏差允许值。

(4) 思考题

径向跳动 F_r 是由什么加工因素产生的？测量 F_r 的目的是什么？可以用什么评定指标代替？

7.5.3 齿轮齿廓偏差测量

(1) 目的与要求

① 了解渐开线检查仪的测量原理。

② 了解渐开线检查仪测量齿廓偏差的方法。

(2) 量仪说明和测量原理

齿廓总偏差 F_α 是在计算范围 L_α 内，包容实际齿廓迹线的两条设计齿廓迹线间的距离。本实验采用单盘式渐开线检查仪测量齿廓偏差。该量仪是根据渐开线形成原理设计的，如图 7-64 所示。被测齿轮 3 与可更换的基圆盘 4 装在同一心轴上。基圆盘直径等于被测齿轮基圆直径，它与装在拖板 8 上的直尺 2 相切（由于弹簧作用，有一定的接触力）。转动手轮 6 通过丝杠 5 带动拖板移动，并使直尺与基圆盘做纯滚动，因而直尺与基圆盘最初接触的切点相对于基圆盘的运动轨迹便形成一条理论渐开线。测量时被测齿轮与基圆盘同步旋转，装在拖板上的杠杆 1 的一端作为测头与被测齿面接触，接触点位于直尺与基圆盘滚动的切平面上，杠杆的另一端与指示表 7 的测头接触。这样，就把被测实际齿廓与上述理论渐开线进行比较，两者的差异即为齿廓偏差，其数值从指示表读出。实际齿廓可用记录器记录。

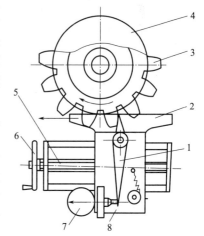

图 7-64 渐开线检查仪测量原理
1—杠杆；2—直尺；3—被测齿轮；4—基圆盘；5—丝杠；6—手轮；
7—指示表；8—拖板

(3) 齿廓测量范围的确定

测量齿廓偏差时，只测量工作部分内的齿廓。单盘式渐开线检查仪以展开角或者展开长度来确定齿廓测量范围。本实验按被测齿轮与齿条啮合来计算齿廓工作部分，用展开长度确定测量长度。

(4) 实验步骤

3202G 型渐开线检查仪，如图 7-65 所示，其正确使用状态是：当量仪横向拖板 2 的标尺 15 与底座的中心指示线对齐时，测头的中心应通过基圆盘 5 的圆心。

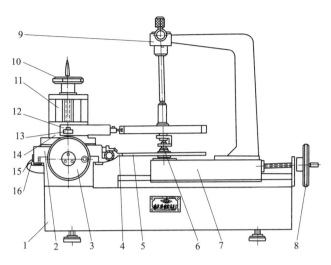

图 7-65 3202G 型渐开线检查仪
1—仪表座；2—横向拖板；3—横向手轮；4—直尺；5—基圆盘；6—心轴；7—纵向拖板；
8—纵向手轮；9—立柱；10—垂直手轮；11—垂直立柱；12—测量系统；
13—指示表；14—垂直滑板；15—标尺；16—指示线

校对杠杆测头伸出长度、调整指示表零位：转动纵向手轮 8，使纵向拖板 7 移动，当基圆盘 5 刚与直尺 4 接触时，测头的测点应在直尺与基圆盘的切平面上。此时指示表的读数应基本为零；否则，应利用仪器附带的样板重新调整零位。

测量工件齿廓偏差的步骤如下。

① 将被测齿轮安装在心轴 6 上，并用拨盘将其与基圆盘连接在一起，但不要把螺钉旋紧到最大限度，以备调整指示表零位时该齿轮尚能在心轴上转动。

② 转动横向手轮 3，使横向拖板 2 的标尺读数与起始展开长度相等。转动纵向手轮 8 使基圆盘 5 和直尺 4 接触后再旋转半圈（此时弹簧处于压缩状态）。

③ 在心轴上转动被测齿轮，使被测齿面与测头接触。继续转动该齿轮，使指示表测头被压缩，其指针位于零标尺标记附近。然后旋紧心轴 6 上的螺钉以固定被测齿轮，微动直尺 4 使指示表的指针微动，旋转到零标尺标记的位置。

④ 转动横向手轮 3，按被测齿廓的展开长度，从起始展开长度将该齿廓展开。在转动过程中，从指示表上读取相应的数值。在整个展开范围内指示表最大与最小示值的代数差为齿廓偏差。应在齿轮圆周上间隔 90°测一齿（每齿皆测左、右齿面），取这些齿廓偏差中的最大值作为测量结果，应不大于齿廓偏差的允许值。

(5) 思考题

① 测量齿廓偏差的目的是什么？

② 测量齿廓偏差时，为什么要调整测头伸出长度（测头端点的位置）？

7.5.4 齿轮径向综合偏差测量

(1) 目的与要求

① 掌握用双面啮合检查仪测量齿轮径向综合偏差的方法。

② 了解径向综合总偏差 F_i'' 和一齿径向综合偏差 f_i'' 产生的原因。

(2) 量仪说明和测量方法

本实验采用双面啮合综合检查仪测量径向综合总偏差和一齿径向综合偏差，如图 7-66 所示。量仪利用弹簧的作用力使被测齿轮与理想精确的测量齿轮做双面啮合。由于齿轮存在径

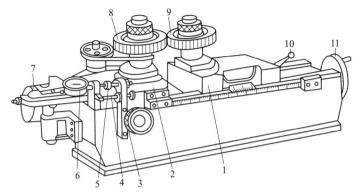

图 7-66 双面啮合综合检查仪

1—固定拖板；2—浮动拖板；3,11—手轮；4—销钉；5—螺钉；6—指示表；
7—记录器；8—测量齿轮；9—被测齿轮；10—手柄

向加工误差、基节偏差和齿廓偏差等，当齿轮转动时，双啮（即双面啮合）中心距就发生变动。这种变动量可以用指示表读出或用记录器记录。在被测齿轮一转内，双啮中心距的最大变动量称为径向综合总偏差 F_i''；在被测齿轮一齿距角内，双啮中心距的最大变动量称为一齿径向综合误差 f_i''。

(3) 实验步骤

① 将被测齿轮 9 和测量齿轮 8 分别装在浮动拖板 2 和固定拖板 1 的心轴上。按逆时针方向转动手轮 3，直至手轮 3 被销钉 4 挡住为止，此时浮动拖板 2 大致停留在可浮动范围的中间。然后放松手柄 10，转动手轮 11，使固定拖板 1 移向浮动拖板 2，待两齿轮接近双面啮合时，再将手柄 10 压紧，使固定拖板 1 的位置固定。然后，按顺时针方向转动手轮 3，由于弹簧的作用，两齿轮便做无侧隙的双面啮合。

② 调整量仪零位：调整螺钉 5 的位置使指示表 6 的指针压缩 1~2 圈，并把螺钉 5 上的锁紧螺母拧紧，再转动表盘把零标尺标记对准指示表的指针。若使用记录器 7，则在滚筒上裹上记录纸，并将记录笔调整到中间位置。

③ 测量：将被测齿轮缓慢转动一周，记下指示表示值中的最大值与最小值，它们的差值即为径向综合总偏差 F_i''。将被测齿轮转过一个齿距角，记下指示表示值中的最大值与最小值之差，这样在圆周上均匀间隔测量若干次，并记录各次的测量结果，取其中的最大值作为该齿轮的一齿径向综合偏差 f_i''。

F_i'' 和 f_i'' 也可以从记录器 7 绘制的曲线上求出，如图 7-67 所示。特别是 f_i''，用记录曲线求出更为准确。F_i'' 和 f_i'' 应分别不大于其允许值。

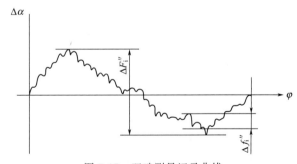

图 7-67 双啮测量记录曲线

φ—被测齿轮转角；$\Delta\alpha$—双啮中心距变动量

(4) 思考题

① 径向综合总偏差 F_i'' 和一齿径向综合偏差 f_i'' 分别反映了齿轮的哪些加工误差？测量这两个评定指标的目的是什么？

② 双面啮合综合测量的优点和缺点是什么？

7.5.5 齿轮齿厚偏差测量

(1) 目的与要求

① 掌握齿轮卡尺的调整与使用方法。
② 理解齿厚偏差的实际含义和作用。
（2）齿轮卡尺说明和测量方法

图 7-68 所示为测量齿厚偏差的齿轮卡尺，它由互相垂直的两个游标尺组成。测量时以齿轮顶圆作为定位基准。垂直游标尺用于控制被测部位的分度圆弦齿高 h_c，水平游标尺则用于测量分度圆弦齿厚 S_{nc}。它的读数方法与游标卡尺相同。

对于标准直齿圆柱齿轮，令其模数为 m，齿数为 z，则分度圆弦齿高 h_c 和弦齿厚 S_{nc} 按下式计算：

$$h_c = m\left[1 + \frac{z}{2}\left(1 - \cos\frac{90°}{z}\right)\right] \quad (7\text{-}24)$$

$$S_{nc} = mz\sin\frac{90°}{z} \quad (7\text{-}25)$$

为了使用方便，按上式计算出模数为 1mm、各种不同齿数的齿轮的分度圆弦齿高和弦齿厚，列于表 7-9。

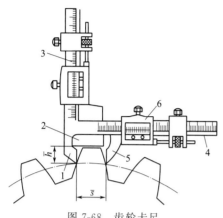

图 7-68 齿轮卡尺
1,5—水平游标尺；2—垂直游标尺；
3,4—标尺；6—游标

（3）实验步骤

① 用外径千分尺测量齿轮顶圆的实际直径，计算顶圆公称半径 r_a 和实际半径 r'_a。
② 计算分度圆弦齿高 h_c 和弦齿厚 S_{nc}（或从表 7-9 查取），按 $\overline{h} - (r_a - r'_a)$ 的数值调整齿轮卡尺的垂直游标尺，然后加以固定。

表 7-9 $m = 1$mm 时标准齿轮分度圆弦齿高 h_c 和弦齿厚的数值 S_{nc}

齿数 z	h_c/mm	S_{nc}/mm	齿数 z	h_c/mm	S_{nc}/mm	齿数 z	h_c/mm	S_{nc}/mm
17	1.0362	1.5696	29	1.0213	1.5700	41	1.0150	1.5704
18	1.0342	1.5688	30	1.0205	1.5701	42	1.0147	1.5704
19	1.0324	1.5690	31	1.0199	1.5701	43	1.0143	1.5705
20	1.0308	1.5692	32	1.0193	1.5702	44	1.0140	1.5705
21	1.0294	1.5694	33	1.0187	1.5702	45	1.0137	1.5705
22	1.0281	1.5696	34	1.0181	1.5702	46	1.0134	1.5705
23	1.0268	1.5696	35	1.0176	1.5702	47	1.0131	1.5705
24	1.0257	1.5697	36	1.0171	1.5703	48	1.0129	1.5705
25	1.0247	1.5698	37	1.0167	1.5703	49	1.0126	1.5705
26	1.0237	1.5698	38	1.0162	1.5703	50	1.0123	1.5705
27	1.0228	1.5699	39	1.0158	1.5704			
28	1.0220	1.5700	40	1.0154	1.5704			

③ 将齿轮卡尺置于被测轮齿上，使垂直游标尺的高度尺与齿顶可靠地接触。然后，移动水平游标尺的量脚，使之与齿面接触，从水平游标尺上读出弦齿厚的实际尺寸。应分别在齿轮圆周上均布的几个轮齿上测量。被测齿轮齿厚的实际偏差 E_{sn} 应在齿厚上极限偏差 E_{sns} 与下极限偏差 E_{sni} 范围内。

（4）思考题

测量齿轮齿厚的目的是什么？可以用什么评定指标代替齿厚偏差？

7.5.6 齿轮公法线平均长度偏差测量

（1）目的与要求

① 掌握测量齿轮公法线平均长度的方法。

② 掌握公法线平均长度偏差的计算,理解公法线平均长度偏差与齿厚偏差的关系。

(2) 量仪说明和测量方法

公法线平均长度偏差 E_{bn} 是指齿轮一周范围内,公法线长度平均值与公称值之差。本实验采用公法线千分尺或公法线指示规来测量公法线长度。

公法线千分尺的外形如图 7-69 所示。它的结构、使用和读数方法与普通千分尺一样,仅量砧制成碟形,以使碟形量砧能伸进齿间进行测量。

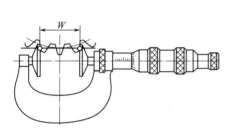

图 7-69 公法线千分尺外形

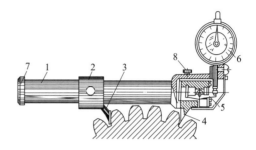

图 7-70 公法线指示规结构
1—圆柱;2—弹性开口圆套;3—固定量脚;4—活动卡脚;
5—比例杠杆;6—指示表;7—扳手;8—按钮

图 7-70 为公法线指示规的结构图。量仪的弹性开口圆套 2 的孔比圆柱 1 稍小,将专门扳手 7 取下插入弹性开口圆套 2 的开口槽中,可使弹性开口圆套 2 沿圆柱 1 移动。用组成公法线长度公称值的量块调整活动卡脚 4 与固定量脚 3 之间的距离,同时转动指示表 6 的表盘使它的指针对准零标尺标记。然后,用比较法测量齿轮各条公法线的长度。测量时应轻轻摆动量仪,按指针转动的转折点(最小示值)进行读数。

测量公法线长度时的跨齿数 k 和它的公称值 W 分别按下列公式计算:

$$k = z \frac{\alpha_m}{180°} + 0.5 \tag{7-26}$$

$$W = m\cos\alpha \left[\pi(k-0.5) + z\operatorname{inv}\alpha\right] + 2xm\sin\alpha \tag{7-27}$$

$$\alpha_m = \arccos\frac{d_b}{d+2xm} \tag{7-28}$$

式中 m、z、α、d_b 和 d——模数、齿数、基准齿型角、基圆直径和分度圆直径;
    x——变位系数;
    $\operatorname{inv}\alpha$——渐开线函数($\operatorname{inv}20°=0.0149$)。

k 必须为整数,取最接近计算值的整数。

为了使用方便,对于 $\alpha=20°$、$m=1$mm 的标准直齿圆柱齿轮,按上述公式计算出跨齿数 k 和公法线长度公称值 W,列于表 7-10 中。

(3) 实验步骤

用公法线指示规测量:按被测齿轮的模数、齿数、基准齿廓角等参数计算跨齿数和公法线长度公称值,选取量块,调整量仪零位。然后逐齿测量或均布测量 6 条公法线长度,从指示表读取示值,这些示值的平均值与公法线公称长度之差为公法线平均长度偏差 E_{bn}。应在公法线平均长度上极限偏差 E_{bns} 与下极限偏差 E_{bni} 范围内。测量后,应校对量仪零位,误差不得超过半格标尺标记。

用公法线千分尺测量:按被测齿轮的模数、齿数、基准齿廓角等参数计算跨齿数 k 和公法线长度 W 公称值(或从表 7-10 查取),然后在圆周上均布测量 6 条公法线。计算方法同上。

表 7-10 $\alpha = 20°$、$m = 1\text{mm}$ 的标准直齿圆柱齿轮的公法线长度公称值

z	n	W/mm	z	n	W/mm	z	n	W/mm
17	2	4.663	29		10.7386	40		13.8448
18		7.6324	30		10.7526	41		13.8588
19		7.6464	31		10.766	42	5	13.8728
20		7.6604	32	4	10.7806	43		13.8868
21		7.6744	33		10.7946	44		13.9008
22	3	7.6884	34		10.8086			
23		7.7024	35		108226	45		16.8670
24		7.7165				46		16.8810
25		7.7305	36		13.788	47	6	16.8950
26		7.7445	37	5	13.8028	48		16.9090
27	4	10.7106	38		13.8168	49		16.9230
28		10.7246	39		13.8308	50		16.9370

注：其他模数的齿轮，需将表中 W 的数值乘以模数。

(4) 思考题

与测量齿厚相比较，测量公法线长度有何优点？

7.6 常用的测量器具

7.6.1 游标卡尺

游标卡尺是一种利用游标读数原理制成的测量器具，如图 7-71 所示。游标卡尺的读数装置由主标尺和游标尺两部分组成。游标尺与尺身之间有一弹簧片，利用弹簧片的弹力使游

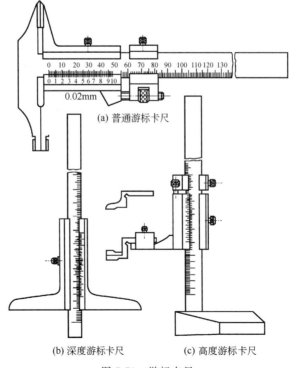

(a) 普通游标卡尺

(b) 深度游标卡尺   (c) 高度游标卡尺

图 7-71 游标卡尺

标尺与尺身靠紧。游标尺上部有一紧固螺钉,可将游标尺固定在尺身上的任意位置。尺身和游标尺都有量爪,利用内测量爪可以测量槽的宽度和管件的内径,利用外测量爪可以测量零件的厚度和管件的外径。深度尺与游标尺连在一起,可以测量槽和孔的深度。

(1) 游标卡尺的工作原理

如图 7-72 所示,其主标尺标记间距 a 为 1mm,若令主标尺标记 $n-1$ 格的宽度等于游标尺标记 n 格的宽度,则游标尺的标记间距 $b=(n-1)/n \times a$,而主标尺标记与游标尺标记间距宽度差(即游标尺的精度值)$i=a-b=a/n$。当游标尺在主标尺两个标记间移动时,游标尺"0"线离开主标尺前一标记的距离就等于游标尺标记的序号与游标精度值的乘积,这个乘积就是读数时小数部分的值,此值加上游标尺"0"线前面主标尺上的标记值即为测量结果。

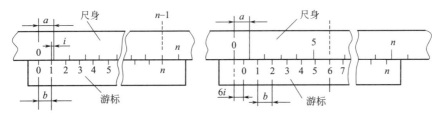

图 7-72 游标卡尺的标记原理

主标尺与游标尺的分度间隔不同,通常主标尺标记分度间隔为 1mm,游标尺标记分度间隔根据其测量精度不同而不同。游标卡尺根据游标上的分度格数,常常分为 10 分度、20 分度和 50 分度三种,它们的精度分别为 0.1mm、0.05mm 和 0.02mm。

(2) 不同分度游标卡尺的读数原理及示例

① 10 分度游标卡尺 10 分度游标卡尺如图 7-73 所示,其主标尺的最小分度是 1mm,游标尺上有 10 个小的等分标记,它们的总长等于 9mm,因此游标尺的每一分度与主标尺的最小分度相差 0.1mm,当左测脚与右测脚合在一起,游标尺的零标记与主标尺的零标记重合时,游标尺上只有第 10 条标记与主标尺的 9mm 标记重合,其余的标记都不重合。游标尺的第一条标记在主标尺的 1mm 标记左边 0.1mm 处,游标尺的第二条标记在主标尺的 2mm 标记左边 0.2mm 处,等等。游标尺的第几条标记与主标尺的标记重合,就是零点几毫米。

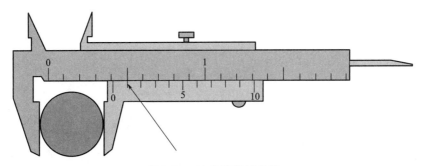

图 7-73 10 分度游标卡尺

例如,图 7-73 所示的 10 分度游标卡尺,精度为 0.1mm。整数读数为 4mm,小数读数为 $1 \times 0.1mm = 0.1mm$ [游标尺上第 1 条标记(图中箭头所指的线)与主标尺标记对齐],则被测尺寸=4mm+0.1mm=4.1mm。

② 20 分度游标卡尺 20 分度游标卡尺如图 7-74 所示,其主标尺的最小分度是 1mm,

游标尺上有 20 个小的等分标记，它们的总长等于 19mm。因此，游标尺的每一分度与主标尺的最小分度相差 0.05mm，当左测脚与右测脚合在一起，游标尺的"0"线与主标尺的"0"线重合时，游标尺上只有第 10 条标记与主标尺的 19mm 标记重合，其余的标记都不重合。游标尺的第一条标记在主标尺的 1mm 标记左边 0.05mm 处，游标尺的第二条标记在主标尺的 2mm 标记左边 0.1mm 处，等等。游标尺的第 n 条标记与主标尺的标记重合，就是 $0.05 \times n$ 毫米。

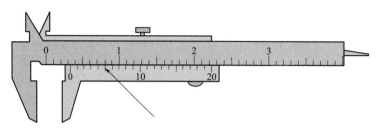

图 7-74　20 分度游标卡尺

例如，图 7-74 所示的 20 分度游标卡尺，精度为 0.05mm。整数读数为 3mm，小数读数为 $5 \times 0.05\text{mm} = 0.25\text{mm}$ ［游标尺上第 5 条标记（图中箭头所指的线）与主标尺标记对齐］，则被测尺寸 $= 3\text{mm} + 0.25\text{mm} = 3.25\text{mm}$。

③ 50 分度游标卡尺　50 分度游标卡尺如图 7-75 所示，其主标尺的最小分度是 1mm，游标尺上有 50 个小的等分标记，它们的总长等于 49mm，因此游标尺的每一分度与主标尺的最小分度相差 0.02mm。当左测脚与右测脚合在一起，游标尺的"0"线与主标尺的"0"线重合时，游标尺上只有第 10 条标记与主标尺的 49mm 标记重合，其余的标记都不重合。游标尺的第一条标记在主标尺的 1mm 标记左边 0.02mm 处，游标尺的第二条标记在主标尺的 2mm 标记左边 0.04mm 处，等等。游标尺的第 n 条标记与主标尺的标记重合，就是 $0.02 \times n$ 毫米。

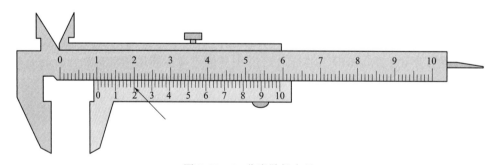

图 7-75　50 分度游标卡尺

例如，图 7-75 所示的 50 分度游标卡尺，精度为 0.02mm。整数读数为 10mm，小数读数为 $10 \times 0.02\text{mm} = 0.20\text{mm}$ ［游标尺上第 10 条标记（图中箭头所指的线）与主标尺标记对齐］，被测尺寸 $= 10\text{mm} + 0.20\text{mm} = 10.20\text{mm}$。

7.6.2　外径千分尺

千分尺又称螺旋测微器，是利用精密螺旋副原理，对弧形尺架上两测量面间分隔距离进行读数的手携式通用长度测量工具。千分尺的规格种类繁多，改变千分尺测量面形状和尺架尺寸等就可以制成不同用途的千分尺，主要有外径千分尺、内径千分尺、深度千分尺和内测千分尺等。其中，外径千分尺根据不同的结构和用途又分为：杠杆千分尺、壁厚千分尺、公法线千分尺和螺纹千分尺等。

(1) 外径千分尺的使用方法

外径千分尺如图 7-76 所示,测量时用螺旋副将微分筒 6 的角位移转变为可动测头 3 的直线位移。可动测头 3 的螺距为 0.5mm,固定套筒 5 上的标记间距也是 0.5mm。微分筒 6 上有等分 50 格的圆周标记,当微分筒旋转一圈时,可动测头 3 的轴向位移为 0.5mm;当微分筒旋转一格时,可动测头 3 的轴向位移为 0.5÷50=0.01mm,此即千分尺的分度值。当旋转微分筒而测头 3 和工件快要接触时,应缓慢旋转棘轮 10,直到发出"喀喀"的响声,则表示已接触。然后可直接读数,或者先用锁紧机构固定可动测头的位置,再把千分尺从工件上取下来读数。

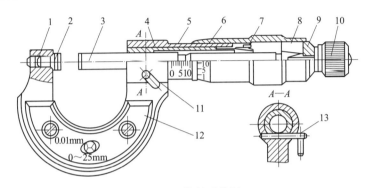

图 7-76 外径千分尺

1—尺架;2—固定测砧;3—可动测头;4—螺纹轴套;5—固定套筒;6—微分筒;7—调节螺母;
8—接头;9—垫圈;10—棘轮;11—锁紧手柄;12—护板(隔热板);13—拨销轴

(2) 外径千分尺的读数方法及示例

外径千分尺的读数值由三部分组成:毫米的整数部分、半毫米部分和小于半毫米的小数部分。

测量过程中,当测砧和测微螺杆并拢时,活动套管的"0"线应恰好与固定套管的"0"线重合。旋出测微螺杆,并使测砧和测微螺杆的测量面正好分别与待测长度的两端接触,那么测微螺杆向右移动的距离就是所测的长度。这个距离的整毫米数及半毫米数由固定套管上读出,小于半毫米的部分则由活动套管读取。

先读毫米的整数部分和半毫米部分。读数时,先以活动套管的端面为基准线,因为活动套管的端面是毫米和半毫米读数的指示线。看活动套管端面左边固定套管上露出的标尺标记,如果活动套管的端面与固定套管的上标记之间无下标记,读取的数为测量结果毫米的整数部分;如活动套管端面与上标记之间有一条下标记,那么就能读取测量结果的半毫米部分。

再读小于半毫米的小数部分。固定套管上的轴向中线是活动套管读数的指示线。读数时,从固定套管轴向中线所对的活动套管上的标记,读取被测工件小于半毫米的小数部分,如果轴向中线处在微分筒上的两条标记之间,即为千分之几毫米,可用估读法确定。

最后,相加得测量值。将毫米的整数部分、半毫米部分和小于半毫米的小数部分相加起来,即为被测工件的测量值。

例如,图 7-77(a) 中,活动套管端面左侧露出的固定套管上的数值是 3mm;活动套管上第 10 格线与固定套管上的轴向中线基本对齐,即数值为 0.10mm,再估读 0.002mm。那么,千分尺的正确读数应为 3mm+0.102mm=3.102mm。

图 7-77(b) 中,活动套管端面左侧露出的固定套管上的数值是 7mm;活动套管端面与固定套管上标记之间有一条下标记,所以要加上 0.5mm;活动套管上第 19~20 格线与固定

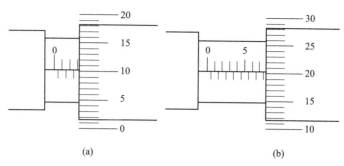

图 7-77 外径千分尺的读数示例

套管上的轴向中线基本对齐,即数值为 0.19mm,再估读 0.007mm。那么,千分尺的正确读数应为 7mm+0.5mm+0.197mm=7.697mm。

7.6.3 百分表

分度值为 0.01mm 的指示表,称为百分表。百分表是一种精度较高的量具,一般以相对测量法测量工件的尺寸误差和几何误差,也可以在其测量范围内对工件的尺寸进行绝对测量,还可以作为各种检验夹具和专用量仪的读数装置。百分表分为机械式百分表和数显式百分表。

(1) 机械式百分表的工作原理

机械式百分表,简称百分表,其工作原理如图 7-78(b) 所示。当带有齿条的测杆移动时,固定在同一轴上的小齿轮 z_1 和大齿轮 z_2 就一起旋转,因而使固定在另一轴上的中心齿轮 z_3 和指针一起旋转,从表盘上读出测杆的位移量。为了消除齿侧间隙引起的空程误差,在百分表内装有游丝,由游丝产生的扭力矩作用在补偿齿轮 z_4 上,以保证各齿轮无论正转还是反转,都在同一齿侧啮合。一般百分表的 $z_1=16$,$z_2=z_4=100$,$z_3=10$,百分表的放大倍数 $K=150$。

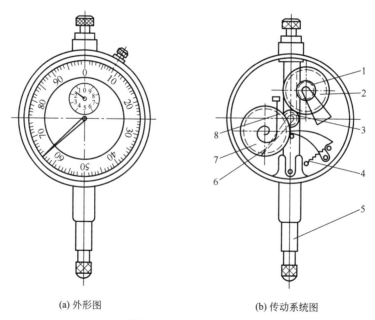

(a) 外形图 (b) 传动系统图

图 7-78 机械式百分表

1—小齿轮 z_1;2—大齿轮 z_2;3—中心齿轮 z_3;4—拉簧;5—测杆;
6—转数指针;7—补偿齿轮 z_4;8—游丝(转簧)

百分表沿表盘圆周刻有 100 格等分标记,而标尺标记间距 $C=1.5\rm{mm}$,于是百分表的分度值 $i=C/K=1.5/150=0.01\rm{mm}$。

参看图 7-78(a),测量时先将测杆向上压缩 1~2mm(长指针按顺时针方向转 1~2 圈),然后旋转表盘,使表盘的零标尺标记对准长指针。长指针旋转一周,则短指针旋转一格,根据短指针所在的位置,可以知道长指针相对于零标尺标记的旋转方向和旋转圈数。

(2)机械式百分表的读数方法及示例

机械式百分表在测量过程中,其指针和转数指针的位置都会发生变化。测杆移动 1mm,转数指针就移动一个格,所以被测尺寸毫米的整数值部分从转数指示盘(小指示盘)上读出,如图 7-78(a)所示的毫米整数部分为 1mm。同时,测杆移动 1mm,百分表表盘(大指示盘)指针也转动一圈,也就是说,测杆移动 0.01mm 时,表盘指针转动一小格,所以被测尺寸毫米的小数部分应从大指示盘上读取[见图 7-78(a)]。因指针指在两条标记线之间,需要估读到第三位小数,因此毫米小数部分为 0.638mm。这样整数部分和小数部分相加即得被测尺寸值 1.638mm。

对数显式百分表,直接显示出被测尺寸值,很直观而且不存在估读问题。机械式百分表由于表盘指针尖端与表盘之间有一定的距离,所以在读数时,眼睛一定要垂直于表盘进行读数,否则会产生读数误差。

在读数时,一定要注意表盘指针和转数指针的起始位置,否则很容易读错数。为了测量读数的方便,一般都转动表盘,使其上的"0"线对准指针,这样就不需要再记忆表盘指针的起始位置,而可以直接读出被测尺寸的小数部分。

7.6.4 万能角度尺

万能角度尺又被称为角度规、游标角度尺和万能量角器,它利用游标读数原理直接测量机械加工中工件的内、外角度,可测 0°~320°的外角及 40°~130°的内角,或进行划线的一种角度量具。其主要结构型式分别为Ⅰ型和Ⅱ型游标万能角度尺(其测量范围分别为 0°~320°和 0°~360°)(见图 7-79)、带表万能角度尺和数显万能角度尺四种。

拓展阅读
3D 测量技术

① 万能角度尺的读数机构。见图 7-79(a),该机构是由刻有基本角度标记的主尺,和固定在扇形板上的游标尺组成,扇形板可在主尺上回转移动(有锁紧装置),形成了与游标卡尺相似的游标读数机构。主尺标记每格为 1°,游标的标记是取主尺的 29°等分为 30 格,因此游标标记角格为 29°/30,即主尺与游标一格的差值为:1°−29°/30°=2′,也就是说万能角度尺读数准确度为 2′。

② 万能角度尺读数方法与游标卡尺完全相同。先读出游标"0"线前的角度是几度,再从游标上读出角度"分"的数值,两者相加就是被测零件的角度数值。在万能角度尺上,基尺是固定在尺座上的,直角尺是用卡块固定在扇形板上,直尺是用卡块固定在直角尺上。若把直角尺拆下,也可把直尺固定在扇形板上。由于直角尺和直尺可以移动和拆换,使万能角度尺可以测量 0°~320°的任何角度。如图 7-80 所示,直角尺和直尺全装上时,可测量 0°~50°的角度;仅装上直尺时,可测量 50°~140°的角度;仅装上直角尺时,可测量 140°~230°的角度;把直角尺和直尺全拆下时,可测量 230°~320°的角度(即可测量 40°~130°的内角度)。

万能角度尺的主尺上,基本角度的标尺标记只有 0°~90°,如果测量的零件角度大于 90°,则在读数时,应加上一个基数(90°、180°、270°)。当零件角度为:>90°~180°,被测角度=90°+角度尺读数;>180°~270°,被测角度=180°+角度尺读数;>270°~320°被测角度=270°+角度尺读数。

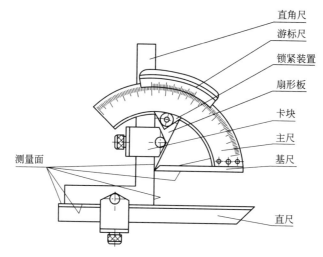

(a) Ⅰ型游标万能角度尺

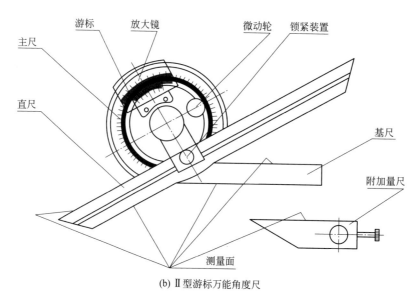

(b) Ⅱ型游标万能角度尺

图 7-79　游标万能角度尺

附：

（1）实验守则

① 本守则的目的是维护仪器设备安全、培养学生正确实验的方法和对工作一丝不苟的良好习惯，保证实验教学质量。

② 对学生做实验的要求是：原理清楚、方法正确、数据可靠和报告工整。

③ 按规定时间准时进入实验室。入室前掸去衣帽上灰尘，更换拖鞋。保持安静、禁止喧哗，注意室内整洁、禁止随地吐痰和吸烟。

④ 进实验室前应预习实验指导书，了解实验的目的要求和测量原理。

⑤ 开始做实验之前，应在教师指导下，对照仪器了解仪器的结构和使用调整方法。

⑥ 按操作步骤进行测量、记录数据。操作要细心，动作要轻匀。手指勿触摸计量器具的工作面和光学镜头，不要动用与本次实验无关的计量器具。

⑦ 实验用仪器发生故障时，应立即报告指导教师予以排除，不得自行拆卸修理。因违

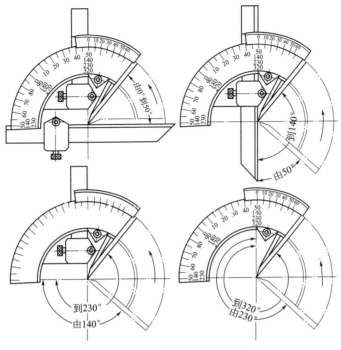

图 7-80　万能角度尺的应用

反操作规程而损坏仪器者,要按章处理。

⑧ 测量完成后,切断电源。将仪器和工件上测量面用浸汽油的棉花擦净,并涂上防锈油。整理现场,经指导教师检查同意后,方能离开实验室。

(2) 实验报告的要求和内容

编写实验报告是训练学生撰写科学论文能力、培养良好学风的重要环节。对本课程,实验报告是考核学习成绩的手段之一,是评估教学质量的重要依据。

实验报告应由每个学生个人独立完成,报告内容要层次清楚、文句简明通顺,符合汉字规范和法定计量单位。

实验报告的一般内容如下:

① 实验名称。

② 测量对象:写出被测工件的规格、尺寸和技术要求。

③ 计量器具:写出所用仪器和量具的名称和主要计量指标。

④ 测量结果:记录测得的读数,绘制测量简图,进行数据处理,写出最后结果,要注明数据的单位和符号。

⑤ 合格性结论:按技术要求查出公差或极限偏差,判断被测工件的合格性。

⑥ 其他:回答思考题,分析测量误差,总结实验心得等。

本书配套资源

参 考 文 献

[1] 韩进宏,王长春. 互换性与测量技术基础 [M]. 2版. 北京:机械工业出版社,2017.
[2] 毛平淮. 互换性与测量技术基础 [M]. 3版. 北京:机械工业出版社,2016.
[3] 周兆元. 互换性与测量技术基础 [M]. 4版. 北京:机械工业出版社,2018.
[4] 王伯平. 互换性与测量技术基础 [M]. 4版. 北京:机械工业出版社,2017.
[5] 杨曙年等. 互换性与技术测量 [M]. 5版. 武汉:华中科技大学出版社,2018.
[6] 廖念钊等. 互换性与技术测量 [M]. 6版. 北京:中国质检出版社,2012.
[7] 庞学慧,武文革. 互换性与测量技术基础 [M]. 2版. 北京:电子工业出版社,2015.
[8] GB/T 321—2005《优先数和优先数系》[S]. 北京:中国标准出版社,2005.
[9] GB/T 19764—2005《优先数和优先数化整值系列的选用指南》[S]. 北京:中国标准出版社,2005.
[10] GB/T 1800.1—2020《产品几何技术规范(GPS) 线性尺寸公差 ISO 代号体系 第1部分:公差、偏差和配合的基础》[S]. 北京:中国标准出版社,2020.
[11] GB/T 1800.2—2020《产品几何技术规范(GPS) 线性尺寸公差 ISO 代号体系 第2部分:标准公差带代号和孔、轴极限偏差表》[S]. 北京:中国标准出版社,2020.
[12] GB/T 2822—2005《标准尺寸》[S]. 北京:中国标准出版社,2005.
[13] JJG 146—2011《量块 检定规程》[S]. 北京:中国质检出版社,2012.
[14] GB/T 1957—2006《光滑极限量规 技术条件》[S]. 北京:中国标准出版社,2006.
[15] GB/T 3177—2009《产品几何技术规范(GPS) 光滑工件尺寸的检验》[S]. 北京:中国标准出版社,2009.
[16] GB/T 1182—2018《产品几何技术规范(GPS) 几何公差 形状、方向、位置和跳动公差标注》[S]. 北京:中国标准出版社,2018.
[17] GB/T 4249—2018《产品几何技术规范(GPS) 基础 概念、原则和规则》[S]. 北京:中国标准出版社,2018.
[18] GB/T 16671—2018《产品几何技术规范(GPS) 几何公差 最大实体要求(MMR)、最小实体要求(LMR)和可逆要求(RPR)》[S]. 北京:中国标准出版社,2018.
[19] GB/T 1184—1996《形状和位置公差 未注公差值》[S]. 北京:中国标准出版社,1997(2004复审).
[20] GB/T 1958—2017《产品几何技术规范(GPS) 几何公差 检测与验证》[S]. 北京:中国标准出版社,2017.
[21] JJF 1001—2011《通用计量术语及定义》[S]. 北京:中国质检出版社,2012.
[22] GB/T 131—2006《产品几何技术规范(GPS) 技术产品文件中表面结构的表示法》[S]. 北京:中国标准出版社,2007.
[23] GB/T 3505—2009《产品几何技术规范(GPS) 表面结构 轮廓法 术语、定义及表面结构参数》[S]. 北京:中国标准出版社,2009.
[24] JB/T 10313—2013《量块检验方法》[S]. 北京:机械工业出版社,2014.
[25] GB/T 307.1—2017《滚动轴承 向心轴承 产品几何技术规范(GPS)和公差值》[S]. 北京:中国标准出版社,2018.
[26] GB/T 307.2—2005《滚动轴承 测量和检验的原则及方法》[S]. 北京:中国标准出版社,2005.
[27] GB/T 307.3—2017《滚动轴承 通用技术规则》[S]. 北京:中国标准出版社,2017.
[28] GB/T 192—2003《普通螺纹 基本牙型》[S]. 北京:中国标准出版社,2003.
[29] GB/T 197—2018《普通螺纹 公差》[S]. 北京:中国标准出版社,2018.
[30] GB/T 193—2003《普通螺纹 直径与螺距系列》[S]. 北京:中国标准出版社,2003.
[31] GB/T 15756—2008《普通螺纹 极限尺寸》[S]. 北京:中国标准出版社,2009.
[32] GB/T 1096—2003《普通型 平键》[S]. 北京:中国标准出版社,2003.
[33] GB/T 1568—2008《键 技术条件》[S]. 北京:中国标准出版社,2009.
[34] GB/Z 18620.1—2008《圆柱齿轮 检验实施规范 第1部分:齿轮同侧齿面的检验》[S]. 北京:中国标准出版社,2008.
[35] GB/Z 18620.2—2008《圆柱齿轮 检验实施规范 第2部分:径向综合偏差、径向跳动、齿厚和侧隙的检验》[S]. 北京:中国标准出版社,2008.
[36] GB/Z 18620.3—2008《圆柱齿轮 检验实施规范 第3部分:齿轮坯、轴中心距和轴线平行度的检验》[S]. 北京:中国标准出版社,2008.
[37] GB/Z 18620.4—2008《圆柱齿轮 检验实施规范 第4部分:表面结构和轮齿接触斑点的检验》[S]. 北京:中国标准出版社,2008.
[38] GB/T 10095.1—2022《圆柱齿轮 ISO齿面公差分级制 第1部分:齿面偏差的定义和允许值》[S]. 北京:中国标准出版社,2022.

[39] GB/T 10095.2—2023《圆柱齿轮 ISO齿面公差分级制 第2部分：径向综合偏差的定义和允许值》[S]. 北京：中国标准出版社，2023.

[40] GB/T 5847—2004《尺寸链 计算方法》[S]. 北京：中国标准出版社，2004.

[41] GB/T 10610—2009《产品几何技术规范（GPS）表面结构 轮廓法 评定表面结构的规则和方法》[S]. 北京：中国标准出版社，2009.

[42] GB/T 275—2015《滚动轴承 配合》[S]. 北京：中国标准出版社，2015.

[43] GB/T 1144—2001《矩形花键尺寸、公差和检验》[S]. 北京：中国标准出版社，2002.

[44] GB/T 4604.1—2012《滚动轴承 游隙 第1部分：向心轴承的径向游隙》[S]. 北京：中国标准出版社，2013.

[45] GB/T 4199—2003《滚动轴承 公差 定义》[S]. 北京：中国标准出版社，2004.

[46] GB/T 10920—2008《螺纹量规和光滑极限量规 型式与尺寸》[S]. 北京：中国标准出版社，2009.

[47] GB/T 24637.1—2020《产品几何技术规范（GPS）通用概念 第1部分：几何规范和检验的模型》[S]. 北京：中国标准出版社，2020.

[48] GB/T 24637.2—2020《产品几何技术规范（GPS）通用概念 第2部分：基本原则、规范、操作集和不确定度》[S]. 北京：中国标准出版社，2020.

[49] GB/T 24637.3—2020《产品几何技术规范（GPS）通用概念 第3部分：被测要素》[S]. 北京：中国标准出版社，2020.

[50] GB/T 24637.4—2020《产品几何技术规范（GPS）通用概念 第4部分：几何特征的GPS偏差量化》[S]. 北京：中国标准出版社，2020.

[51] 薛岩，等. 互换性与测量技术基础[M]. 3版. 北京：化学工业出版社，2021.